普通高等院校计算机专业(本科)实用教程系列

数字逻辑实用教程

王玉龙　编著

U0290143

清 华 大 学 出 版 社

内 容 简 介

本书是高等院校计算机专业实用系列教材之一，系统介绍了数字电路逻辑设计的基本理论和方法。全书共 8 章，第 1 章介绍了数字电路逻辑设计的数学工具——逻辑代数，第 2~5 章介绍了组合逻辑线路和时序逻辑线路的分析与设计方法，第 6 章介绍了可编程逻辑器件用于数字设计的基本原理和方法，第 7 章介绍了数字电路逻辑设计的基本实验方法，第 8 章提供了本书前六章练习题的解答。

本书是作者在长期从事数字逻辑教学工作的基础上编写的，具有易读、简明和实用等特点。本书取材较新、概念清晰、逻辑性强、语言流畅，适于读者自学。

本书可作为高等院校计算机专业本科"数字逻辑"课程的教材。若删去书中带 ＊ 号的内容，本书也可作为计算机专业大专生的"数字逻辑"（或数字电路）课程的教材。本书也可供从事计算机、自动化及电子学等专业的科技人员参考。

图书在版编目（CIP）数据

数字逻辑实用教程/王玉龙编著. —北京：清华大学出版社，2002（2024.1重印）

（普通高等院校计算机专业（本科）实用教程系列）

ISBN 978-7-302-05127-5

Ⅰ．数… Ⅱ．王… Ⅲ．数字逻辑－高等学校－教材 Ⅳ．TP302.2

中国版本图书馆 CIP 数据核字（2007）第 117481 号

责任编辑：闫红梅
责任印制：沈　露

出版发行：清华大学出版社
　　　　网　　　址：https://www.tup.com.cn，https://www.wqxuetang.com
　　　　地　　　址：北京清华大学学研大厦 A 座　　　　　　　邮　　　编：100084
　　　　社 总 机：010-83470000　　　　　　　　　　　　　　邮　　　购：010-62786544
　　　　投稿与读者服务：010-62776969，c-service@tup.tsinghua.edu.cn
　　　　质 量 反 馈：010-62772015，zhiliang@tup.tsinghua.edu.cn
印 装 者：天津鑫丰华印务有限公司
经　　销：全国新华书店
开　　本：185mm×260mm　　　　**印　张**：20　　　　　　**字　数**：480 千字
印　　次：2024 年 1 月第 22 次印刷
印　　数：49201～49700
定　　价：59.00 元

产品编号：005127-05

序　言

时光更迭、历史嬗递。中国经济以她足以令世人惊叹的持续高速发展驶入了一个新的世纪,一个新的千年。世纪之初,以微电子、计算机、软件和通信技术为主导的信息技术革命给我们生存的社会所带来的变化令人目不暇接。软件是优化我国产业结构、加速传统产业改造和用信息化带动工业化的基础产业,是体现国家竞争力的战略性产业,是从事知识的提炼、总结、深化和应用的高智型产业;软件关系到国家的安全,是保证我国政治独立、文化不受侵蚀的重要因素;软件也是促进其他学科发展和提升的基础学科;软件作为20世纪人类文明进步的最伟大成果之一,代表了先进文化的前进方向。美国政府早在1992年"国家关键技术"一文中提出"美国在软件开发和应用上所处的传统领先地位是信息技术及其他重要领域竞争能力的一个关键因素","一个成熟的软件制造工业的发展是满足商业与国防对复杂程序日益增长的要求所必需的","在很多国家关键技术中,软件是关键的、起推动作用(或阻碍作用)的因素"。在1999年1月美国总统信息技术顾问委员会的报告"21世纪的信息技术"中指出"从台式计算机、电话系统到股市,我们的经济与社会越来越依赖于软件","软件研究为基础研究方面最优先发展的领域。"而软件人才的缺乏和激烈竞争是当前国际的共性问题。各国、各企业都对培养、引进软件人才采取了特殊政策与措施。

为了满足社会对软件人才的需要,为了让更多的人可以更快地学到实用的软件理论、技术与方法,我们编著了《普通高等院校计算机专业(本科)实用教程系列》。本套丛书面向普通高等院校学生,以培养面向21世纪计算机专业应用人才(以软件工程师为主)为目标,以简明实用、便于自学、反映计算机技术最新发展和应用为特色,具体归纳为以下几点:

1. 进透基本理论、基本原理、方法和技术,在写法上力求叙述详细,算法具体,通俗易懂,便于自学。

2. 理论结合实际。计算机是一门实践性很强的科学,丛书贯彻从实践中来到实践中去的原则,许多技术理论结合实例讲解,以便于学习理解。

3. 本丛书形成完整的体系,每本教材既有相对独立性,又有相互衔接和呼应,为总的培养目标服务。

4. 每本教材都配以习题和实验,在各教学阶段安排课程设计或大作业,培养学生的实战能力与创新精神。习题和实验可以制作成光盘。

为了适应计算机科学技术的发展,本系列教材将本着与时俱进的精神不断修订更新,及时推出第二版、第三版……

新世纪曙光激人向上,催人奋进。江泽民总书记在十五届五中全会上的讲话:"大力推进国民经济和社会信息化,是覆盖现代化建设全局的战略举措。以信息化带动工业化,发挥后发优势,实现社会生产力的跨越式发展",指明了我国信息界前进的方向。21世纪日趋开放的国策与更加迅速发展的科技会托起祖国更加辉煌灿烂的明天。

孙家广

2004 年 1 月

前　言

　　"数字逻辑"是数字电路逻辑设计的简称，其内容是讲述应用数字电路进行数字系统逻辑设计(简称数字设计)的方法。随着微电子技术及计算机硬件技术的迅速发展，数字设计所使用的器件发生了很大变化：从最初的分立元件、中小规模集成电路到大规模、超大规模集成电路，从标准的通用芯片到可编程逻辑器件(PLD)。这一变化导致数字设计的方法不断更新，使数字系统的逻辑设计从"纯硬件"设计演变为借助于软件工具来完成硬件设计。尽管如此，数字电路逻辑设计的基础理论与基本原理仍没有改变。数字逻辑领域这一"变"与"不变"的发展趋势，要求本课程在讲授数字逻辑的基础理论与基本原理的同时，培养学生具有挑战数字逻辑新技术的能力。另一方面，数字系统中超大规模集成电路的广泛应用，使计算机专业的大多数学生已无须直接参与逻辑部件(或数字系统)的设计、制造与调试，而只是"拿来就用"。这一现实使本课程的主要任务已明显地转化为为学习后续课程"计算机组成原理"等打下基础。此外，本课程的知识结构特点有助于训练学生的逻辑思维能力、运用形式化方法描述客观世界的能力以及使用计算机硬件的实践能力。本书就是在分析数字逻辑这门课程上述背景材料的基础上而编写的一本实用教程。

　　本书包括下列八章内容，第1章：逻辑代数基础；第2章：组合线路的分析；第3章：组合线路的设计；第4章：时序线路的分析；第5章：时序线路的设计；第6章：可编程逻辑器件；第7章：数字逻辑实验指南；第8章：练习题解，主要是各章练习题的部分题解。本书第1~6章是数字逻辑的主教材，内容简明扼要，符合教学大纲要求；第7、8章是数字逻辑的辅助教材，介绍了该课程的六个基本实验的内容，给出了全书各章练习题的大部分题解，以便于学生自行设计实验方案和检查做题的正确性。

　　本书着眼于培养学生分析问题和解决问题的能力。在内容组织上，以讲述"方法"为重点，力求为学生提供独立分析和设计逻辑线路的"工具"，而不是向学生灌输各种各样的逻辑线路；在讲述方法上，力求对每一个求解的问题作出思路分析，尽量避免就事论事，以使学生了解其来龙去脉；在文字叙述上，力求做到说理清楚、深入浅出，便于学生自学。

　　本书是作者在长期从事数字电路逻辑设计的教学工作基础上编写的，通过对上述诸方面的努力，使本书具有较好的实用性、简明性和易读性。这些特点使本书很适用于高校计算机专业本科的"数字逻辑"(或数字电路)课程的教材。书中带 * 号的内容可根据教学要求及教学学时数删去某些章节，或指定为选学内容。

　　在本书的编写过程中，曾得到本系列教程编委会老师的指导和帮助；也得到北方工业大学吴乐明老师的大力帮助，她为全书进行了录入、整理和校对，付出了辛勤的劳动。在此，对他(她)们表示衷心的感谢。对本书中尚可能出现的错误和不妥之处，敬请读者批评指正。

王玉龙

2001 年 9 月

目　　录

第1章 逻辑代数基础

众所周知，电子计算机归根到底是对"0"和"1"进行处理，它们是通过电子开关线路（如门电路、触发器等）实现的。这些开关电路具有下列基本特点：从线路内部看，或是管子导通，或是管子截止；从线路的输入输出看，或是高电平，或是低电平。这种开关电路的工作状态可以用二元布尔代数描述，通常又称为开关代数，或逻辑代数。

本章将从实用的角度介绍逻辑代数的基础知识，以使读者掌握分析和设计数字逻辑网络所需要的数学工具。下面将先介绍逻辑代数的变量及其基本运算，然后介绍逻辑代数的函数及其表示法，以及逻辑代数中的常用公式和定理，最后介绍逻辑函数的化简方法。

1.1 逻辑变量及其基本运算

逻辑代数是一个由逻辑变量集 K，常量 0、1 及"或"、"与"、"非"三种运算符所构成的代数系统，记为 $(K, +, \cdot, -, 0, 1)$。其中逻辑变量集是指逻辑代数中的所有可能变量的集合，它可用任何字母表示，但每一个变量的取值只可能为常量 0 或 1。而且，逻辑代数中的变量只有三种运算，即"或"运算、"与"运算及"非"运算。其定义如下：

"或"运算		
+	0	1
0	0	1
1	1	1

"与"运算		
$\cdot$	0	1
0	0	0
1	0	1

"非"运算	
$-$	
0	1
1	0

显而易见，逻辑代数是一种比普通代数简单得多的代数系统。例如，普通代数中的变量取值可为负无穷大到正无穷大之间的任意数，而逻辑代数中的变量取值只能为 0 或 1；普通代数中的变量运算包括加、减、乘、除、乘方、开方等许多种，而逻辑代数中的变量运算只有"或"、"与"、"非"三种。但是，这种简单的逻辑代数却能描述数字系统中任何复杂的逻辑网络。这是因为不管逻辑网络多么复杂，总是可认为由"或"、"与"、"非"等简单门电路组成，而这些门电路的输入输出信号可看作为逻辑变量，输出与输入信号之间的关系可用"或"、"与"、"非"三种运算描述。这里，我们也不难理解，逻辑代数中的"0"、"1"与普通代数中的 0、1 含义是不同的。逻辑代数的 0、1 表示了信号的"无"、"有"，或命题的"假"、"真"。

根据逻辑变量的取值只有 0 和 1，及逻辑变量仅有的三种运算的定义，不难推出下列基本公式，或称为逻辑代数的公理。

0-1律：
$$A + 0 = A \tag{1.1}$$
$$A + 1 = 1$$
$$A \cdot 1 = A$$
$$A \cdot 0 = 0 \tag{1.2}$$

重叠律：
$$A + A = A \tag{1.3}$$
$$A \cdot A = A \tag{1.4}$$

互补律：
$$A + \overline{A} = 1 \tag{1.5}$$
$$A \cdot \overline{A} = 0 \tag{1.6}$$

对合律：
$$\overline{\overline{A}} = A \tag{1.7}$$

交换律：
$$A + B = B + A \tag{1.8}$$
$$A \cdot B = B \cdot A \tag{1.9}$$

结合律：
$$(A + B) + C = A + (B + C) \tag{1.10}$$
$$(A \cdot B) \cdot C = A \cdot (B \cdot C) \tag{1.11}$$

分配律：
$$A \cdot (B + C) = A \cdot B + A \cdot C \tag{1.12}$$
$$A + BC = (A + B)(A + C) \tag{1.13}$$

上述七组基本公式中，A、B 和 C 均为逻辑变量，且每组公式中的两个公式互为"对偶"。即将其中一式中的"+"换成"·"，"·"换成"+"，0 换成 1，1 换成 0，便得到与其相应的另一公式。

上述公式的证明是显然的，这里仅对式(1.3)及式(1.13)作一证明。

(1) 式(1.3)的证明：A 只有 0、1 两种取值，故

当 A = 1 时，A + A = 1 + 1 = 1 = A

当 A = 0 时，A + A = 0 + 0 = 0 = A

即证得不论 A 为 0 或 1，均有 A + A = A。

(2) 式(1.13)的证明：证明的前提是假定其前的基本公式已获证，故有

$$A + BC = A(1 + B + C) + BC \qquad \text{0-1 律}$$
$$= A + AB + AC + BC \qquad \text{分配律}$$
$$= AA + AB + AC + BC \qquad \text{重叠律}$$
$$= (AA + AC) + (AB + BC) \qquad \text{交换律、结合律}$$
$$= A(A + C) + B(A + C) \qquad \text{分配律}$$
$$= (A + B)(A + C)$$

不难看出，上述基本公式中，某些公式与普通代数中的公式相同，但某些公式却是逻

辑代数中所特有的。这里需着重指出的是式(1.13)，称为加对乘的分配，这一公式在普通代数中是不成立的，它是逻辑代数中特有的非常有用的公式。

1.2 逻辑函数及其标准形式

这一节将先给出逻辑函数的定义，然后讨论逻辑函数的三种表示形式，最后介绍逻辑函数的两种标准形式(最小项表达式及最大项表达式)及其性质。

1.2.1 逻辑函数的定义

逻辑代数中的函数定义与普通代数中的函数定义极为相似，可叙述如下：

设某一逻辑网络的输入逻辑变量为 A_1，A_2，$\cdots$，A_n，输出逻辑变量为 F，如图 1.1 所示。当 A_1，A_2，$\cdots$，A_n 的取值确定后，F 的值就惟一地被确定下来，则称 F 是 A_1，A_2，$\cdots$，A_n 的逻辑函数，记为

$$F = f(A_1, A_2, \cdots, A_n) \tag{1.14}$$

逻辑变量与逻辑函数的取值都只可能是 0 或 1，但相对某一逻辑网络而言，逻辑变量的取值是"自行"变化的，而逻辑函数的取值则是由逻辑变量的取值和网络本身的结构决定的。

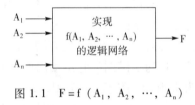

图 1.1　$F = f(A_1, A_2, \cdots, A_n)$

1.2.2 逻辑函数的表示法

表示逻辑函数的方法有三种：逻辑表达式、真值表和卡诺图。这与普通代数中用公式、表格和图形方法表示一个函数相类似，下面分别说明这三种方法。

1. 逻辑表达式

逻辑表达式是由逻辑变量和"或"、"与"、"非"三种运算符所构成的式子，这是一种用公式表示逻辑函数的方法。若要表示这样的一个函数关系：当两个逻辑变量(A 和 B)取值相同时，逻辑函数的取值为"1"；否则，逻辑函数的取值为"0"。可以用下列逻辑表达式：

$$\begin{aligned} F &= f(A, B) \\ &= AB + \overline{A}\,\overline{B} \end{aligned} \tag{1.15}$$

我们暂且不讨论该式是怎样得到的，但可验证它是正确的。因为当 A 和 B 取值相同时，A 和 B 都同时为 1 或同时为 0，代入式(1.15)必得 F=1。反之，当 A 和 B 取值不同时，A 和 B 中必有一个为"1"，另一个为"0"，代入式(1.15)必得 F=0。

2. 真值表

真值表是由逻辑变量的所有可能取值组合及其对应的逻辑函数值所构成的表格，这是一种用表格表示逻辑函数的方法。对于式(1.15)所描述的逻辑函数，可以用表 1.1 所示的真值表表示。

表中列出了两个逻辑变量(A 和 B)的所有可能的取值组合(00，01，10，11)，并列出了与它们相对应的逻辑函数(F)之值。由表明显可知，当 A =B 时，F=1；当 A≠B 时，F=0。

表 1.1　式(1.15)函数的真值表

A	B	F
0	0	1
0	1	0
1	0	0
1	1	1

上述真值表中的变量为两个，共有 2^2 种组合，故该表由 4 行组成。不难推得，当逻辑函数的变量为三个时，真值表就由 2^3 行组成；当逻辑函数的变量为 n 个时，真值表就由 2^n 行组成。显而易见，随着变量数目的增多，真值表的行数将急剧增加，表的规模就变得很庞大。

3. 卡诺图

卡诺图是由表示逻辑变量的所有可能组合的小方格所构成的图形，如图 1.2 所示。图中分别表示了单变量、双变量及三变量的卡诺图。

图 1.2(a)为单变量 A 的卡诺图，它由两个小方格组成，上面一个表示 $\bar{A}$，下面一个表示 A。图 1.2(b)为双变量 A、B 的卡诺图，它由横向两行和竖向两列组成，横向两行分别为 $\bar{A}$ 和 A，竖向两列分别为 $\bar{B}$ 和 B，从而得到如图所示的四个小方格，它们分别表示 $\bar{A}\bar{B}$、$\bar{A}B$、$A\bar{B}$，AB 四种变量组合。图 1.2(c)为三变量 A、B、C 的卡诺图，它由八个小方格组成，分别表示三个变量可能有的八种组合：$\bar{A}\bar{B}\bar{C}$、$\bar{A}\bar{B}C$、…、ABC。

卡诺图是一种用图形表示逻辑函数的方法，只要在使函数值为 1 的变量组合所对应的小方格上标记 1，便得到该逻辑函数的卡诺图。例如，式(1.15)所示函数的卡诺图如图 1.3 所示。

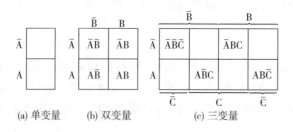

(a) 单变量	(b) 双变量	(c) 三变量

图 1.2　一至三变量的卡诺图

图 1.3　式(1.15)函数的卡诺图

由上不难推得，当逻辑变量为 4 时，其卡诺图将由 2^4 个小方格组成；当逻辑变量为 n

时，其卡诺图将由 2^n 个小方格组成。

上面介绍的三种表示逻辑函数的方法，虽然各有特点，适用于不同场合，但所描述的对象却是相同的。它们之间存在内在的联系，可方便地相互变换。为了说明这一关系，先介绍一下逻辑函数的两种标准形式。

1.2.3　逻辑函数的标准形式

1. 最小项及最小项表达式

什么是最小项？为了说明这个问题，我们先来看一个简单例子。设有一个两变量的逻辑函数

$$
\begin{aligned}
F &= f(A, B) \\
&= A + \bar{B}
\end{aligned} \tag{1.16}
$$

利用前述的基本公式，可得F的下列形式：

$$
\begin{aligned}
F &= A(B + \bar{B}) + \bar{B} \\
&= AB + A\bar{B} + \bar{B}(A + \bar{A}) \\
&= AB + A\bar{B} + A\bar{B} + \bar{A}\bar{B} \\
&= \bar{A}\bar{B} + A\bar{B} + AB
\end{aligned}
$$

这一事实表明，同一逻辑函数可用多种形式表示，有的比较简单，有的比较复杂。然而，在这些表达式中有一个最规则的形式，这就是上面的最后一个表达式：

$$
F = \bar{A}\bar{B} + A\bar{B} + AB \tag{1.17}
$$

该式是由若干个乘积项之和所组成，其中每个乘积项具有这样的特点：它包含有该函数的全部逻辑变量（两个），或以原变量(A, B)出现，或以反变量($\bar{A}, \bar{B}$)出现，且每个变量在一个乘积项中只出现一次。具有这样特点的乘积项称为最小项。一般地说，最小项的定义可叙述如下：

设有 n 个逻辑变量，它们组成的乘积项（"与"项）中，每个变量或以原变量或以反变量形式出现一次，且仅出现一次，这个乘积项称为 n 个变量的最小项。

例如，对于两个变量(A, B)而言，最多能构成 4 个最小项：

$$
\bar{A}\bar{B}, \quad \bar{A}B, \quad A\bar{B}, \quad AB
$$

对于三个变量(A, B, C)而言，最多能构成 2^3 个最小项：

$$
\bar{A}\bar{B}\bar{C}, \quad \bar{A}\bar{B}C, \quad \bar{A}B\bar{C}, \quad \bar{A}BC
$$

$$
A\bar{B}\bar{C}, \quad A\bar{B}C, \quad AB\bar{C}, \quad ABC
$$

显然，对于 n 个变量，则可构成 2^n 个最小项。

通常，为了书写方便，最小项可用符号 m_i 表示，如三变量的 8 个最小项可表示为：

$$
\bar{A}\bar{B}\bar{C} = m_0 \qquad \bar{A}\bar{B}C = m_1
$$

$$
\bar{A}B\bar{C} = m_2 \qquad \bar{A}BC = m_3
$$

$$
A\bar{B}\bar{C} = m_4 \qquad A\bar{B}C = m_5
$$

$$
AB\bar{C} = m_6 \qquad ABC = m_7
$$

其中 m_i 的下标 i 是这样确定的：当各最小项的变量按一定次序排好后，用 1 代替其中的原变量，用 0 代替其中的反变量，便得一个二进制数，该二进制数的等值十进制数即为相应最小项符号 m_i 的 i 值。例如，上例中的 $A\bar{B}C = m_5$ 是这样得到的：

$$A\bar{B}C = m_5$$

$$101$$

从最小项的定义出发，我们不难得知最小项的下列三个主要性质：

（1）对于任意一个最小项，只有一组变量取值可使其值为 1。

（2）任意两个最小项 m_i 和 $m_j (i \neq j)$ 之积必为 0。

（3）n 变量的所有 2^n 个最小项之和必为 1，即

$$\sum_{i=0}^{2^n-1} m_i = 1 \qquad (1.18)$$

现在，我们进一步讨论最小项表达式的定义及其性质。

所谓最小项表达式，就是由给定函数的最小项之和所组成的逻辑表达式。如式 (1.17) 所示函数，它由三个最小项组成：

$$F = \bar{A}\bar{B} + A\bar{B} + AB$$
$$= m_0 + m_2 + m_3$$
$$= \sum(0,2,3)$$

这里，借用普通代数中的"$\sum$"符号表示多个最小项的累计"或"运算，圆括号内的十进制数字表示参与"或"运算的各个最小项的项号，它们就是各 m_i 的下标值。

可以证明，任何 n 变量的逻辑函数都有一个且仅有一个最小项表达式。若已知某一逻辑函数不是最小项表达式形式，则可通过反复使用下式而获得最小项表达式：

$$x = x(y + \bar{y})$$

例如，设 $F(A,B,C) = A\bar{C} + B\bar{C} + ABC$，则得

$$F(A,B,C) = A\bar{C}(B + \bar{B}) + B\bar{C}(A + \bar{A}) + ABC$$
$$= AB\bar{C} + A\bar{B}\bar{C} + AB\bar{C} + \bar{A}B\bar{C} + ABC$$
$$= \bar{A}B\bar{C} + A\bar{B}\bar{C} + AB\bar{C} + ABC$$
$$= m_2 + m_4 + m_6 + m_7$$
$$= \sum(2,4,6,7)$$

由该例可以看出，只要给定的函数是一积之和表达式（也称"与－或"表达式），通过对该式中的所有非最小项的乘积项（"与"项）乘上其所缺变量之"原"加"反"，便可得到给定函数的最小项表达式。由于最小项表达式是逻辑函数的标准形式之一，故常称它为积之和范式，或主析取范式。

下面给出最小项表达式的三个主要性质，它们是

（1）若 m_i 是逻辑函数 $F(A_1, A_2, \cdots, A_n)$ 的一个最小项，则使 $m_i = 1$ 的一组变量取值 $(a_1, a_2, \cdots, a_n)$ 必定使 F 值为 1。

（2）若 F_1 和 F_2 都是 $A_1, A_2, \cdots, A_n$ 的函数，则 $F = F_1 + F_2$ 将包括 F_1 和 F_2 中的所

有最小项，$G = F_1 \cdot F_2$ 将包括 F_1 和 F_2 中的公有最小项。

（3）若 $\bar{F}$ 是 F 的反函数，则 $\bar{F}$ 必定由 F 所包含的最小项之外的全部最小项所组成。

这些性质的证明较为麻烦，但通过具体例子可方便地验证这些性质的正确性。

2. 最大项及最大项表达式

仿照前面给出的最小项定义，我们引入最大项的定义如下：

设有 n 个逻辑变量，它们所组成的和项（"或"项）中，每个变量或以原变量或以反变量形式出现，且仅出现一次，这个和项称为 n 变量的最大项。

例如，对于两个变量（A，B）而言，最多可构成 4 个最大项：
$$(\bar{A} + \bar{B}), \ (\bar{A} + B), \ (A + \bar{B}), \ (A + B)$$

对于三个变量（A，B，C）而言，最多可构成 2^3 个最大项：
$$(\bar{A} + \bar{B} + \bar{C}), \ (\bar{A} + \bar{B} + C), \ (\bar{A} + B + \bar{C}), \ (\bar{A} + B + C)$$
$$(A + \bar{B} + \bar{C}), \ (A + \bar{B} + C), \ (A + B + \bar{C}), \ (A + B + C)$$

显然，对于 n 个变量，则可构成 2^n 个最大项。

与最小项类似，最大项可用符号 M_i 表示，但下标 i 的取值规则与最小项 i 的取值规则恰好相反。例如，最大项 $(A + \bar{B} + C)$ 的缩写符号为 M_2，而不是 M_5，其原因如下：
$$A + \bar{B} + C = M_2$$
$$0 \quad 1 \quad 0$$

可见，M_i 中的下标 i 是这样确定的：当各最大项的变量按一定次序排列好后，用 0 代替其中的原变量，用 1 代替其中的反变量，所得的二进制数的等值十进制数，便是相应最大项的符号 M_i 中的 i 值。按此规则，可以写出三变量的 8 个最大项的符号如下：

$$\bar{A} + \bar{B} + \bar{C} = M_7 \qquad \bar{A} + \bar{B} + C = M_6$$
$$\bar{A} + B + \bar{C} = M_5 \qquad \bar{A} + B + C = M_4$$
$$A + \bar{B} + \bar{C} = M_3 \qquad A + \bar{B} + C = M_2$$
$$A + B + \bar{C} = M_1 \qquad A + B + C = M_0$$

同样，最大项也具有下列三个主要性质：

（1）对于任意一个最大项，只有一组变量取值可使其值为 0。

（2）任意两个最大项 M_i 和 $M_j (i \neq j)$ 之和必为 1。

（3）n 变量的所有 2^n 个最大项之积必为 0，即
$$\prod_{i=0}^{2^n - 1} M_i = 0 \tag{1.19}$$

下面，我们进一步讨论最大项表达式的定义及性质。

所谓最大项表达式，就是由给定函数的最大项之积所组成的逻辑表达式。例如，函数 $F = A\bar{C} + B\bar{C}$ 的最大项表达式为

$$F = (\bar{A} + \bar{B} + \bar{C})(\bar{A} + B + \bar{C})(A + \bar{B} + \bar{C})(A + B + \bar{C})(A + B + C)$$
$$= M_7 M_5 M_3 M_1 M_0$$
$$= \prod(0, 1, 3, 5, 7)$$

这里，借用普通代数中的"$\prod$"符号表示多个最大项的累计"与"运算，圆括号中的十

进制数字是参与"与"运算的最大项的项号。

同样可以证明，任何 n 变量的逻辑函数都可展开为最大项表达式，而且这种展开是惟一的。那么，怎样把逻辑函数展开成最大项表达式呢？若已知函数为积之和形式，则需利用加对乘的分配律

$$x + yz = (x + y)(x + z)$$

将积之和表达式转换为和之积表达式（即"或 - 与"表达式）。然后，在该式的各非最大项的和项中加上它所缺变量的"原"、"反"之积（如 $x \cdot \bar{x}$ 形式），并再次使用加对乘的分配律，直到把全部和项都变为最大项，便得已知函数的最大项表达式。下面，举例说明这一方法。

例 1 已知函数

$$F = (A + C)(A + B)(A + \bar{B} + \bar{C})$$

求取 F 的最大项表达式的过程如下：

$$
\begin{aligned}
F &= (A + C)(A + B)(A + \bar{B} + \bar{C}) \\
&= (A + C + B\bar{B})(A + B + C\bar{C})(A + \bar{B} + \bar{C}) \\
&= (A + C + B)(A + C + \bar{B})(A + B + C)(A + B + \bar{C})(A + \bar{B} + \bar{C}) \\
&= (A + B + C)(A + B + \bar{C})(A + \bar{B} + C)(A + \bar{B} + \bar{C}) \\
&= M_0 M_1 M_2 M_3 \\
&= \prod(0, 1, 2, 3)
\end{aligned}
$$

例 2 已知函数

$$F = A + \bar{A}BC$$

由下式可求得 F 的最大项表达式：

$$
\begin{aligned}
F &= A + \bar{A}BC \\
&= (A + \bar{A})(A + BC) \\
&= 1 \cdot (A + B)(A + C) \\
&= (A + B + C\bar{C})(A + C + B\bar{B}) \\
&= (A + B + C)(A + B + \bar{C})(A + C + B)(A + C + \bar{B}) \\
&= (A + B + C)(A + B + \bar{C})(A + \bar{B} + C) \\
&= \prod(0, 1, 2)
\end{aligned}
$$

最大项表达式是逻辑函数的另一种标准形式，通常也称为和之积范式，或主合取范式。

根据最大项表达式的定义，可推得类似于最小项表达式的三个性质，这里不再详述。

1.2.4　逻辑函数三种表示法的关系

前已指出，逻辑表达式、真值表和卡诺图是表示逻辑函数的三种手段，因而它们之间必然存在内在的联系，这一联系是通过最小项表达式实现的。

1. 逻辑表达式与真值表

最小项表达式与真值表的关系可用下图说明：

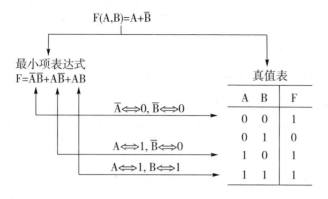

不难看出，最小项表达式中的各个最小项与真值表中 F = 1 的各行变量取值一一对应。具体地说，将真值表中 F = 1 的变量取值 0 代以该变量的"反"；变量取值 1 代以该变量的"原"，便得最小项表达式中的各个最小项。可以证明，这一结论可以推广到 n 变量的任意函数。

类似地，最大项表达式中的各个最大项将与真值表中 F = 0 的各行变量取值一一对应。其对应关系恰与上述相反。即 0 对应原变量，1 对应反变量，如下图所示：

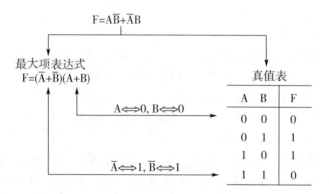

利用最小项表达式与真值表的关系，很容易实现逻辑表达式与真值表之间的相互转换。

例 1 列出逻辑表达式(1.20)的真值表。

$$F(A,B,C) = AB + \overline{A}BC + AC \qquad (1.20)$$

先将该函数展开为最小项表达式：

$$\begin{aligned}
F &= AB(C + \overline{C}) + \overline{A}BC + AC(B + \overline{B}) \\
&= \overline{A}BC + A\overline{B}C + AB\overline{C} + ABC \\
&= \sum(3,5,6,7)
\end{aligned}$$

使真值表中变量取值为 011，101，110 和 111 的各行所对应的 F 值为 1，便可直接列

出下列真值表:

A	B	C	F	A	B	C	F
0	0	0	0	1	0	0	0
0	0	1	0	1	0	1	1
0	1	0	0	1	1	0	1
0	1	1	1	1	1	1	1

例 2 列出下列真值表的逻辑表达式。

m_i	A	B	C	F
0	0	0	0	0
1	0	0	1	1
2	0	1	0	1
3	0	1	1	0
4	1	0	0	1
5	1	0	0	0
6	1	1	0	0
7	1	1	1	1

先从真值表中找出 F = 1 的各行变量取值,它们是

$$001, \quad 010, \quad 100, \quad 111$$

将这些变量取值中的 0 改为相应的反变量,1 改为相应的原变量,得出下列最小项:

$$\overline{A}\,\overline{B}C, \quad \overline{A}B\overline{C}, \quad A\overline{B}\,\overline{C}, \quad ABC$$

将这些最小项相"或",即得最小项表达式:

$$F = \overline{A}\,\overline{B}C + \overline{A}B\overline{C} + A\overline{B}\,\overline{C} + ABC$$
$$= \sum(1,2,4,7)$$

可见,逻辑函数的最小项表达式的 ∑ 形式可以从真值表中 F = 1 的各行变量取值的等值十进制数(见表中第一列)直接得到。也就是说,真值表中第一列所示的等值十进制数就是各行对应的最小项的项号。

2. 逻辑表达式与卡诺图

在讲述了最小项的定义之后,再回顾一下图 1.2,就可以发现,卡诺图实际上是由表示最小项的小方格组成。图 1.4(a)就是图 1.2(c)给出的三变量(A,B,C)卡诺图,它由表示 2^3 个最小项(从 $\overline{A}\,\overline{B}\,\overline{C}$ 至 ABC)的小方格构成。如果对卡诺图边框外的变量表示法做些改动,就可得到图 1.4(b)和(c)所示的三变量卡诺图。在图 1.4(b)中,直接标出了卡诺图竖向各列所对应的变量组合,而且各小方格所对应的最小项用其符号 m_i 表示。在图 1.4(c)中,又把变量(A,B,C)集中标在卡诺图的左上角,卡诺图边框外的变量组合改用 0,1 组合表示,其中 0 对应于反变量,1 对应于原变量。此外,图 1.4(c)中的各小方

格用相应最小项的项号表示，这些项号等值于卡诺图边框外按 ABC 顺序所组成的二进制数。

需指出的是，卡诺图左上角变量的排列位置可以改变，如图 1.5 所示，竖向四条属 AB（而不是 BC）变量，横向二条属 C（而不是 A）变量。若最小项仍按 ABC 顺序组成，则图 1.5 中各小方格所对应的项号就与图 1.4(c)不同。但不论哪种形式的卡诺图，其边框外的二进制数必须按格雷码顺序排列，即相邻两个数只有一位不同，包括卡诺图两端的两个数也必须如此。这种结构的卡诺图，将为逻辑函数的化简提供方便，见本章最后一节所述。

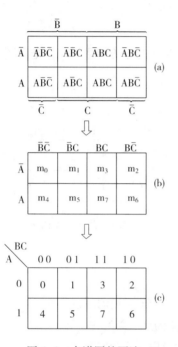

图 1.4　卡诺图的画法

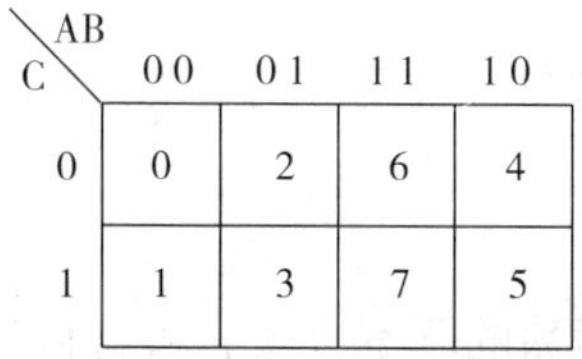

图 1.5　卡诺图的另一画法

卡诺图、真值表与最小项表达式的关系如图 1.6 所示。由图可知，卡诺图与真值表

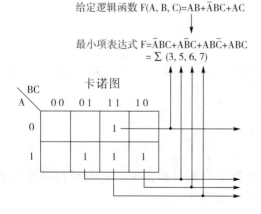

给定逻辑函数 $F(A, B, C)=AB+\bar{A}BC+AC$

最小项表达式 $F=\bar{A}BC+A\bar{B}C+AB\bar{C}+ABC$
$= \sum (3, 5, 6, 7)$

卡诺图

真　值　表			
m_i	A	B	C	F
0	0	0	0	0
1	0	0	1	0
2	0	1	0	0
3	0	1	1	1
4	1	0	0	0
5	1	0	1	1
6	1	1	0	1
7	1	1	1	1

图 1.6　卡诺图、真值表与最小项表达式关系

是非常相似的，其差别仅在于卡诺图边框外的变量取值是按格雷码排列，而不是按二进制数值的大小顺序排列。因此，卡诺图可看作是一种变形的真值表，有时称它为真值图或邻接真值表。

下面举例说明逻辑表达式与卡诺图之间的转换。

例 1 已知逻辑表达式 $F(A，B，C) = A\bar{C} + B\bar{C} + ABC$，画出卡诺图。

首先，将该逻辑表达式展开为最小项表达式，则得

$$F = (B + \bar{B})A\bar{C} + (A + \bar{A})B\bar{C} + ABC$$
$$= \bar{A}B\bar{C} + A\bar{B}\bar{C} + AB\bar{C} + ABC$$
$$= \sum(2,4,6,7)$$

使卡诺图中变量取值为 010，100，110，111 所对应的小方格置"1"，则得图 1.7 所示的卡诺图。

例 2 已知图 1.8 所示卡诺图，列出逻辑表达式。

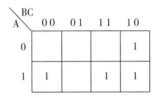

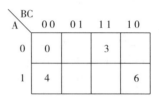

图 1.7 例 1 的卡诺图   图 1.8 例 2 的卡诺图

由卡诺图可直接得到 F 的最小项表达式如下：

$$F = \sum(0,3,4,6)$$
$$= \bar{A}\bar{B}\bar{C} + \bar{A}BC + A\bar{B}\bar{C} + AB\bar{C}$$

利用逻辑代数的基本公式，可将该最小项表达式化简为

$$F = (\bar{A}\bar{B}\bar{C} + A\bar{B}\bar{C}) + (A\bar{B}\bar{C} + AB\bar{C}) + \bar{A}BC$$
$$= \bar{B}\bar{C}(\bar{A} + A) + A\bar{C}(\bar{B} + B) + \bar{A}BC$$
$$= \bar{B}\bar{C} + A\bar{C} + \bar{A}BC$$

1.2.5 逻辑函数的"相等"概念

逻辑函数和普通函数一样，也有函数相等的问题。那么，怎样的两个逻辑函数被认为是相等的呢？

设有两个逻辑函数

$$F = f(A_1，A_2，\cdots，A_n)$$
$$G = g(A_1，A_2，\cdots，A_n)$$

其逻辑变量都是 A_1，A_2，$\cdots$，A_n。如果对应于 A_1，A_2，$\cdots$，A_n 的任何一组变量取值，F 和 G 的值都相同，则称 F 和 G 是相等的，记为 $F = G$。

显然，若两个逻辑函数相等，则它们的真值表一定相同；反之，若两个逻辑函数的真值表完全相同，则此两个函数相等。因此，要证明两个逻辑函数是否相等，只要列出它们

的真值表，看其是否相同便可确定。

例如，已知下列两个逻辑函数

$$F(A, B, C) = \overline{A + B + C}$$

$$G(A, B, C) = \overline{A} \cdot \overline{B} \cdot \overline{C}$$

列出 F 和 G 的真值表，见表1.2。由表可知，它们的真值表完全相同，故 F 和 G 是相等的。即

$$\overline{A + B + C} = \overline{A} \cdot \overline{B} \cdot \overline{C} \tag{1.21}$$

表 1.2　$F = \overline{A + B + C}$ 和 $G = \overline{A} \cdot \overline{B} \cdot \overline{C}$ 的真值表

A	B	C	A+B+C	$F = \overline{A+B+C}$	$\overline{A}$	$\overline{B}$	$\overline{C}$	$G = \overline{A} \cdot \overline{B} \cdot \overline{C}$
0	0	0	0	1	1	1	1	1
0	0	1	1	0	1	1	0	0
0	1	0	1	0	1	0	1	0
0	1	1	1	0	1	0	0	0
1	0	0	1	0	0	1	1	0
1	0	1	1	0	0	1	0	0
1	1	0	1	0	0	0	1	0
1	1	1	1	0	0	0	0	0

1.3　逻辑代数的主要定理及常用公式

这一节，我们将先介绍逻辑代数中的几个主要定理。然后，利用这些定理及第一节给出的公理(基本公式)证明若干常用公式。

1.3.1　逻辑代数的主要定理

逻辑代数中的定理主要有四个，它们是德·摩根定理，香农定理，展开定理及对偶定理。下面，分别证明这些定理，并给出有关的推理。

定理1　德·摩根(De Morgan)定理。

(1) $\overline{(x_1 + x_2 + \cdots + x_n)} = \overline{x}_1 \cdot \overline{x}_2 \cdots \overline{x}_n$ 　　　(1.22)

(2) $\overline{(x_1 \cdot x_2 \cdots x_n)} = \overline{x}_1 + \overline{x}_2 + \cdots + \overline{x}_n$ 　　　(1.23)

该定理可叙述如下：n 个逻辑变量的"或"的"非"等于各逻辑变量的"非"的"与"；n 个逻辑变量的"与"的"非"等于各逻辑变量的"非"的"或"。

当变量个数较少时，该定理可用真值表证明，见式(1.21)所示。当变量为 n 个时，则可用数学归纳法加以证明，该证明留给读者作为练习。

德·摩根定理是逻辑代数中十分有用的一个定理，要求读者能熟练地应用它。德·摩根定理未能对互补函数之间的关系做出完善的说明，香农对此定理做了推广。

定理 2 香农(Shannon)定理。

$$\bar{f}(x_1, x_2, \cdots, x_n, 0, 1, +, \cdot) = f(\bar{x}_1, \bar{x}_2, \cdots, \bar{x}_n, 1, 0, \cdot, +) \qquad (1.24)$$

该定理可叙述如下：任何函数的反函数，可通过对该函数的所有变量取反，并将常量 1 换为 0，0 换为 1，"$\cdot$"运算换为"$+$"运算，"$+$"运算换为"$\cdot$"运算而得到。

证明：根据德·摩根定理，任何函数 $f(x_1, x_2, \cdots, x_n, 0, 1, +, \cdot)$ 的反函数可写为

$$\bar{f}(x_1, x_2, \cdots, x_n, 0, 1, +, \cdot)$$
$$= \overline{[f_1(x_1, \cdots, x_n, 0, 1, +, \cdot) + f_2(x_1, \cdots, x_n, 0, 1, +, \cdot)]}$$
$$= \bar{f}_1(x_1, \cdots, x_n, 0, 1, +, \cdot) \cdot \bar{f}_2(x_1, \cdots, x_n, 0, 1, +, \cdot)$$

或写为

$$\bar{f}(x_1, x_2, \cdots, x_n, 0, 1, +, \cdot)$$
$$= \overline{[f_1(x_1, \cdots, x_n, 0, 1, +, \cdot) \cdot f_2(x_1, \cdots, x_n, 0, 1, +, \cdot)]}$$
$$= \bar{f}_1(x_1, \cdots, x_n, 0, 1, +, \cdot) + \bar{f}_2(x_1, \cdots, x_n, 0, 1, +, \cdot)$$

其中 f_1 和 f_2 是 f 的两个部分函数。对 f_1 和 f_2 重复上述过程，直到使 f 中的每个变量都用上德·摩根定理。因为每对 f(或 f 的部分函数)应用一次德·摩根定理，就将部分函数(或子部分函数)取反，并将"与"、"或"运算变换一次，以求得函数 f(或部分函数)的反函数 $\bar{f}$。因此，当对 f 的每个变量都进行德·摩根变换后，其结果必然是 $f(x_1, x_2, \cdots, x_n, 1, 0, \cdot, +)$，该定理得证。

香农定理实际上是德·摩根定理的推广，也就是某些参考书上所说的反演规则。下面，进一步举例说明这个定理。

例 1 已知逻辑函数为

$$F = \bar{A} \cdot \bar{B} + C \cdot D$$

则其反函数为

$$\bar{F} = (A + B) \cdot (\bar{C} + \bar{D})$$

应用香农定理求反函数时，需特别注意原来函数中的"与"项，当将这些"与"项变换为"或"项时，应加括号。

例 2 已知逻辑函数为

$$F + A + B + \overline{\bar{C} + \overline{D + \bar{\bar{E}}}}$$

将原函数 F 看作由两个变量之"或"组成，即令

$$F = A + X, \qquad X = \overline{B + \bar{C} + \overline{D + \bar{\bar{E}}}}$$

则得

$$\bar{F} = \bar{A} \cdot \bar{X}$$
$$= \bar{A} \cdot (B + \bar{C} + \overline{D + \bar{\bar{E}}})$$
$$= \bar{A} \cdot (B + \bar{C} + \bar{D} \cdot E)$$

定理 3 对偶定理。

在介绍对偶定理之前，先给出对偶函数的定义。

设有逻辑函数 $f(x_1,x_2,\cdots,x_n,0,1,+,\cdot)$，若把该函数中的"$\cdot$"运算换为"$+$"运算，"$+$"运算换为"$\cdot$"运算，0 换为 1，1 换为 0，而变量保持不变，则所得函数称为原来函数的对偶函数，记为 $f(x_1,x_2,\cdots,x_n,0,1,+,\cdot)$。显然，按此定义必有

$$f'(x_1,x_2,\cdots,x_n,0,1,+,\cdot) = f(x_1,x_2,\cdots,x_n,1,0,\cdot,+) \tag{1.25}$$

例如，下列原函数与其对偶函数一一对应。

原函数	对偶函数
$F = A \cdot B + \bar{C}$	$F' = (A + B) \cdot \bar{C}$
$F = A + B + C + D$	$F' = A \cdot B \cdot C \cdot D$
$F = (0 + A) \cdot (1 + B)$	$F' = (1 \cdot A) + (0 + B)$

对偶定理可用下式描述：

$$f'(x_1,x_2,\cdots,x_n,0,1,+,\cdot) = \bar{f}(\bar{x}_1,\bar{x}_2,\cdots,\bar{x}_n,0,1,+,\cdot) \tag{1.26}$$

该定理可叙述如下：任何函数的对偶函数，可通过原函数的所有变量取反，并再对整个函数求反而得到。

证明：根据香农定理，已证得式(1.24)如下：

$$\bar{f}(x_1,x_2,\cdots,x_n,0,1,+,\cdot) = f(\bar{x}_1,\bar{x}_2,\cdots,\bar{x}_n,1,0,\cdot,+)$$

若将式中的 $x_1,x_2,\cdots,x_n$ 用 $\bar{x}_1,\bar{x}_2,\cdots,\bar{x}_n$ 代替，则有

$$\bar{f}(\bar{x}_1,\bar{x}_2,\cdots,\bar{x}_n,0,1,+,\cdot) = f(x_1,x_2,\cdots,x_n,1,0,\cdot,+) \tag{1.27}$$

比较式(1.27)与式(1.25)，显然有

$$f'(x_1,x_2,\cdots,x_n,0,1,+,\cdot) = \bar{f}(\bar{x}_1,\bar{x}_2,\cdots,\bar{x}_n,0,1,+,\cdot)$$

故本定理得证。下面给出两个推理：

推理 1 原函数 f 与其对偶函数 f' 互为对偶函数，即 $(f')' = f$。

推理 2 两个相等函数 $(f = g)$ 的对偶函数必相等 $(f' = g')$。

这两个推理的证明是显然的，留给读者作为练习。

现在，给出自对偶函数的定义：

若一个函数 f 的对偶函数 f' 等于原函数 f，则此函数称为自对偶函数。即自对偶函数满足

$$f'(x_1,x_2,\cdots,x_n) = f(x_1,x_2,\cdots,x_n)$$

例如，函数 $F = (A + \bar{C})\bar{B} + A(\bar{B} + \bar{C})$ 是一自对偶函数。因为

$$
\begin{aligned}
F &= (A \cdot \bar{C} + \bar{B}) \cdot (A + \bar{B} \cdot \bar{C}) \\
&= (A + \bar{B})(\bar{C} + \bar{B})(A + \bar{B})(A + \bar{C}) \\
&= A(\bar{B} + \bar{C})(A + \bar{C}) + \bar{B}(\bar{B} + C)(A + \bar{C}) \\
&= (\bar{B} + \bar{C})(A + A\bar{C}) + (\bar{B} + \bar{B}C)(A + \bar{C}) \\
&= A(\bar{B} + \bar{C}) + \bar{B}(A + \bar{C})
\end{aligned}
$$

*定理 4** 展开定理。

(1) $f(x_1,\cdots,x_i,\cdots,x_n) = x_i \cdot f(x_1,\cdots,1,\cdots,x_n) + \bar{x}_i \cdot f(x_1,\cdots,0,\cdots,x_n)$

(2) $f(x_1,\cdots,x_i,\cdots,x_n) = [x_i + f(x_1,\cdots,0,\cdots,x_n)] \cdot [\bar{x}_i + f(x_1,\cdots,1,\cdots,x_n)]$ (1.28)

该定理可叙述如下：任何逻辑函数都可对它的某一个变量 (x_i) 展开，或展开为(1)所示的"与－或"形式，或展开为(2)所示的"或－与"形式。在"与－或"形式中，一个"与"

项为 x_i 和 $x_i = 1$ 的原函数相"与";另一个"与"项为 $\bar{x}_i$ 和 $x_i = 0$ 的原函数相"与"。在"或 -与"形式中,一个"或"项为 x_i 和 $x_i = 0$ 的原函数相"或";另一个"或"项为 $\bar{x}_i$ 和 $x_i = 1$ 的原函数相"或"。

证明:该定理的证明是极其简单的。方法之一,是将 $x_i = 1$ 与 $\bar{x}_i = 0$ 代入式(1.28),再将 $x_i = 0$ 与 $\bar{x}_i = 1$ 代入式(1.28),可发现式(1.28)在这两种情况下都成立,故定理得证。

由展开定理可得出下列两个推理:

推理1

$$(1)\ x_i \cdot f(x_1,\cdots,x_i,\cdots,x_n) = x_i \cdot f(x_1,\cdots,1,\cdots,x_n) \tag{1.29}$$
$$(2)\ x_i + f(x_1,\cdots,x_i,\cdots,x_n) = x_i + f(x_1,\cdots,0,\cdots,x_n)$$

推理2

$$(1)\ \bar{x}_i \cdot f(x_1,\cdots,x_i,\cdots,x_n) = \bar{x}_i \cdot f(x_1,\cdots,0,\cdots,x_n) \tag{1.30}$$
$$(2)\ \bar{x}_i + f(x_1,\cdots,x_i,\cdots,x_n) = \bar{x}_i + f(x_1,\cdots,1,\cdots,x_n)$$

下面举例说明展开定理的应用。

例1 将函数 $F(A,B,C) = (\bar{A}\bar{B})C + A(B + \bar{C})$ 对 A 展开成"与 - 或"形式以及"或 -与"形式。

根据式(1.28)(1),可得

$$
\begin{aligned}
F(A,B,C) &= A \cdot F(1,B,C) + \bar{A} \cdot F(0,B,C) \\
&= A(B + \bar{C}) + \bar{A}(\bar{B}C + 0) \\
&= AB + A\bar{C} + \bar{A}\bar{B}C
\end{aligned}
$$

根据式(1.28),可得

$$
\begin{aligned}
F(A,B,C) &= [A + F(0,B,C)] \cdot [\bar{A} + F(1,B,C)] \\
&= (A + \bar{B}C)(\bar{A} + B + \bar{C})
\end{aligned}
$$

例2 用展开定理将函数 $F(A,B,C) = AB + A\bar{C} + \bar{A}C$ 展开为最小项表达式及最大项表达式。

根据式(1.28)(1),可得

$$
\begin{aligned}
F(A,B,C) &= A(1 \cdot B + 1 \cdot \bar{C} + 0 \cdot C) + \bar{A}(0 \cdot B + 0 \cdot \bar{C} + 1 \cdot C) \\
&= AB + A\bar{C} + \bar{A}C \\
&= B[A \cdot 1 + A\bar{C} + \bar{A}C] + \bar{B}[A \cdot 0 + A\bar{C} + \bar{A}C] \\
&= AB + \bar{A}BC + A\bar{B}\bar{C} + \bar{A}\bar{B}C \\
&= C(AB + \bar{A}B \cdot 1 + A\bar{B} \cdot 0 + \bar{A}\bar{B} \cdot 1) + \bar{C}(AB + \bar{A}B \cdot 0 + A\bar{B} \cdot 1 + \bar{A}\bar{B} \cdot 0) \\
&= ABC + \bar{A}BC + \bar{A}\bar{B}C + AB\bar{C} + A\bar{B}\bar{C} \\
&= \sum(1,3,4,6,7)
\end{aligned}
$$

根据式(1.28)(2),可得

$$
\begin{aligned}
F(A,B,C) &= [A + 0 \cdot B + 0 \cdot \bar{C} + 1 \cdot C] \cdot [\bar{A} + 1 \cdot B + 1 \cdot \bar{C} + 0 \cdot C] \\
&= (A + C)(\bar{A} + B + \bar{C}) \\
&= [B + (A + C)(\bar{A} + 0 + \bar{C})] \cdot [\bar{B} + (A + C)(\bar{A} + 1 + \bar{C})] \\
&= [B + (A + C)(\bar{A} + \bar{C})] \cdot [\bar{B} + A + C]
\end{aligned}
$$

$$= (B + A\overline{C} + \overline{A}C)(\overline{B} + A + C)$$
$$= [C + (B + A \cdot 1 + \overline{A} \cdot 0)(\overline{B} + A + 0)] \cdot [\overline{C} + (B + A \cdot 0 + \overline{A} \cdot 1)(\overline{B} + A + 1)]$$
$$= [C + (B + A)(\overline{B} + A)] \cdot [\overline{C} + (B + \overline{A})]$$
$$= (C + A)(\overline{A} + B + \overline{C})$$
$$= (A + C + B)(A + C + \overline{B})(\overline{A} + B + \overline{C})$$
$$= (A + B + C)(A + \overline{B} + C)(\overline{A} + B + \overline{C})$$
$$= \prod(0,2,5)$$

1.3.2 逻辑代数的常用公式

利用已证明的定理和基本公式,可以进一步证明逻辑代数中某些常用的等式。熟练地掌握和使用这些等式将为化简逻辑函数带来很大的方便,我们把这些等式命名为逻辑代数的常用公式。显然,常用公式的多少可随意确定,各参考书所列数目及种类也不完全相同,这是无关紧要的。下面将给出公认为"常用"的若干公式,并要求读者在会证明的基础上熟记它们。

公式 1 $AB + A\overline{B} = A$ (1.31)

证明: $\qquad\qquad AB + A\overline{B} = A(B + \overline{B}) = A \cdot 1 = A$

证毕。

该公式可叙述如下:在一个积之和表达式中,若有一个变量,它在一个乘积项中为原变量而在另一个乘积项中为反变量,且这两个乘积项的其余因子都相同,则此变量是多余的,图示如下:

根据对偶定理的推理 2,可得

$$(A + B)(A + \overline{B}) = A \qquad\qquad (1.32)$$

公式 2 $A + AB = A$ (1.33)

证明: $\qquad\qquad A + AB = A(1 + B) = A \cdot 1 = A$

证毕。

该公式可叙述如下:在一个积之和表达式中,若有一个乘积项是另一个乘积项的因子,则包含该因子的乘积项是多余的,图示如下:

根据对偶定理的推理 2,可得

$$A(A + B) = A \qquad\qquad (1.34)$$

公式 3　$A + \overline{A}B = A + B$ 　　　　　　　　　　　　　　(1.35)

　　证明：　　　　　　$A + \overline{A}B = (A + \overline{A})(A + B) = 1 \cdot (A + B) = A + B$

证毕。

　　该公式可叙述如下：在一个积之和表达式中，若有一个乘积项的"非"是另一个乘积项的因子，则在该乘积项中这个因子是多余的，图示如下：

$$A + \overline{A}B$$

$\overline{A}$ 是多余的

"非"

　　根据对偶定理的推理 2，可得

$$A(\overline{A} + B) = AB \qquad (1.36)$$

公式 4　$AB + \overline{A}C + BC = AB + \overline{A}C$ 　　　　　　　　(1.37)

　　证明：　　　　$AB + \overline{A}C + BC = AB + \overline{A}C + BC(A + \overline{A})$

$$= AB + ABC + \overline{A}C + \overline{A}CB$$

$$= AB + \overline{A}C$$

证毕。

　　该公式可叙述如下：在一个积之和表达式中，若有两个乘积项，其一包含有原变量 x，而另一个包含有反变量 $\overline{x}$，且这两个乘积项的其余因子都是另一个乘积项的因子，则此乘积项是多余的，图示如下：

$$AB + \overline{A}C + BC$$

BC 乘积项是多余的

原变量　反变量

　　该公式可推广为

$$AB + \overline{A}C + BCD = AB + \overline{A}C \qquad (1.38)$$

　　根据对偶定理的推理 2，由式 (1.38) 可得

$$(A + B)(\overline{A} + C)(B + C + D) = (A + B)(\overline{A} + C) \qquad (1.39)$$

公式 5　$\overline{A\overline{B} + \overline{A}B} = \overline{A}\,\overline{B} + AB$ 　　　　　　　　(1.40)

　　证明：根据德·摩根定理，可得

$$\overline{A\overline{B} + \overline{A}B} = (\overline{A\overline{B}}) \cdot (\overline{\overline{A}B})$$

$$= (\overline{A} + B)(A + \overline{B})$$

$$= \overline{A}A + \overline{A}\overline{B} + AB + B\overline{B}$$

$$= \overline{A}\,\overline{B} + AB$$

证毕。

　　根据对偶定理的推理 2，可得

$$\overline{(A + \overline{B})(\overline{A} + B)} = (\overline{A} + \overline{B})(A + B)$$

即

$$\overline{A\overline{B} + AB} = A\overline{B} + \overline{A}B \qquad (1.41)$$

　　通常，称 $A\overline{B} + \overline{A}B$ 为 A 和 B 的"异或"运算，因为当 A 和 B 相异（$A \neq B$）时，$A\overline{B} + \overline{A}B$

$=1$。记为

$$A\overline{B} + \overline{A}B = A \oplus B$$

其中⊕为"异或"运算符。

类似地，通常把 $\overline{A}\overline{B} + AB$ 称为 A 和 B 的"同或"运算，因为当 A 和 B 相同（ A = B ）时，$\overline{A}\overline{B} + AB = 1$。记为

$$\overline{A}\overline{B} + AB = A \odot B$$

其中⊙为"同或"运算符。"同或"运算也称"符合"运算。

因此，公式 5 可叙述如下：两个变量的"异或"的"非"等于"同或"。反之，两个变量的"同或"的"非"等于"异或"。可表示如下：

$$\overline{A \oplus B} = A \odot B$$
$$\overline{A \odot B} = A \oplus B$$

运算符⊕和⊙也是对偶的。

根据"异或"运算的定义，可证明下列公式是成立的：

公式 5.1　$A \oplus A = 0$

公式 5.2　$A \oplus \overline{A} = 1$

公式 5.3　$A \oplus 0 = A$

公式 5.4　$A \oplus 1 = \overline{A}$

公式 5.5　$A \oplus \overline{B} = A \odot B$
$$\qquad\qquad\quad = A \oplus B \oplus 1$$

公式 5.6　$A \oplus B = B \oplus A$

公式 5.7　$A \oplus (B \oplus C) = (A \oplus B) \oplus C$

公式 5.8　$A \cdot (B \oplus C) = A \cdot B \oplus A \cdot C$

*1.3.3　定理及常用公式的应用举例

例 1　化简逻辑函数 $Z(A, B, C, D, E, F) = A + AB + \overline{A}C + BD + ACEF + \overline{B}E + EDF$

应用公式 2，可消去 AB 和 ACEF 项，得

$$Z = A + \overline{A}C + BD + \overline{B}E + EDF$$

应用公式 3，可消去 $\overline{A}C$ 中的 $\overline{A}$，得

$$Z = A + C + BD + \overline{B}E + EDF$$

应用公式 4，可消去 EDF，得

$$Z = A + C + BD + \overline{B}E$$

此式即为给定函数的最简式。

例 2　已知逻辑函数的"与或"表达式为 $H(A, B) = A\overline{B} + \overline{A}B$，写出该函数的"或与""与非 – 与非"、"或非 – 或非"和"与或非"表达式。

解

（1）H 的"或与"表达式。

"或与"表达式是由若干个"或"项进行"与"运算所组成的逻辑表达式。由"与或"表达

式求"或与"表达式可采用多种方法，这里利用展开定理来求。由式(1.28)可得

$$H = [A + 0 \cdot \bar{B} + 1 \cdot B][\bar{A} + 1 \cdot \bar{B} + 0 \cdot B]$$
$$= (A + B)(\bar{A} + \bar{B})$$

（2）H 的"与非 - 与非"表达式。

"与非 - 与非"表达式是由若干个"与非"项进行"与非"运算组成的逻辑表达式。为求出 H 的"与非 - 与非"表达式。可先求出 $\bar{H}$：

$$\bar{H} = A\bar{B} + \bar{A}B$$
$$= \overline{(A\bar{B})} \cdot \overline{(\bar{A}B)}$$

则得

$$H = \bar{\bar{H}} = \overline{\overline{(A\bar{B})} \cdot \overline{(\bar{A}B)}}$$

（3）H 的"或非 - 或非"表达式。

"或非 - 或非"表达式是由若干个"或非"项进行"或非"运算组成的逻辑表达式。由 H 的"或与"表达式先求出 $\bar{H}$：

$$\bar{H} = \overline{(A + B)(\bar{A} + \bar{B})}$$
$$= \overline{A + B} + \overline{\bar{A} + \bar{B}}$$

则得

$$H = \bar{\bar{H}} = \overline{\overline{(A + B)} + \overline{(\bar{A} + \bar{B})}}$$

（4）H 的"与或非"表达式。

"与或非"表达式是由若干个"与"项先进行"或"运算再进行"非"运算所组成的逻辑表达式。由 H 的"与或"表达式先求出 $\bar{H}$：

$$\bar{H} = \overline{A\bar{B} + \bar{A}B}$$
$$= \bar{A}\bar{B} + AB$$

则得

$$H = \bar{\bar{H}} = \overline{\bar{A}\bar{B} + AB}$$

例 3　已知逻辑函数 $F(A, B, C) = \bar{A}B + B\bar{C} + \bar{A}BC$，求 F，$\bar{F}$ 和 F' 的最小项表达式及最大项表达式。

解：我们先确定最小项与最大项之间的关系。以三变量为例，显然有

$$m_0 = \bar{A}\bar{B}\bar{C} \qquad \bar{m}_0 = A + B + C = M_0 \qquad m_0' = \bar{A} + \bar{B} + \bar{C} = M_7$$
$$m_1 = \bar{A}\bar{B}C \qquad \bar{m}_1 = A + B + \bar{C} = M_1 \qquad m_1' = \bar{A} + \bar{B} + C = M_6$$
$$m_2 = \bar{A}B\bar{C} \qquad \bar{m}_2 = A + \bar{B} + C = M_2 \qquad m_2' = \bar{A} + B + \bar{C} = M_5$$
$$m_3 = \bar{A}BC \qquad \bar{m}_3 = A + \bar{B} + \bar{C} = M_3 \qquad m_3' = \bar{A} + B + C = M_4$$
$$m_4 = A\bar{B}\bar{C} \qquad \bar{m}_4 = \bar{A} + B + C = M_4 \qquad m_4' = A + \bar{B} + \bar{C} = M_3$$
$$m_5 = A\bar{B}C \qquad \bar{m}_5 = \bar{A} + B + \bar{C} = M_5 \qquad m_5' = A + \bar{B} + C = M_2$$
$$m_6 = AB\bar{C} \qquad \bar{m}_6 = \bar{A} + \bar{B} + C = M_6 \qquad m_6' = A + B + \bar{C} = M_1$$
$$m_7 = ABC \qquad \bar{m}_7 = \bar{A} + \bar{B} + \bar{C} = M_7 \qquad m_7' = A + B + C = M_0$$

写成一般式，则有

$$\bar{m}_i = M_i \quad 或 \quad m_i = \bar{M}_i$$
$$m_i' = M_j \quad 且 \quad i + j = 2^n - 1 \qquad （n 为变量数）$$

利用这些关系，可方便地确定 F、$\bar{F}$ 和 F' 的最小项表达式与最大项表达式之间的关

系。下面，先求 F 的最小项表达式：

$$F = \bar{A}B(C + \bar{C}) + B\bar{C}(A + \bar{A}) + A\bar{B}C$$
$$= \bar{A}BC + \bar{A}B\bar{C} + AB\bar{C}) + A\bar{B}C$$
$$= m_2 + m_3 + m_5 + m_6$$
$$= \sum(2, 3, 5, 6) \tag{1.42}$$

根据最小项表达式的性质 3，$\bar{F}$ 是由 F 所包含的最小项以外的全部最小项所组成，则得 $\bar{F}$ 的最小项表达式：

$$\bar{F} = \sum(0, 1, 4, 7)$$
$$= m_0 + m_1 + m_4 + m_7 \tag{1.43}$$

对式(1.43)求反，则得 F 的最大项表达式：

$$F = \bar{\bar{F}}$$
$$= \overline{(m_0 + m_1 + m_4 + m_7)}$$
$$= \overline{m_0} \cdot \overline{m_1} \cdot \overline{m_4} \cdot \overline{m_7}$$
$$= \prod(0, 1, 4, 7) \tag{1.44}$$

对式(1.42)求反，则得 $\bar{F}$ 的最大项表达式：

$$\bar{F} = \overline{(m_2 + m_3 + m_5 + m_6)}$$
$$= M_2 \cdot M_3 \cdot M_5 \cdot M_6$$
$$= \prod(2, 3, 5, 6)$$

对式(1.42)求对偶，则得 F' 的最大项表达式：

$$F' = (m_2 + m_3 + m_5 + m_6)'$$
$$= m_2' \cdot m_3' \cdot m_5' \cdot m_6'$$
$$= M_5 \cdot M_4 \cdot M_2 \cdot M_1$$
$$= \prod(1, 2, 4, 5) \tag{1.45}$$

对式(1.44)求对偶，则得 F' 的最小项表达式：

$$F' = (M_0 \cdot M_1 \cdot M_4 \cdot M_7)'$$
$$= M_0' + M_1' + M_4' + M_7'$$
$$= m_7 + m_6 + m_3 + m_0$$
$$= \sum(0, 3, 6, 7) \tag{1.46}$$

综上所述，给定函数的 F、$\bar{F}$ 和 F' 的最小项及最大项表达式之间的项号关系如图 1.9 所示。

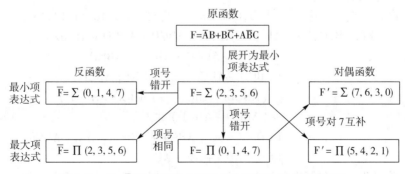

图 1.9 F，$\bar{F}$ 和 F' 的最小项及最大项表达式之间的关系

这一结论可推广到任意 n 变量函数。设有一逻辑函数，其变量数为 n，最小项表达式中有 K 个最小项，则有图 1.10 所示关系。

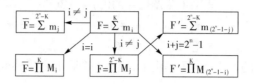

图 1.10　图 1.9 的一般情况

1.4　逻辑函数的化简

这一节将先说明逻辑函数化简所要解决的问题，然后介绍几种常用的化简方法，包括代数化简法、图解化简法及列表化简法。

1.4.1　逻辑函数最简式的定义

逻辑函数最简式的定义如下：

一个与给定函数等效的积之和式中，若同时满足：①该式中的乘积项最少。②该式中的每个乘积项再不能用变量更少的乘积项代替，则此积之和式是给定函数的最简式。

例如，逻辑函数的下列表达式中，式(1.48)是最简式：

$$F(A,B,C) = AB + \bar{B}C + \bar{A}C \tag{1.47}$$

$$= AB + C \tag{1.48}$$

$$= \bar{A}\bar{B}C + \bar{A}BC + A\bar{B}C + AB\bar{C} + ABC \tag{1.49}$$

1.4.2　代数化简法

用代数法化简逻辑函数时，要求熟记并灵活应用逻辑代数中的基本公式、定理及常用公式。化简过程无一定规律可遵循，全凭化简者的经验及技巧。下面列举三个用代数法化简的例子，以供读者参考。

例 1　化简最小项表达式 $F(A,B,C,D) = \sum(0,5,7,8,9,10,11,14,15)$

$$F(A,B,C,D) = \bar{A}\bar{B}\bar{C}\bar{D} + \bar{A}B\bar{C}D + \bar{A}BCD + A\bar{B}\bar{C}\bar{D} + A\bar{B}\bar{C}D$$

$$+ A\bar{B}C\bar{D} + A\bar{B}CD + ABC\bar{D} + ABCD$$

$$= (\bar{A}\bar{B}\bar{C}\bar{D} + A\bar{B}\bar{C}\bar{D}) + (A\bar{B}\bar{C}\bar{D} + A\bar{B}\bar{C}D)$$

$$+ (A\bar{B}C\bar{D} + A\bar{B}CD) + (\bar{A}BCD + \bar{A}B\bar{C}D)$$

$$+ (ABC\bar{D} + ABCD)$$

$$= \bar{B}\bar{C}\bar{D} + (A\bar{B}\bar{C} + A\bar{B}C) + \bar{A}BD + (A\bar{B}C + ABC)$$

$$= \bar{B}\bar{C}\bar{D} + \bar{A}BD + A\bar{B} + AC \tag{1.50}$$

上述化简过程中，曾两次利用 $X + X = X$。即根据化简需要，可将函数式中的某一乘积项多次与其他乘积项合并。

例 2 化简"与或"表达式 $Z(A,B,C,D,E,F,G) = AB + A\bar{C} + BC + B\bar{C} + BD + B\bar{D} + ADE(F + G)$

$$
\begin{aligned}
Z &= A(B + \bar{C}) + BC + B\bar{C} + BD + B\bar{D} + ADE(F + G) \\
&= A\overline{(\bar{B}C)} + BC + B\bar{C} + BD + B\bar{D} + ADE(F + G) \\
&= A + BC + B\bar{C} + BD + B\bar{D} + ADE(F + G) \\
&= A + BC + B\bar{C} + BD + B\bar{D} + C\bar{D} \\
&= A + B\bar{C} + BD + B\bar{D} + C\bar{D} \\
&= A + B\bar{C} + BD + C\bar{D}
\end{aligned}
$$

上述化简过程中,应用了德·摩根定理、公式 3 和公式 4。

例 3 化简"或与"表达式 $Z(A,B,D,E,F) = (\bar{B} + D)(\bar{B} + D + A + G)(C + E)(\bar{C} + G)(A + E + G)$

第一种方法是利用常用公式中有关"或与"表达式的那一组公式。根据式(1.34)则得

$$Z = (\bar{B} + D)(C + E)(\bar{C} + G)(A + E + G)$$

根据式(1.39),则得

$$Z = (\bar{B} + D)(C + E)(\bar{C} + G)$$

第二种方法是利用对偶定理,先求出 Z 的对偶式:

$$Z' = \bar{B}D + \bar{B}DAG + CE + \bar{C}G + AEG$$

将 Z' 化简为最简"与或"表达式,则得

$$Z' = \bar{B}D + CE + \bar{C}G$$

对 Z 再求对偶,则得

$$
\begin{aligned}
(Z')' &= Z \\
&= (\bar{B} + D)(C + E)(\bar{C} + G)
\end{aligned}
$$

由上可知,代数化简法不仅使用不便,而且难以判断所得之结果是否为最简,这在变量个数增多时更是如此。因此,代数化简法一般适用于函数表达式比较简单的情况。当函数表达式比较复杂时,往往采用比较系统的卡诺图法或列表法。

1.4.3 卡诺图化简法

这一小节将先讲述用卡诺图化简逻辑函数的基本原理,并在此基础上举例说明用卡诺图化简逻辑函数的基本步骤,最后介绍卡诺图化简法应用中的具体问题。

1. 卡诺图化简法的基本原理

前面已指出,一个函数的最小项表达式是与其卡诺图一一对应的。例如,三变量函数

$$F(A,B,C) = \bar{A}BC + ABC$$

可利用基本公式 $A + \bar{A} = 1$ 化简为

$$F = (\bar{A} + A)BC = BC$$

这一结果反映在 F 的卡诺图上,就是相邻两个小方格"3"$(\bar{A}BC)$和"7"(ABC)可以合成一个大方格,见图 1.11 所示。该大方格所占区域"与 A 无关"(因 A 可为 0 或 1),而

"由 BC 确定"（因 BC 为 11）。因此，该大方格表示了化简的结果 BC。为叙述方便，下文中把卡诺图中的小方格称为"单元"，把由若干个小方格组成的大方格称为"圈"。

这就是说，只要把给定函数表示在卡诺图上，然后把图上"相邻"的标"1"单元圈在一起，再根据该圈所占区域"与谁无关，由谁确定"找出乘积项，便是给定函数的化简结果。

那么，怎样的单元是相邻的？而相邻的单元又是按什么规则形成圈的？显而易见，这里所指的相邻单元，其所对应的最小项只有一个变量不同，且它们互为反变量（如 X 和 X̄）。根据卡诺图的画法，图中水平或垂直方向上的几何相邻的单元显然满足这一要求，而且图的两端单元也满足这一要求，故它们也是相邻的，如图 1.12 所示。图示为四变量卡诺图，图中包含四对相邻单元，记为 a，b，c，d。

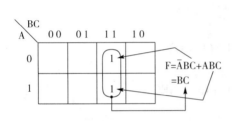

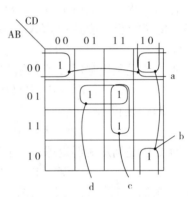

图 1.11 卡诺图化简原理图示之一　　　　图 1.12 卡诺图化简原理图示之二

现在，我们进一步讨论卡诺图中相邻单元形成圈的规则：

（1）任何两个标"1"的相邻单元可以形成一个圈，以消去一个变量，如图 1.13（a）所示。

例如，图中的乘积项 $\overline{B}C\overline{D}$ 是这样得到的：

$$\sum(2,10) = \overline{A}\,\overline{B}C\overline{D} + A\overline{B}C\overline{D}$$
$$= \overline{B}C\overline{D}$$

即两个相邻单元的圈所代表的乘积项是经过一次合并得到的。

（2）任何四个标"1"的相邻单元可以形成一个圈，以消去两个变量，如图 1.13（b）所示。

例如，图中的乘积项 $\overline{B}\,\overline{D}$ 是这样得到的：

$$\sum(0,2,8,10) = \overline{A}\,\overline{B}\,\overline{C}\,\overline{D} + \overline{A}\,\overline{B}C\overline{D} + A\overline{B}\,\overline{C}\,\overline{D} + A\overline{B}C\overline{D}$$
$$= \overline{A}\,\overline{B}\,\overline{D} + A\overline{B}\,\overline{D}$$
$$= \overline{B}\,\overline{D}$$

即四个相邻单元的圈所代表的乘积项是经过两次两两合并得到的。

（3）任何八个标"1"的相邻单元可以形成一个圈，以消去三个变量。例如，图 1.13（c）中的乘积项 B 是这样得到的：

$$\sum(4,5,6,7,12,13,14,15)$$
$$= \overline{A}B\overline{C}\,\overline{D} + \overline{A}B\overline{C}D + \overline{A}BC\overline{D} + \overline{A}BCD + AB\overline{C}\,\overline{D} + AB\overline{C}D + ABC\overline{D} + ABCD$$

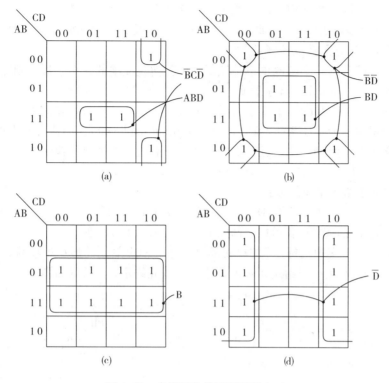

图 1.13　卡诺图化简原理图示之三

$$= \overline{AB}C + \overline{A}BC + AB\overline{C} + ABC$$

$$= \overline{A}B + AB$$

$$= B$$

即八个相邻单元的圈所代表的乘积项是经过三次两两合并得到的。

由上不难得出两个结论：

（1）n 变量的卡诺图中，任何 2^m（其中 m = 0，1，2，…，n）个标"1"的相邻单元可以形成一个圈，该圈所代表的乘积项由 n－m 个变量组成，可消去 m 个变量。

（2）与结论 1 反之，若标"1"的相邻单元为非 2^m 个，则至少形成两个圈。如图 1.14 所示的卡诺图中，它包含有 6 个相邻单元。因 $6 \neq 2^m$，故它不能形成一个圈，而要形成两个圈。

综上所述，卡诺图化简的基本原理是极其简单的，其所利用的只是基本公式 $A + \overline{A} = 1$，但卡诺图的画法必须满足边框外的变量取值按格雷码顺序排列。

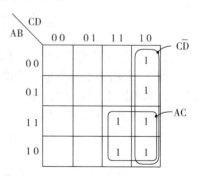

图 1.14　卡诺图化简原理图示之四

2. 卡诺图化简的基本步骤

在讨论用卡诺图化简逻辑函数的具体方法之前，先给出几个定义：

蕴涵项——在函数的任何积之和式中，每个乘积项称为该函数的蕴涵项（Implicant）。显然，在函数的卡诺图中，任一标 1 单元（最小项）以及 2^m 个相邻单元所形成的圈（即 2^m 个最小项之集合）都是函数的蕴涵项。

素项——若函数的一个蕴涵项不是该函数中其他蕴涵项的一个子集，则此蕴涵项称为素蕴涵项（Prime Implicant），简称素项。

实质素项——若函数的一个素项所包含的某一最小项，不包括在该函数的其他任何素项之中，则此素项称为实质素蕴涵项（Essential Prime Implicant），简称实质素项。

这些定义将在下面例子中做进一步的说明。下面通过两个例子说明卡诺图化简法的基本步骤。

例 1 用卡诺图法化简函数：
$$F(A,B,C,D) = \sum(0,5,7,8,9,10,11,14,15) \tag{1.51}$$

第一步，将给定函数 F 表示在卡诺图上，见图 1.15(a) 所示。

为简便起见，下文中凡标"1"的单元都改为标上相应单元的最小项项号，不标数字的单元（即空白单元）不是组成给定函数的最小项。按此约定，F 的卡诺图可画为图 1.15(b) 所示。

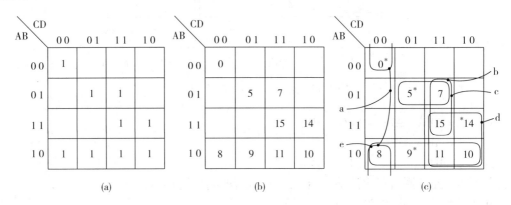

图 1.15　例 1 的卡诺图

第二步，在卡诺图上找出全部素项。

按照 2^m 个相邻单元形成一个圈的规则，先形成大圈，再形成小圈，且大圈中不再形成小圈，则得图 1.15(c) 所示的卡诺图。

由图可得五个圈，其对应的乘积项为
$$a = \sum(0,8) = \overline{B}\,\overline{C}\,\overline{D}$$
$$b = \sum(5,7) = \overline{A}BD$$
$$c = \sum(7,15) = BCD$$
$$d = \sum(10,11,14,15) = AC$$
$$e = \sum(8,9,10,11) = A\overline{B}$$

显然，我们可以认为 F 是由这些乘积项之和组成的，即
$$F = \overline{B}\,\overline{C}\,\overline{D} + \overline{A}BD + BCD + AC + A\overline{B} \tag{1.52}$$

这些乘积项当然是 F 的蕴涵项，而且由于这些蕴含项彼此都不能再合并，故它们是素项。容易看出，由圈得的五个素项所组成的 F 表达式［式（1.52）］要比给定函数表达

式［式(1.51)］简单得多，但它是否为最简呢？由图可见，五个圈对 F 的覆盖不是最小覆盖。为求得 F 的最简式，需把重复的圈去掉。这就提出一个问题，如何去掉重复的圈，才能既保证覆盖(使化简结果与给定函数等效)，又保证为最少数目的圈(使化简结果为最简单)。为此，需从已得到的素项中找出实质素项。

第三步，从卡诺图的全部素项中找出实质素项。

为了保证所得之结果无一遗漏地覆盖给定函数的所有最小项。需从上述卡诺图中找出只被一个圈包含的最小项。由图 1.15(c) 可知，这些最小项是 0、5、9、14，见图上标有 ∗ 号的单元。这些只被一个素项包含的最小项，称为实质最小项，而包含有实质最小项的素项就是实质素项。于是，我们找到了 F 的实质素项为 a、b、d、e，如图 1.16 所示。

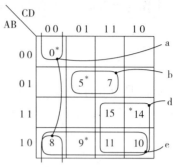

图 1.16　例 1 的实质素项

实质素项 a、b、d、e 已将给定函数的全部最小项都覆盖，故素项 c 是多余的，F 的最简式为

$$F = \overline{BCD} + \overline{A}BD + AC + A\overline{B} \tag{1.53}$$

该结果与代数化简法的结果 ［见式(1.50)］完全相同。

或许有人要问，一个函数的实质素项集是不是总能覆盖该函数的全部最小项呢？不一定，下面所举的例子将说明这一点。

例 2　用卡诺图法化简函数 $F(A,B,C,D) = \sum(2,3,6,7,8,10,12)$。

第一步，作 F 的卡诺图，并找出全部素项。

F 的卡诺图如图 1.17 所示，由图可找出 F 的素项如下：

$$a = \sum(2,3,6,7) = \overline{A}C$$
$$b = \sum(2,10) = \overline{B}C\overline{D}$$
$$c = \sum(8,10) = A\overline{B}\overline{D}$$
$$d = \sum(8,12) = A\overline{C}\overline{D}$$

第二步，从全部素项中找出实质素项。

由图 1.17 找出实质最小项，它们是 3、6、7、12，故确定实质素项为 a、d。为清楚起见，把仅圈有实质素项的卡诺图表示在图 1.18 中。

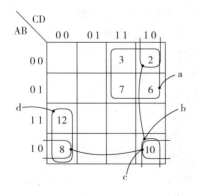

图 1.17　例 2 的卡诺图

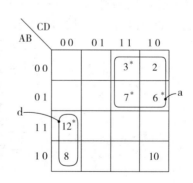

图 1.18　例 2 的实质素项

由图明显可见，选取实质素项 a、d 后，尚有最小项 10 未被覆盖。

第三步，确定所需素项，求出最简素项集。

为了覆盖最小项 10，可选取素项 b 或 c。由于 b 或 c 都由三个变量组成，故可任选其中一个作为所需素项。F 的最简素项集可为

$$\{a,\ d,\ b\}$$

或

$$\{a,\ d,\ c\}$$

求得 F 的最简式为

$$F = \overline{A}C + A\overline{C}\overline{D} + \overline{B}C\overline{D}$$

或

$$F = \overline{A}C + A\overline{C}\overline{D} + \overline{A}B\overline{D}$$

可见，函数 F 的最简式有两种，它们分别由两个相同的实质素项和一个不同的所需素项组成。

从上述两个例子可以看出，用卡诺图化简逻辑函数无非要解决下列两个问题：

（1）等效性，即最简式应与给定函数等效。这就要求从卡诺图上选取能够覆盖所有标 1 单元的圈。

（2）最简性，即最简式应是乘积项最少且每个乘积项的变量最少的积之和式。这就要求从卡诺图上选取最少个数的尽可能大的圈。

这两个问题归结为一个，就是从卡诺图上找出"能够覆盖给定函数全部标 1 单元的最少个数的尽可能大的圈"，卡诺图化简法的根本任务就在于此。如前所述，一般情况下这个任务可以通过下列诸步完成：

第一步，作给定函数 F 的卡诺图，找出它的全部素项。

第二步，从全部素项中找出实质素项。

第三步，若 F 的实质素项尚不能覆盖所有标 1 单元，则从剩余素项中找出最简单的所需素项，以使它与实质素项构成一个 F 的最小覆盖（即最简的素项集）。

必须指出，由于卡诺图化简法带有试凑性质，因此，当读者对卡诺图已应用自如时，就不必按上述步骤去做，甚至在卡诺图上一次圈出最后的化简结果。

例 3 用卡诺图化简函数 $F(A,B,C,D) = \sum(0,1,3,4,7,12,13,15)$。

作出 F 的卡诺图，如图 1.19 所示。由图可得 F 的全部素项如下：

$$a = \sum(0,1) = \overline{A}\,\overline{B}\,\overline{C}$$
$$b = \sum(1,3) = \overline{A}\,\overline{B}D$$
$$c = \sum(3,7) = \overline{A}CD$$
$$d = \sum(7,15) = BCD$$
$$e = \sum(13,15) = ABD$$
$$f = \sum(12,13) = AB\overline{C}$$
$$g = \sum(4,12) = B\overline{C}\,\overline{D}$$
$$h = \sum(0,4) = \overline{A}\,\overline{C}\,\overline{D}$$

由图可知，这一函数的卡诺图很特殊，它的素项圈互相交链，通常称为循环函数。显

然，在循环函数的卡诺图上找不出实质最小项。或者说，不存在实质素项。

对于这类循环函数，通常可先选取一个最大素项圈作为实质素项，以打破循环链。本例中，由于各个素项圈的大小相等，故可以任选一个素项作为实质素项。若选 a 作为实质素项，则得图 1.20 所示的卡诺图。由图明显可知，选取 c、e、g 作为所需素项，便可得到 F 的最简素项集如下：

$$\{a,\ c,\ e,\ g\}$$

同理，可得 F 的另一个最简素项集为

$$\{b,\ d,\ f,\ h\}$$

则得 F 的最简式为

$$F = \overline{AB}\,\overline{C} + \overline{A}CD + ABD + \overline{B}CD$$

或

$$F = \overline{AB}D + BCD + AB\overline{C} + \overline{A}C\overline{D}$$

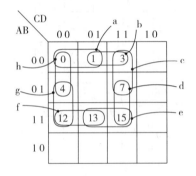

图 1.19　例 3 的卡诺图

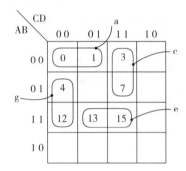

图 1.20　例 3 的最简素项集之一

3. 卡诺图化简法的进一步讨论

以上，我们仅讨论了四变量函数的卡诺图化简。当函数的变量为四个以上时，怎样利用卡诺图来化简呢？这个问题实际需要解决两个问题，一是四变量以上的卡诺图怎样画；另一是"相邻"单元怎样定义，相邻单元的成圈规则是什么。

随着变量的增多，卡诺图将变得越来越复杂。因此，当变量为七个以上时，实际上已无法使用卡诺图化简。下面，我们只讨论五变量及六变量函数的卡诺图化简法，其原理可推广到任意变量函数的化简。

四变量以上的卡诺图大致有两种画法，一是画成多个四变量卡诺图的组合；另一是采用改型卡诺图。

（1）多个四变量卡诺图的组合。

设有一个五变量函数 $f(x_1, x_2, x_3, x_4, x_5)$，则可将它展开为两个四变量函数之和：

$$f(x_1, x_2, x_3, x_4, x_5) = \overline{x}_1 g_0(x_2, x_3, x_4, x_5) + x_1 g_1(x_2, x_3, x_4, x_5)$$

这就是说，五变量函数的卡诺图可用两个四变量函数的卡诺图组成，如图 1.21 所示。根据五变量卡诺图的画法，不难得出它们的"相邻"单元的定义：

- 在同一个四变量卡诺图上，"相邻"单元的定义如前所述，即水平与垂直方向上几何相邻单元及卡诺图两端的单元都为"相邻"单元。

- 相邻图上的任何两个位置相同的单元为"相邻"单元。所谓相邻图，是指 x_1 为不同值的两个四变量卡诺图。

根据上述对"相邻"单元的定义，应用四变量卡诺图中已讲过的相邻单元成圈规则，便可容易地在五变量卡诺图上化简给定的函数。

例 4 用卡诺图法化简五变量函数 $F(A, B, C, D, E) = \sum(0,1,4,5,6,11,12,14,16,20,22,28,30,31)$。

作 F 的卡诺图，如图 1.22 所示。从图找出 F 的全部素项为

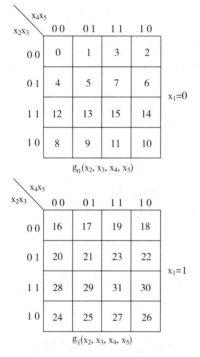

图 1.21 五变量卡诺图

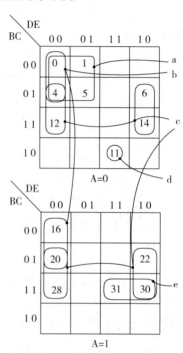

图 1.22 五变量例题的卡诺图

$$a = \sum(0,1,4,5) = \overline{A}\,\overline{B}\,\overline{D}$$
$$b = \sum(0,4,16,20) = \overline{B}\,\overline{D}\,\overline{E}$$
$$c = \sum(4,6,12,14,20,22,28,30) = C\overline{E}$$
$$d = \sum(11) = \overline{A}\,\overline{B}CDE$$
$$e = \sum(30,31) = ABCD$$

这些素项都是实质素项，故由它们组成 F 的最简素项集。F 的最简式为

$$F = \overline{A}\,\overline{B}\,\overline{D} + \overline{B}\,\overline{D}\,\overline{E} + C\overline{E} + \overline{A}\,\overline{B}CDE + ABCD \qquad (1.54)$$

五变量卡诺图也可画成立体图形，如图 1.23 所示。

由图可知，两个相邻图中上下方向为几何相邻的单元是相邻单元。

六变量卡诺图可用四个四变量卡诺图组成，其方法与上述类似，不再赘述。

（2）改型卡诺图。

如果将上述四变量卡诺图的边框外的每个变量取值都单独按 01、10、01、10…规律

排列，便可容易地将它扩充为五变量或六变量卡诺图，见图 1.24 所示。

根据改型卡诺图的画法，“相邻”单元的定义也要作相应的修改：

· 改型卡诺图中，任何水平和垂直方向上几何相邻的单元以及图形两端的单元都为“相邻”单元。

· 相对于改型卡诺图对称轴对称的单元为“相邻”单元。如图 1.24(b)中的 ss 为水平对称轴；图 1.24(c)中的 s_1s_1 为水平对称轴，s_2s_2 为垂直对称轴。

按此相邻单元定义，应用前面已叙述的卡诺图中相邻标 1 单元的成圈规则，便可在改型卡诺图上圈出给定函数的各个素项。下面仍以上述五变量函数为例，说明用改型卡诺图化简函数的方法。

例 5 用改型卡诺图化简五变量函数 $F=\sum(0,1,4,5,6,11,12,14,16,20,22,28,30,31)$。

图 1.23　五变量卡诺图的立体图形

作 F 的卡诺图，并从图中找出 F 的全部素项(如图 1.25 所示)：

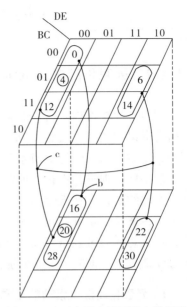

$$a=\sum(0,1,4,5)=\overline{A}\overline{B}\overline{D}$$
$$b=\sum(0,4,16,20)=\overline{B}\overline{D}\overline{E}$$
$$c=\sum(4,6,12,14,20,22,28,30)=C\overline{E}$$
$$d=\sum(11)=\overline{A}B\overline{C}DE$$
$$e=\sum(30,31)=ABCD$$

A	B	C＼D	0	1	1	0
		＼C	0		1	
0	0		0	1	3	2
0	1		4	5	7	6
1	1		12	13	15	14
1	0		8	9	11	10

(a) 四变量

	A	B	C	E=0 (D=0)	E=1 (D=0)	E=1 (D=1)	E=0 (D=1)	
	0	0	0	0	1	3	2	
	0	0	1	4	5	7	6	
	0	1	1	12	13	15	14	
	0	1	0	8	9	11	10	
S								S
	1	1	0	24	25	27	26	
	1	1	1	28	29	31	30	
	1	0	1	20	21	23	22	
	1	0	0	16	17	19	18	

(b) 五变量

S_2

	A	B	C	D=0, E=0, F=0	D=0, E=0, F=1	D=0, E=1, F=1	D=0, E=1, F=0	D=1, E=1, F=0	D=1, E=1, F=1	D=1, E=0, F=1	D=1, E=0, F=0	
	0	0	0	0	1	3	2	6	7	5	4	
	0	0	1	8	9	11	10	14	15	13	12	
	0	1	1	24	25	27	26	30	31	29	28	
	0	1	0	16	17	19	18	22	23	21	20	
S_1												S_1
	1	1	0	48	49	51	50	54	55	53	52	
	1	1	1	56	57	59	58	62	63	61	60	
	1	0	1	40	41	43	42	46	47	45	44	
	1	0	0	32	33	35	34	38	39	37	36	

S_2

(c) 六变量

图 1.24　改型卡诺图

这些素项都是实质素项，故 F 的最简式为：

$$F = \overline{AB}\overline{D} + \overline{B}\overline{D}E + C\overline{E} + \overline{AB}\overline{C}DE + ABCD$$

该式与式(1.54)完全相同。

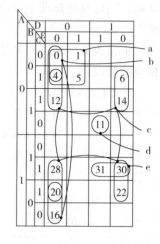

图 1.25 例 5 的改型卡诺图

*1.4.4 列表化简法(Quine – McCluskey 法)

例表化简法也称奎因－麦克拉斯基法，简称 Q-M 法，其思路与卡诺图化简法大致相同。即：先找出给函数 F 的全部素项，然后找出其中的实质素项；若实质素项不能覆盖 F 的所有最小项，则进一步找出所需素项，以构成 F 的最简素项集。不同的是，在列表化简法中上述结果都是通过约定形式的表格，按照一定规则求得的。那么，在列表化简法中，全部素项是怎样通过表格求得的呢？实质素项及所需素项又是通过什么表格求得的？下面分别说明这两个问题。

1. 列表化简法求素项的基本原理

前面已指出，两个可合并的最小项只有一个变量不同。如果用二进制数表示最小项，则这两个二进制数只有一位不同，如下列所示：

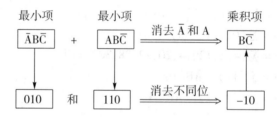

其中 –10 前的"–"表示该位置上的变量被消去。同理，对于带有一个"–"的两个二进制数，若只有一位值不同(0 与 1)，则此两个二进制数又可进一步合并，得到一个带有两个"–"的二进制数。例如，设有函数

$$F(A,B,C,D) = \sum(5,7,13,15)$$

其化简结果如下：

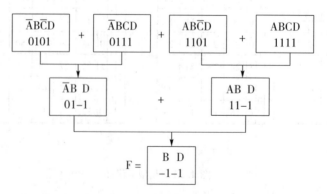

列表化简法求素项的基本原理就在于：逐次合并代表最小项或乘积项的只有一位数值

· 32 ·

不同的两个二进制数，所得的不能再合并的二进制数，其对应的乘积项，即为素项。

下面通过一个例子来说明逐次合并的方法。设逻辑函数为

$$F(A,B,C,D) = \sum(0,5,7,8,9,10,11,14,15)$$

它由 9 个最小项组成，这些最小项的项号及二进制数为

项号	二进制数	项号	二进制数
0	0000	10	1010
5	0101	11	1011
7	0111	14	1110
8	1000	15	1111
9	1001		

由于两个可合并的二进制数只有一位值不同，所以这样的两个二进制数中"1"的个数（或"0"的个数）之差必为 1。如果先将上述二进制数按其"1"的个数分组，并约定"1"的个数等于 0 的组称为 0 组，等于 1 的组称为 1 组，……，依此类推，则可得到如下的分组情况：

组号	项号	代表最小项的二进制数			
0	0	0	0	0	0
1	8	1	0	0	0
2	5	0	1	0	1
	9	1	0	0	1
	10	1	0	1	0
3	7	0	1	1	1
	11	1	0	1	1
	14	1	1	1	0
4	15	1	1	1	1

表中，每个组内的二进制数是按其项号大小顺序排列的。这样，只要对上表中的相邻两个组之间二进制数进行比较，便可找出所有能合并的二进制数。顺便指出，上表中的同一组内或不相邻两组之间的二进制数肯定不能合并，故不必再考虑。

为清楚起见，把相邻两组之间的二进制数的比较过程列于表 1.3。表中各列内标有 $\sqrt{}$ 号的两个二进制数可以合并，其结果记在本列的最后一行内。为下文叙述方便，把第一次化简结果称为一次乘积项，其项号由两个最小项项号(i, j)组成，记为

$$i(j-i)$$

其中 i 为两个最小项中的小项号，j 为大项号，故($j-i$)也称为项号差。带有一个" – "号的二进制数所代表的乘积项就是一次乘积项。

由表 1.3 求得 F 的一次乘积项如下：

用项号表示为

0(8) 8(1) 8(2) 5(2) 9(2) 10(1) 10(4) 7(8) 11(4) 14(1)

用二进制数表示为

−000　100−　10−0　01−1　10−1　101−　1−10　−111　1−11　111−

由表 1.3 可知，给定函数 F 的各个最小项至少可合并一次，故不存在由最小项组成的素项。

表 1.3　求一次乘积项的表格

组号	项号	二进制数										
0	0	0 0 0 0	✓									
1	8	1 0 0 0	✓	✓	✓							
2	5	0 1 0 1				✓						
	9	1 0 0 1		✓			✓					
	10	1 0 1 0			✓			✓	✓			
3	7	0 1 1 1				✓				✓		
	11	1 0 1 1					✓	✓			✓	
	14	1 1 1 0							✓			✓
4	15	1 1 1 1								✓	✓	✓
一次乘积项		项号	0(8)	8(1)	8(2)	5(2)	9(2)	10(1)	10(4)	7(8)	11(4)	14(1)
		二进制数	−000	100−	10−0	01−1	10−1	101−	1−10	−111	1−11	111−

下面进一步对所得的一次乘积项进行合并，为此，先作出类似表 1.3 的表格，见表 1.4。表中组号就是一次乘积项中项号小的最小项的组号，例如，一次乘积项 9(2)，它由最小项 9 和 11 组成，而最小项 9 的组号为 2，故 9(2) 的组号为 2。

表 1.4　求二次乘积项的表格

组号	项号	二进制数						
0	0(8)	−000	a					
1	8(1)	100−	✓					
	8(2)	10−0		✓				
2	5(2)	01−1			b			
	9(2)	10−1		✓				
	10(1)	101−	✓			✓		
	10(4)	1−10					✓	
3	7(8)	−111						c
	11(4)	1−11					✓	
	14(1)	111−				✓		

组号	项号	二进制数						
二次乘积项	项号	/	8(1,2)	8(2,1)	/	10(1,4)	10(4,1)	/
	二进制数	/	10 – –	10 – –	/	1 – 1 –	1 – 1 –	/

对表 1.4 中的相邻两组内的二进制数进行比较，便得到第二次化简结果，称为二次乘积项，见表中最后一行所示。二次乘积项也可用二进制数或项号表示，它的项号是这样规定的：括号外为最小项的小项号，括号内为两次项号差。例如，两个一次乘积项 8(1) 和 10(1)，可合并为二次乘积项 8(1,2)，它是这样得到的：

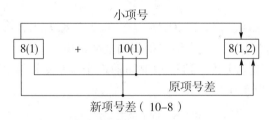

由表 1.4 得二次乘积项 8(1,2) 和 10(1,4)，即 10 – – 和 1 – 1 –。注意，项号 8(1,2) 与 8(2,1) 相同，项号 10(1,4) 和 10(4,1) 相同，故非四个二次乘积项。由表 1.4 还可知，一次乘积项 0(8),5(2) 和 7(8) 都不能与其他一次乘积项合并，故它们已是素项，记为 a、b 和 c。

最后，对所找到的两个二次乘积项进行比较，以确定它们能否合并为三次乘积项，见表 1.5 所示。由表可知它们不能合并，故它们也是 F 的素项，记为 d、e。

表 1.5　求三次乘积项的表格

组　号	项　号	二进制数		
1	8 (1, 2)	1 0 – –	d	
2	10 (1, 4)	1 – 1 –		e
三次乘积项		项　　号	/	/
		二进制数	/	/

通过上述步骤(见表 1.3 ~ 1.5)，求得给定函数 F 的全部素项为

$$a = 0(8) = \overline{B}\,\overline{C}\,\overline{D}$$
$$b = 5(2) = \overline{A}BD$$
$$c = 7(8) = BCD \qquad\qquad\qquad (1.55)$$
$$d = 8(1,2) = A\overline{B}$$
$$e = 10(1,4) = AC$$

即 $$F = \overline{B}\overline{C}\overline{D} + \overline{A}BD + BCD + AC + A\overline{B}$$

该结果与卡诺图化简法所得结果相同〔见式（1.52）〕。

综上可知，用列表法求素项时一定要按照约定规则建立表格，并按已推得的结论查找能够合并的项，各次不能再合并的项就是所要求的全部素项。在实际使用上述方法时，可以把各次所用表格集中在同一表格上。对于初学者而言，上述分步列出表格虽然有些繁琐，但却是比较清晰，易于理解。

2. 列表化简法的基本步骤

在求得给定函数的全部素项后，需进一步从中找出实质素项，以构成 F 的最简素项集。下面，举例说明列表化简法的基本步骤，着重说明怎样从素项表中确定实质素项，怎样找所需素项。

例1 用列表法化简函数 $F(A,B,C,D) = \sum(0,5,7,8,9,10,11,14,15)$。

第一步，建立素项产生表，找出给定函数的全部素项。

这一步的详细内容如上所述。这里把上面的三个表（表 1.3 ~ 表 1.5）集中在一个表中，见表 1.6 所示，称为素项产生表。

表 1.6　例 1 的素项产生表

最小项			一次乘积项			二次乘积项		
组号	项号	二进制数	组号	项号	二进制数	组号	项号	二进制数
0	0	0 0 0 0	0	0(8)	– 0 0 0 a	1	8(1,2)	1 0 – – d
1	8	1 0 0 0		8(1)	1 0 0 –	2	10(1,4)	1 – 1 – e
	5	0 1 0 1	1	8(2)	1 0 – 0			
2	9	1 0 0 1		5(2)	0 1 – 1 b			
	10	1 0 1 0		9(2)	1 0 – 1			
	7	0 1 1 1	2	10(1)	1 0 1 –			
3	11	1 0 1 1		10(4)	1 – 1 0			
	14	1 1 1 0		7(8)	– 1 1 1			
4	15	1 1 1 1	3	11(4)	1 – 1 1 c			
				14(1)	1 1 1 –			

由表 1.6 求得 F 的全部素项 a、b、c、d、e，见式（1.55）。

第二步：建立实质素项产生表，找出给定函数的实质素项。

实质素项产生表如表 1.7 所示。表中第一行为 F 的全部最小项，第一列为上一步求得的 F 的全部素项。实质素项是按下列步骤得到的：

（1）逐行标上各素项覆盖最小项的情况。例如，表中素项 a 可覆盖最小项 0 和 8，故在 a 这一行的最小项 0 和 8 两列下标记"×"。其他各行依此类推。

（2）逐列检查标有"×"的情况，凡只标有一个"×"号的列即为实质最小项，在该

"×"的外面打一个圈(即⊗)。例如,表中最小项0、5、9、14各列都只有一个"×",故都加上一个圈。

(3)找出包含有⊗号的各行,这些行的素项就是实质素项,并在其前加上标记"＊"。例如,表中a、b、d、e是实质素项。

(4)在表的最后一行"覆盖情况"一栏中,标上实质素项覆盖最小项的情况。凡能被实质素项覆盖的最小项,在最后一行的该列上打√号。

由表1.7可知,选取实质素项a、b、d、e后,即可将F的全部最小项覆盖,故F的最简式为

$$F = a + b + d + e$$
$$= \overline{A}\overline{B}\overline{D} + \overline{A}BD + A\overline{B} + AC$$

该结果与卡诺图化简法的结果〔见式(1.53)〕相同。如前所述,当给定函数的实质素项集不能覆盖该函数的全部最小项时,还需进一步从素项集中挑出所需素项,以构成函数的最简素项集。下面所举之例,着重说明选取所需素项的方法。

表 1.7 例 1 的实质素项产生表

素项 \ 最小项	0	5	7	8	9	10	11	14	15
＊ a 0 (8)	⊗			×					
＊ b 5 (2)		⊗	×						
c 7 (8)			×						×
＊ d 8 (1, 2)				×	⊗	×	×		
＊ c 10 (1, 4)						×	×	⊗	×
覆盖情况	√	√	√	√	√	√	√	√	√

例 2 用列表法化简函数 $F(A, B, C, D) = \sum(0, 3, 4, 5, 6, 7, 8, 10, 11)$。

第一步,建立素项产生表,找出给定函数的全部素项。素项产生表见表1.8所示,由该表求得F的全部素项为

$$a = 0(4) = \overline{A}\overline{C}\overline{D} \qquad e = 3(8) = \overline{B}CD$$
$$b = 0(8) = \overline{B}\overline{C}\overline{D} \qquad f = 10(1) = A\overline{B}C$$
$$c = 8(2) = A\overline{B}\overline{D} \qquad g = 4(1,2) = \overline{A}B$$
$$d = 3(4) = \overline{A}CD$$

第二步,建立实质素项产生表,找出给定函数的实质素项。

实质素项产生表如表1.9所示。按上例所述(1)～(4)步,从该表中找出F的实质素项为g。这就是说,在选取g作为F的最简素项集的一个元素后,可覆盖最小项4、5、6、7。尚有最小项0、3、8、10、11未被覆盖,故需进一步从剩余素项a、b、c、d、e、f中找出所需素项。

第三步,建立所需素项产生表,找出所需素项。

表 1.8 例 2 的素项产生表

最小项			一次乘积项				二次乘积项		
组号	项 号		组号	项 号			组号	项 号	
0	0	✓	0	0(4)	a		1	4(1,2)	g
1	4	✓		0(8)	b				
	8	✓	1	4(1)	✓				
2	3	✓		4(2)	✓				
	5	✓		8(2)	c				
	6	✓		3(4)	d				
	10	✓		3(8)	e				
3	7	✓	2	5(2)	✓				
	11	✓		6(1)	✓				
				10(1)	f				

表 1.9 例 2 的实质素项产生表

素项 \ 最小项	0	3	4	5	6	7	8	10	11
a 0(4)	×		×						
b 0(8)	×						×		
c 8(2)							×	×	
d 3(4)		×				×			
e 3(8)		×							×
f 10(1)								×	×
* g 4(1,2)			×	⊗	⊗	×			
覆盖情况	✓	✓		✓		✓			

所需素项产生表如表 1.10 所示，该表的构造与表 1.9 相似，只是取掉了已被选取的实质素项 g 及其所覆盖的最小项 4，5，6，7。现在的问题是怎样从表 1.10 中选取所需素项，以用最低的造价覆盖该表中的所有最小项。下面介绍两种常用的选取所需素项的方法，一是代数法，另一是行列消去法。

表 1.10 所需素项产生表

素项 \ 最小项	0	3	8	10	11
a 0(4)	×				
b 0(8)	×		×		
c 8(2)			×	×	

素项 \ 最小项	0	3	8	10	11
d 3(4)		×			
e 3(8)		×			×
f 10(1)				×	×

所谓代数法，就是从表 1.10 列出所有可供选取的覆盖最小项 0、3、8、10、11 的所需素项集的表达式，从中选出造价最低的所需素项集。逐列检查表中最小项的"×"号，可得覆盖这一最小项的素项。例如，要覆盖最小项 0，可选取素项 a 或 b；要覆盖最小项 3，可选取素项 d 或 e。若要同时覆盖最小项 0 和 3，则有下列四种可供选取的方案：

$$N_1 = (a+b) \cdot (d+e)$$
$$= ad + ae + bd + be$$

同理，若要同时覆盖最小项 0、3、8、10、11，则有

$$N = (a+b) \cdot (d+e) \cdot (b+c) \cdot (c+f) \cdot (e+f)$$
$$= bec + bef + ace + bdf + acdf$$

该式表明，可供选取的所需素项集有五个。就它们的造价而言，前四个都相同，后一个较高。因为后一个所需素项集 {a, c, d, f} 包含四个素项，且每个素项也都由三个变量组成。

这样，给定函数 F 的最简式可为

$$F = g + b + e + c = \overline{A}B + \overline{B}\overline{C}\overline{D} + \overline{B}CD + A\overline{B}\overline{D}$$

或

$$F = g + b + e + f = \overline{A}B + \overline{B}\overline{C}\overline{D} + \overline{B}CD + A\overline{B}C \qquad (1.56)$$

或

$$F = g + a + c + e = \overline{A}B + \overline{A}\overline{C}D + A\overline{B}\overline{D} + \overline{B}CD$$

或

$$F = g + b + d + f = \overline{A}B + \overline{B}\overline{C}\overline{D} + \overline{A}CD + A\overline{B}C$$

下面，着重介绍行列消去法，这种方法是直接从表 1.10 中找出所需素项。为便于叙述，先给出下列定义：

优势行和劣势行——在所需素项产生表中，若有素项 i 和 j 两行，其中 j 行中的"×"完全包含在 i 行之中，则称 i 行为优势行，j 行为劣势行，记作 i⊃j。我们把满足优势关系的两行，称为优势劣势行。例如，表 1.10 中的 a 与 b 构成优势劣势行，且 b⊃a；同理，d 与 e 也构成优势劣势行，且 e⊃d。

优势列和劣势列——在所需素项产生表中，若有最小项 m_k 和 m_l 两列，其中 m_l 列中的"×"完全包含在 m_k 列之中，则称 m_k 列为优势列，m_l 列为劣势列，记作 $m_k \supset m_l$。我们把满足优劣势关系的两列，称为优势劣势列。例如，表 1.10 中没有优势劣势列。

从造价最低的观点出发，若已知某两行构成优势劣势行，则必然选取优势行的素项，而把劣势行的素项丢弃。这是因为选取了优势行的素项后，不仅可覆盖劣势行的素项所能覆盖的最小项，而且还可覆盖其他最小项。基于这一原因，可把表 1.10 中的 a(⊂b) 和 d(⊂c) 两行划去，见表 1.11 所示。

表 1.11 划去表 1.10 中的劣势行

素项 \ 最小项	0	3	8	10	11	
a 0(4)	×					} a⊂b
b 0(8)	×		×			
c 8(2)			×	×		
d 3(4)		×				} d⊂e
e 3(8)		×			×	
f 10(1)				×	×	

由表 1.11 可得表 1.12，它由剩下的素项 b、c、e、f 组成。

表 1.12　划去表 1.11 中的优势列

素项 \ 最小项	0	3	8	10	11
b 0(8)	×				
c 8(2)			×	×	
e 3(8)		×			
f 10(1)				×	×

0⊂8　　　　　3⊂11

由表 1.12 可知，最小项 0 和 8 两列构成优势劣势列，且 0⊂8；最小项 3 和 11 两列也构成优势劣势列，且 3 ⊂11。类似地，从造价最低的观点出发，在优势劣势列中应选取劣势列而划去优势列，因为选取了覆盖劣势列的素项后一定能覆盖优势列，反之则不一定。现在，我们将表 1.12 中的优势列 8 和 11 划去，则得表 1.13。从表 1.13 可找到新的实质素项 b、e（其前标有 **）。选取该两项作为所需素项后，尚有最小项 10 未被覆盖。为覆盖最小项 10 可选取 c 或 f。于是，求得所需素项集为

$$\{b, e, c\} \quad 或 \quad \{b, e, f\}$$

表 1.13　消去劣势行和优势列后的表 1.10

素项 \ 最小项	**0**	**3**	**10**
* * b 0(8)	⊗		
c 8(2)			×
* * e 3(8)		⊗	
f 10(1)			×

综合第二、三步的结果，则得 F 的最简式为

$$F = g + b + c + e = \overline{A}B + \overline{B}\,\overline{C}\,\overline{D} + A\overline{B}\,\overline{D} + \overline{B}CD$$

或 $$F = g + b + e + f = \overline{A}B + \overline{B}\,\overline{C}\,\overline{D} + \overline{B}CD + A\overline{B}C$$

该结果显然是式(1.56)中的两种。

最后需指出,行列消去法可以在一开始建立的实质素项产生表中使用,并可多次重复使用,其原则是尽快找出各次实质素项。

练习 1

1. 设 A、B、C 为逻辑变量,试回答

(1) 若已知 $A + B = A + C$,则 $B = C$,对吗?

(2) 若已知 $AB = AC$,则 $B = C$,对吗?

(3) 若已知 $A + B = A + C$

$AB = AC$,则 $B = C$,对吗?

2. 试用逻辑代数的基本公式,化简下列逻辑函数:

(1) $(A + \overline{B}C)(\overline{A}B + C)$

(2) $AB(BC + A)$

(3) $A\overline{D}(A \cdot D)$

(4) $AB + B\overline{C} + ABC + AB\overline{C}$

(5) $(A + \overline{B} + C)(A + C + \overline{D})$

3. 已知下列逻辑函数,给出它们的真值表和卡诺图。

(1) $F = \overline{A}B + AB$ (2) $AB + A\overline{B}C + \overline{A}BC$

4. 将下列逻辑函数展开为最小项表达式。

(1) $F(A,B,C) = A + \overline{B}C + \overline{A}BC$

(2) $F(A,B,C,D) = AB + BC + CD + DA$

5. 将下列逻辑函数展开为最大项表达式。

(1) $F(A,B,C) = (A + B)(\overline{B} + C)$

(2) $F(A,B,C) = A\overline{B}C + A\overline{C}$

6. 画出下列函数的卡诺图。

$F(A,B,C) = A\overline{B} + B\overline{C}$

$F(A,B,C,D) = AB + BC + CD + DA$

7. 用真值表验证下列等式。

(1) $A\overline{B} + \overline{A}B = (\overline{A} + \overline{B})(A + B)$

(2) $A\overline{B} + B\overline{C} + C\overline{A} = \overline{A}B\overline{C} + \overline{ABC}$

8. 试用德·摩根定理及香农定理分别求下列函数的反函数。

(1) $Z = A\overline{B} + \overline{A}B$

(2) $Z = \sum(4,5,6,7)$

(3) $Z = \prod(0,2,4,6)$

(4) $Z = A\,[\,\overline{B} + (C\overline{D} + \overline{E}F)G\,]$

（5）$Z = A\overline{B} + B\overline{C} + C(\overline{A} + D)$

（6）$Z = \overline{\overline{A}\overline{B} + ABD} + (B + \overline{C}D)$

9. 证明函数

$$F = C(\overline{\overline{A}B + \overline{A}\overline{B}}) + \overline{C}(A\overline{B} + \overline{A}B)$$

是一自对偶函数。

10. 试用定理或常用公式证明下列等式：

（1）$AB + \overline{A}C + \overline{B}C = AB + C$

（2）$A\overline{B} + BD + \overline{A}D + DC = AB + D$

（3）$BC + D + \overline{D}(\overline{B} + \overline{C})(DA + B) = B + D$

（4）$(A + B)(A + \overline{B})(\overline{A} + B)(\overline{A} + \overline{B}) = 0$

（5）$ABC + \overline{A}\overline{B}\overline{C} = \overline{\overline{A}\overline{B} + \overline{B}\overline{C} + \overline{C}\overline{A}}$

（6）$A\overline{B} + B\overline{C} + C\overline{A} = \overline{A}B + \overline{B}C + \overline{C}A$

（7）$AB + BC + CA = (A + B)(B + C)(C + A)$

（8）$(AB + \overline{A}\overline{B})(BC + \overline{B}\overline{C})(CD + \overline{C}\overline{D}) = \overline{A\overline{B} + B\overline{C} + C\overline{D} + D\overline{A}}$

11. 证明下列有关"异或"运算的公式：

（1）$A \oplus \overline{B} = A \odot B = A \oplus B \oplus 1$

（2）$(A \oplus B) \oplus C = A \oplus (B \oplus C)$

（3）$A \oplus B \oplus C = A \odot B \odot C$

（4）$A \cdot (B \oplus C) = A \cdot B \oplus A \cdot C$

（5）$A + (B \oplus C) \neq (A + B) \oplus C$

12. 试用卡诺图法化简下列函数为最简积之和式：

（1）$F(A, B, C) = \sum(0, 1, 2, 4, 5, 7)$

（2）$F(A, B, C, D) = \sum(2, 3, 6, 7, 8, 10, 12, 14)$

（3）$F(A, B, C, D) = \sum(0, 1, 2, 3, 4, 6, 8, 9, 10, 11, 12, 14)$

（4）$F(A, B, C, D, E) = \sum(4, 6, 12, 14, 20, 22, 28, 30)$

（5）$F(A, B, C, D, E, G) = \sum(0, 1, 10, 11, 26\ 27, 32, 33, 48 \sim 63)$

13. 试用列表法重做第 12 题（1）、（2），并与卡诺图法所得的结果比较。

第 2 章　组合线路的分析

　　计算机的硬件是由具有各种逻辑功能的逻辑部件组成的，这些逻辑部件按其结构可分为组合逻辑电路和时序逻辑电路。组合逻辑电路是由门电路组合而成，简称组合线路；时序逻辑电路是由触发器和门电路组成的，它具有存贮信息的功能，简称时序线路。

　　本章将介绍组合线路的分析方法，即给定一个组合线路，如何说明它的逻辑功能。在此之前，先概要介绍逻辑门电路的外特性及正、负逻辑的基本概念。在介绍组合线路的一般分析方法之后，将以数字系统及计算机中常用的组合线路为例，进一步说明组合线路分析方法的灵活应用。

2.1　逻辑门电路的外特性

　　逻辑门电路按其逻辑功能的复杂性可分为简单逻辑门电路及复合逻辑门电路；按其制作的半导体材料可分为 TTL(Transistor-Transistor-Logic)门电路及 MOS(Metal-Oxide-Semi-conductor)门电路。常用的 MOS 门电路又分为 NMOS 门电路和 CMOS 门电路。不论哪一种材料的同类门电路，其所实现的逻辑功能是相同的。

2.1.1　简单逻辑门电路

　　简单逻辑门电路是指只有单一逻辑功能的门电路，如或门、与门及非门电路，也称基本逻辑门电路。下面以 NMOS 门电路为例，说明或门、与门及非门电路的基本工作原理，并给出这些门电路的逻辑符号及逻辑功能的描述。

1. 或门电路

　　或门是一种能够实现"或"运算的逻辑电路，用 NMOS 管组成的或门电路如图 2.1(a)所示。为了说明图示或门的工作原理，先介绍 NMOS 晶体管在开关状态下的基本工作原理，见图 2.1(b)所示。

　　NMOS 管有三个极：源极(S)、栅极(G)和漏极(D)。当栅极为高电位($V_G > V_S$)时，源极与漏极之间导通(呈低阻抗)；当栅极为低电位($V_G < V_S$)时，源极与漏极之间截止(呈高阻抗)。因此，图 2.1(b)所示的 NMOS 管可看做由栅极的高、低电位控制的电子开关，以控制源、漏两个接点之间的"接通"或"断开"。图 2.1(a)中的 $T_1 \sim T_3$ 管就是工作在这种开关状态下的，T_4 和 T_5 管则总是处于导通状态，在电路中仅起电阻的作用。

　　图 2.1(a)所示的或门电路中，A、B 是或门的两个输入端。只要其中一个输入(A 或

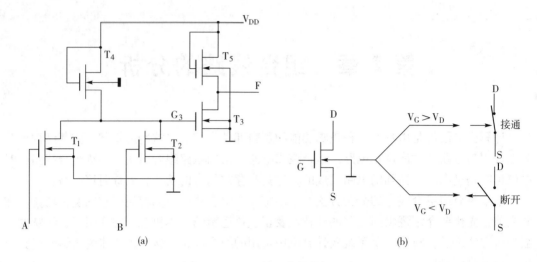

图 2.1　NMOS 管组成的或门电路

B)为高电位，T_1 和 T_2 中必有一个管子导通，于是图中 G_3 点为低电位。该低电位使 T_3 管截止，输出 F 为高电位(接近 V_{DD} 值)。反之，只有当或门的所有输入(A 与 B)都是低电位时，T_1 和 T_2 都截止，于是 G_3 点为高电位，使 T_3 管导通，输出 F 为低电位(接近"地"电位值)。或门电路的上述输入与输出的电位关系可用表 2.1 表示，表中 H 是高电位，L 是低电位。若令高电位 H 表示逻辑值"1"，低电位 L 表示逻辑值"0"，则由表 2.1 可得表 2.2。显然，表 2.2 就是"或"运算的真值表，故称图 2.1(a)所示电路为或门。

表 2.1　或门的输入、输出电位		
A	**B**	**F**
L	L	L
L	H	H
H	L	H
H	H	H

表 2.2　或门的真值表		
A	**B**	**F**
0	0	0
0	1	1
1	0	1
1	1	1

　　或门的逻辑符号如图 2.2 所示。图中左边为目前国内常用符号(SJ1223-77 标准)，中间为 GB4728.12-85 标准规定的符号，右边为国外常用符号(MIL-STD-806 标准)。或门的逻辑功能可用表 2.2 所示的真值表表示，或用下列逻辑表达式表示：

$$F = A + B \tag{2.1}$$

　　或门电路的输入端可为多个，但只要其中一个输入为 1，则输出一定为 1。反之，只有当所有输入都为 0 时，输出才为 0。

2. 与门电路

　　与门是一种能够实现"与"运算的逻辑电路，用 NMOS 管组成的与门电路如图 2.3 所示。根据 NMOS 管的开关特性，见图 2.1(b)，不难理解与门电路的工作原理：当与门的两个输入 A、B 都为高电位(H)时，T_1 和 T_2 管都导通，使图中 G_3 点为低电位，该低电位又使 T_3 管截止，输出 F 为高电位(H)；反之，当与门的输入(A、B)中有一个是低电位(L)，则必对应有一个 NMOS 管截止，导致无电流流过 T_1 和 T_2 管，使图中 G_3 点为高电位，该高电位使 T_3 管导通，输出 F 为低电位(L)。

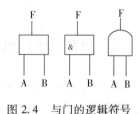

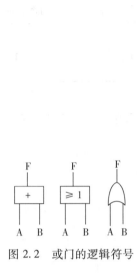

图 2.2　或门的逻辑符号　　　　　　　　　　图 2.3　与门电路

与门电路的上述输入与输出的电位关系可用表 2.3 表示。若令高电位 H = 1，低电位 L = 0，则由表 2.3 可得表 2.4。显然，表 2.4 就是"与"运算的真值表，故称图 2.3 所示电路为与门。

表 2.3　与门的输入、输出电位

A	B	F
L	L	L
L	H	L
H	L	L
H	H	H

表 2.4　与门的真值表

A	B	F
0	0	0
0	1	0
1	0	0
1	1	1

图 2.4　与门的逻辑符号

与门的逻辑符号如图 2.4 所示，其逻辑功能可用表 2.4 所示的真值表表示，或用下列逻辑表达式表示：

$$F = A \cdot B \tag{2.2}$$

与门的输入端可为多个，但只有当所有输入都为 1 时，输出才为 1。反之，只要其中一个输入为 0，输出便为 0。

3. 非门电路

非门是一种能够实现"非"运算的逻辑电路，用 NMOS 管组成的非门电路如图 2.5 所示。由图可知，该非门电路已在或门(图 2.1)及与门(图 2.3)电路中出现，其工作原理是：当输入 A 为高电位(H)时，T_3 管导通，输出 F 为低电位(L)；反之，当输入 A 为低电位(L)时，T_3 管截止，输出 F 为高电位(H)。

非门电路的上述输入与输出的电位关系可用表 2.5 表示。若令高位 H＝1，低电位 L＝0，则由表 2.5 可得表 2.6。显然，表 2.6 就是"非"运算的真值表，故称图 2.5 所示电路为非门。

<table>
<tr><td colspan="2">表 2.5　非门的输入、输出电位</td><td colspan="2">表 2.6　非门的真值表</td></tr>
<tr><td>A</td><td>F</td><td>A</td><td>F</td></tr>
<tr><td>L</td><td>H</td><td>0</td><td>1</td></tr>
<tr><td>H</td><td>L</td><td>1</td><td>0</td></tr>
</table>

非门的逻辑符号如图 2.6 所示，其逻辑功能可用表 2.6 所示的真值表表示，或用下列逻辑表达式表示：

$$F = \overline{A} \tag{2.3}$$

非门的输出总是输入的反相，故又称为反相器。

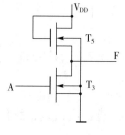

图 2.5　非门电路

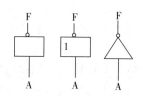

图 2.6　非门的逻辑符号

2.1.2　复合逻辑门电路

复合门电路是指具有两种或两种以上逻辑功能的门电路，如"与非门"、"或非门"、"与或非门"和"异或门"等。

与非门是一种能够实现"与"、"非"运算的逻辑电路，其逻辑符号如图 2.7 所示。与非门的逻辑功能可用表 2.7 所示的真值表表示，或用下列逻辑表达式表示：

$$F = \overline{A \cdot B \cdot C} \tag{2.4}$$

与非门可有多个输入端。只有当所有输入都为 1 时，输出才为 0；而只要有一个输入为 0，输出必为 1。相对于与门的逻辑符号，与非门的输出端上多一个小圆圈，其含意就是"非"。

或非门是一种能够实现"或"、"非"运算的逻辑电路，其逻辑符号如图 2.8 所示。或非门的真值表见表 2.8，逻辑表达式如下：

$$F = \overline{A + B + C} \tag{2.5}$$

或非门可有多个输入端，只要其中一个输入为 1，输出必为 0；只有当所有输入都为

0 时，输出才为 1。

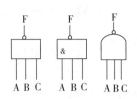

图 2.7　与非门的逻辑符号

表 2.7　与非门的真值表

A	B	C	F
0	0	0	1
0	0	1	1
0	1	0	1
0	1	1	1
1	0	0	1
1	0	1	1
1	1	0	1
1	1	1	0

图2.8　或非门的逻辑符号

表 2.8　或非门的真值表

A	B	C	F
0	0	0	1
0	0	1	0
0	1	0	0
0	1	1	0
1	0	0	0
1	0	1	0
1	1	0	0
1	1	1	0

与或非门是一种能够实现"与"、"或"、"非"运算的逻辑电路，其逻辑符号如图 2.9 所示。与或非门的逻辑表达式如下：

$$F = \overline{ABC + A_1B_1C_1} \qquad (2.6)$$

与或非门可有多组"与"输入。只要其中某一组"与"输入都为 1，与或非门的输出必为 0；反之，只有当所有各组"与"输入中至少有一个为 0，与或非门的输出才为 1。

异或门是一种能够实现"异或"运算的逻辑电路，其逻辑符号见图 2.10。异或门的真值表如表 2.9 所示，逻辑表达式如下：

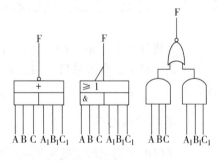

图 2.9　与或非门的逻辑符号

图 2.10　异或门的逻辑符号

表 2.9　异或门的真值表

A	B	F
0	0	0
0	1	1
1	0	1
1	1	0

$$F = A\overline{B} + \overline{A}B$$
$$= A \oplus B$$

(2.7)

异或门实现了下列功能：当输入 A 和 B 相异时，输出为 1；当输入 A 和 B 相同时，输出为 0。

在总线结构的计算机中，常用到另一种门电路，称为"三态门"。它有三种输出状态：低阻抗 0，低阻抗 1 和高阻抗输出。前两种状态与上述门电路相同，称为工作状态，第三种状态称为隔离状态，是三态门所特有的。三态门的典型电路及逻辑符号见图 2.11 所示，它的真值表如表 2.10 所示。

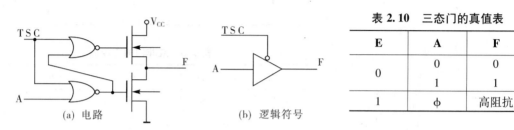

表 2.10　三态门的真值表

E	A	F
0	0	0
	1	1
1	φ	高阻抗

图 2.11　三态门电路及逻辑符号

由表 2.10 可知，当三态控制信号 E = 0 时，三态门的输出等于输入；当 E = 1 时，不论输入为何值(用 φ 表示)，三态门的输出均呈高阻抗。

2.1.3　门电路的主要外特性参数

本节将以 TTL 集成电路为例，简要介绍门电路的主要外特性参数，如标称逻辑电平、开门与关门电平、扇入系数、扇出系数及平均时延等。这些参数与数字电路的逻辑设计直接有关。

1. 标称逻辑电平

上述门电路的逻辑功能是通过指定高电平表示 1、低电平表示 0 获得的。这种表示逻辑值 1 和 0 的理想电平值，称为标称逻辑电平，记为 V(1) 和 V(0)。例如，TTL 门电路的标称逻辑电平分别为 V(1) = 5V，V(0) = 0V。

2. 开门与关门电平

实际门电路中，高电平或低电平都不可能是标称逻辑电平，而是在偏离这一标称值的一个范围内。若用 ΔV(1) 和 ΔV(0) 分别表示高、低电平的两个允许偏离值，那么，当电平在 V(1) ～ [V(1) − ΔV(1)]范围时都表示逻辑值 1；当电平在 V(0) ～ [V(0) + ΔV(0)]范围时都表示逻辑值 0。此时电路都能实现正常的逻辑功能。我们把表示逻辑值 1 的最小高电平称为开门电平，把表示逻辑值 0 的最大低电平称为关门电平。例如，TTL 门电路的开门电平一般为 3V 左右，关门电平为 0.4V 左右。这就是说，当电路受到干扰而使高电平下降或低电平升高时，只要高电平不降到 3V 以下，低电平不升到 0.4V 以上，门电路仍能正常工作。

3. 扇入系数(N_r)

门电路允许的输入端数目，称为该门电路的扇入系数。一般门电路的扇入系数为1～5，最多不超过8。在使用时，若要求门电路的输入端数目超过该门电路的扇入系数，则可使用"与扩展器"或者"或扩展器"来增加输入端数目；也可改用分级实现的方法来减少对门电路输入端数目的要求。若使用时所要求的输入端数目比门电路的扇入系数小，则可将不用的输入端接高电平（+5V）或接低电平（地），这要视门电路的逻辑功能而定。例如，设与非门和或非门的扇入系数都为5，现只需使用其中的三个输入端，则与非门的两个不用的输入端应接高电平（或悬空），而或非门的两个不用输入端应接低电平（或地），如图2.12所示。

4. 扇出系数(N_c)

通常，门电路只有一个输出端，但它能与下一级的多个门的输入端连接。一个门的输出端所能连接的下一级输入端的个数，称为该门电路的扇出系数，或称负载能力。例如，一个与非门的扇出系数为8，表明它的输出最多可驱动8个门，如图2.13所示。一般门的扇出系数为8，驱动门（或称功率门）的扇出系数可达15～25。

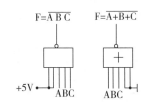

图2.12　与非门和或非门的
多余输入端的连接法

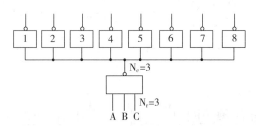

图2.13　扇入和扇出系数举例

5. 平均时延(t_y)

平均时延是门电路平均传输延迟时间的简称，这是一个反映门电路工作速度的重要参数。当在门电路的输入端加一变化信号时，需经过一定的时间间隔才能从输出端得到一个相应信号，这个时间间隔称为该门电路的延迟时间。若以非门为例，如果输入是一个正方波，则经门电路延迟后，输出是一个负方波。这两个方波的时间关系如图2.14所示。若定义输入波形前沿的50%到输出波形前沿的50%之间的时间间隔为前沿延迟t_1，定义t_2为类似的后沿延迟，则它们的平均值称为平均时延。

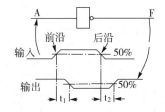

图2.14　门电路的传输延迟

$$t_y = \frac{t_1 + t_2}{2}$$

根据门电路的 t_y 值的大小，通常把集成电路分为下列四类：低速组件（$t_y = 40 \sim 160\text{ns}$），中速组件（$t_y = 15 \sim 40\text{ns}$），高速组件（$t_y = 8 \sim 15\text{ns}$）及超高速组件（$t_y < 8\text{ns}$）。

表 2.11 列出了某些型号的小规模集成电路（SSI）的若干外特性参数，它们的管脚排列如图 2.15 所示。

表 2.11 TTL/SSI 参数举例

型号	名称	工作电压 +V_{cc}	开门电平 V_{OH}（V）	关门电平 V_{OL}（V）	扇入系数 N_r	扇出系数 N_c	平均时延 t_y（ns）	管脚排列图
T082	六非门	5V	≥2.7	≤0.3	6×1	8	≤15	图 2.15(1)
T060	8 输入端单与非门	5V	≥2.4	≤0.4	8	8	≤40,≤20	图 2.15(2)
T065	2 输入端四与非门	5V	≥2.4	≤0.4	4×2	2×8	≤40,≤20	图 2.15(3)
T067	4 输入端双与非驱动门	5V	≥2.7	≤0.35	2×4	2×(15~25)	≤20,≤40	图 2.15(4)
T102	4322 输入端与或非门	5V	≥2.4	≤0.4	4,3 2,2	8	≤50,≤25	图 2.15(5)
T105	双异或门	5V	≥2.7	≤0.35	2×2	2×8	≤20,≤40	图 2.15(6)

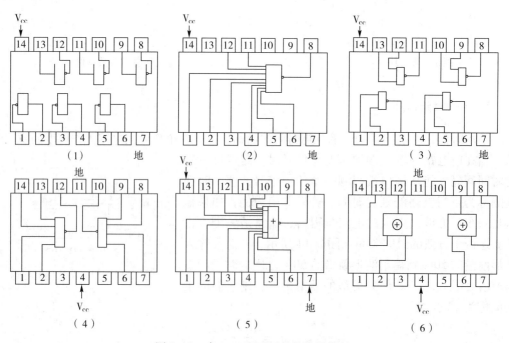

图 2.15 表 2.11 所列组件的管脚排列

2.2 正逻辑与负逻辑

2.2.1 正、负逻辑的基本概念

只要电路的组成一定,其输入与输出的电位关系就惟一地被确定下来,这是客观存在。然而,输入与输出的高、低电位赋于什么逻辑值都是人为规定的。同一个门电路,高、低电位的逻辑赋值不同,该电路便可实现不同的逻辑功能。例如,对于图 2.3 所示电路,其输入与输出的电位关系如表 2.3 所示,这一电位关系是惟一确定的。若对该电路的输入、输出高、低电位以不同方法赋于逻辑值,则可得表 2.12 ~ 表 2.15 所示的真值表。

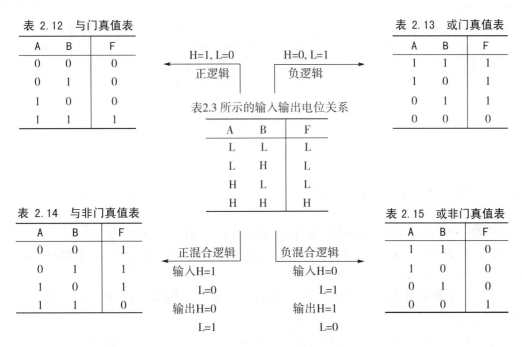

表 2.12　与门真值表

A	B	F
0	0	0
0	1	0
1	0	0
1	1	1

表 2.13　或门真值表

A	B	F
1	1	1
1	0	1
0	1	1
0	0	0

H=1, L=0 正逻辑　　H=0, L=1 负逻辑

表2.3 所示的输入输出电位关系

A	B	F
L	L	L
L	H	L
H	L	L
H	H	H

表 2.14　与非门真值表

A	B	F
0	0	1
0	1	1
1	0	1
1	1	0

表 2.15　或非门真值表

A	B	F
1	1	0
1	0	0
0	1	0
0	0	1

正混合逻辑　　负混合逻辑
输入H=1　　输入H=0
　　L=0　　　　L=1
输出H=0　　输出H=1
　　L=1　　　　L=0

若指定表2.3 中的输入与输出高电位都表示逻辑值1,低电位都表示逻辑值0,则得表2.12,这种赋值方法称为正逻辑。反之,若指定表2.3 中的输入与输出高电位都表示逻辑值0,低电位都表示逻辑值1,则得表2.13,这种赋值方法称为负逻辑。若表2.3 中的输入和输出电位分别以正和负逻辑(或以负和正逻辑)赋值,则得表2.14(或表2.15),称为混合逻辑,并把表2.14 的赋值方法称为正混合逻辑,把表2.15 的赋值方法称为负混合逻辑。

由上可知,同一个图2.3 所示电路,在正逻辑下实现"与"功能(见表2.12),故称它为正与门;在负逻辑下却实现"或"功能(见表2.13),故又称它为负或门。在正混合逻辑下,该电路实现的是"与非"功能(见表2.14);在负混合逻辑下,该电路实现的却是"或非"功能(见表2.15)。因此,在混合逻辑下,该电路又可分别称为与非门及或非门。

那么，图2.3所示电路究竟称为什么门电路呢？通常，都约定用正逻辑下电路的逻辑功能来命名该电路的名称，故把图2.3所示电路命名为"与门"。图2.16示出了正、负逻辑下的对应门电路。由图可知，正逻辑下的或门就是负逻辑下的与门；正逻辑下的与门就是负逻辑下的或门；其他依次类推。

正 逻 辑		负 逻 辑	
逻辑符号	名　　称	逻辑符号	名　　称
	或　　门	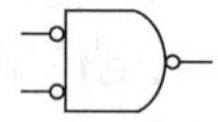	与　　门
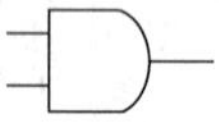	与　　门	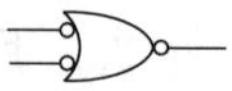	或　　门
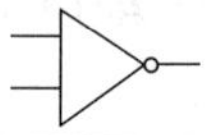	非　　门	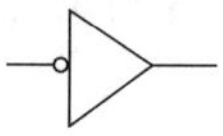	非　　门
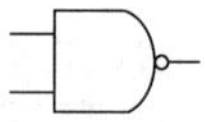	与 非 门	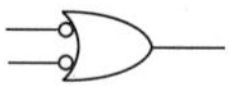	或 非 门
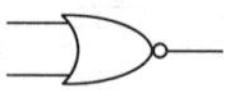	或 非 门	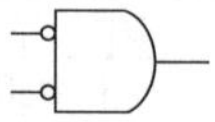	与 非 门
	异 或 门	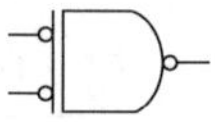	同 或 门

图 2.16　正、负逻辑下的对应门电路

*2.2.2　正、负逻辑的变换定理

由于正、负逻辑的变换定理比较简单、直观，因而不作任何证明。

定理1　若逻辑变量取反，则该逻辑变量的对应点应加上或消去表示负逻辑极性的小圆圈，如图2.17所示。

定理2　逻辑符号的内部连接线的端点同时加上或消去小圆圈时，输入与输出的逻辑关系不变，如图2.18所示。

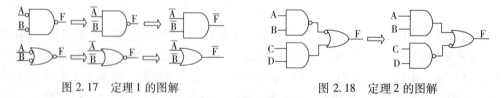

图 2.17　定理1的图解　　　　　图 2.18　定理2的图解

定理3　单个小圆圈在内部连接线两端迁移时，输入与输出的逻辑关系不变。如图2.19所示。

定理4　若一个门的输入、输出端同时加上(或消去)小圆圈，或输入输出变量同时取反时，则"与"符号和"或"符号应相互转换。如图2.20所示。

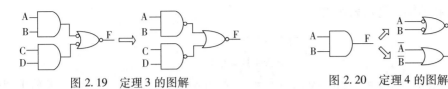

图 2.19　定理 3 的图解　　　　　　　　　　图 2.20　定理 4 的图解

定理 5　将负逻辑图上的所有小圆圈都消去，便成为正逻辑图。如图 2.21 所示。注意，不能对逻辑图上的个别门使用这一定理，否则将造成错误。

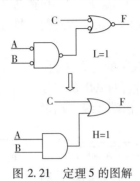

图 2.21　定理 5 的图解

2.3　组合线路分析方法概述

所谓组合线路分析，就是确定给定组合线路的输出与输入的关系，指出使输出为"1"的输入取值组合。组合线路的分析可概括为图 2.22 所示的过程。下面举例说明这一分析方法。

例 1　指出图 2.23 所示组合线路的逻辑功能。

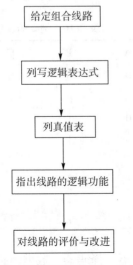

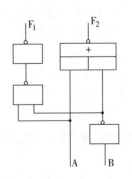

图 2.22　组合线路分析的一般过程　　　　图 2.23　例 1 给定的组合线路

列出该线路的输出逻辑表达式：

$$F_1 = \overline{A \overline{\overline{B}}} = A\overline{B}$$

$$F_2 = \overline{\overline{A} + \overline{\overline{B}}} = \overline{A}B$$

由表达式可知，当 A = 1 与 B = 0 时，$F_1 = 1$；当 A = 0 与 B = 1 时，$F_2 = 1$。若将 F_1 和 F_2 的值综合起来考虑，则可推得该线路的逻辑功能如下：当 A > B 时，$F_1 F_2 = 10$，A < B 时，$F_1 F_2 = 01$；A = B 时，$F_1 F_2 = 00$。因此，根据 $F_1 F_2$ 之值，可判断 A、B 之间的关系，是 A 大于 B，A 小于 B，还是 A 等于 B。$F_1 F_2$ 不可能等于 11。

该线路的输出逻辑表达式较简单，从表达式便可推知该线路的逻辑功能，故未列出真值表。

例 2　指出图 2.24 所示组合线路的逻辑功能。

该线路比较复杂，要一次列出它的输出逻辑表达式比较困难，故可从输入端到输出端逐级写出逻辑表达式，见图 2.24。由图可得

$$F = \overline{\overline{(A \oplus B)(B \oplus C)} \cdot \overline{\overline{(\overline{A} + \overline{B})} + \overline{(A + C)}}}$$

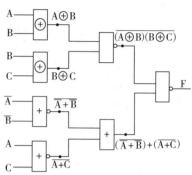

图 2.24　例 2 给定的组合线路

显然，从这一表达式无法推知该线路的逻辑功能。为此，先将该表达式展开并化简。根据德·摩根定理，则得

$$
\begin{aligned}
F &= (A \oplus B)(B \oplus C) \cdot (\overline{A} + \overline{B}) + (A + C) \\
&= (A\overline{B} + \overline{A}B)(B\overline{C} + \overline{B}C) + (\overline{A} + \overline{B})(A + C) \\
&= A\overline{B}C + \overline{A}B\overline{C} + \overline{A}C + A\overline{B} + \overline{B}C \\
&= A\overline{B}C + \overline{A}B\overline{C} + \overline{A}C + A\overline{B} \\
&= A\overline{B} + \overline{A}(B\overline{C} + C) \\
&= A\overline{B} + \overline{A}B + \overline{A}C \\
&= A \oplus B + \overline{A}C
\end{aligned}
$$

$$(2.8)$$

这表明原线路不是最简单的，它可用实现式(2.8)的线路来代替，如图 2.25 所示。为进一步分析该线路的逻辑功能，可由式(2.8)列出表 2.16 所示的真值表。由表可知，使 F = 1 的条件是 A ≠ B 或 A < C。

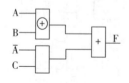

图 2.25　例 2 的改进线路

表 2.16　例 2 的真值表

A	B	C	F
0	0	0	0
0	0	1	1
0	1	0	1
0	1	1	1
1	0	0	1
1	0	1	1
1	1	0	0
1	1	1	0

下面各节将介绍计算机中常用的组合线路，如全加器、译码器、数据多路选择器及奇偶校验器等，以进一步说明如何应用上述方法来分析组合线路，并熟悉这些线路的逻辑功

能，为学习《计算机组成原理》课程打下基础。

2.4 全加器

什么叫全加器？为了说明这个问题，我们先来分析两个二进制数的相加过程。设有两个四位二进制数相加，其竖式如下：

$$1\ 0\ 1\ 0 \cdots\cdots 被加数 A$$
$$0\ 0\ 1\ 1 \cdots\cdots 加数 B$$
$$\underline{+\ 0\ 0\ 1\ 0\ 0 \cdots\cdots 低位向高位的进位 C_{i-1}}$$
$$1\ 1\ 0\ 1 \cdots\cdots 和 S$$

可知，两个二进制数相加，其和是逐位求得的，且每一位的和 S_i 是由本位（第 i 位）的被加数 A_i、加数 B_i 以及低位向本位的进位 C_{i-1} 所确定。

全加器就是求取本位之和 (S_i) 及本位向高位的进位 (C_i) 的逻辑部件。显而易见，全加器应具有三个输入端：本位的被加数 A_i、加数 B_i 以及低位向本位的进位 C_{i-1}。并具有两个输出端：本位之和 S_i 与本位向高位的进位 C_i。全加器的逻辑符号如图 2.26 所示，图中 FA_i 表示第 i 位的全加器。

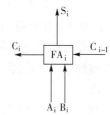

图 2.26　全加器的逻辑符号

因此，要实现上述两个四位二进制数相加，需用四个全加器，如图 2.27 所示。在字长为 64 位的计算机中，这样的全加器就有 64 个，以实现两个 64 位二进制数相加。

图 2.28 是一个由异或门、与非门及与或非门组成的全加器。对于这样一个线路，可先列出本位之和 S_i 及本位向高位的进位 C_i 的逻辑表达式。为书写简便，我们把表示某一位的下标 i 省略，只保留了低位向本位的进位 C_{i-1} 的下标。由图 2.28 可列出：

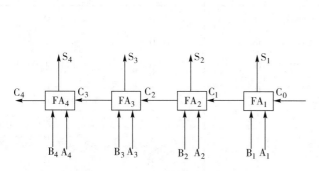

图 2.27　由 4 个全加器组成的加法器

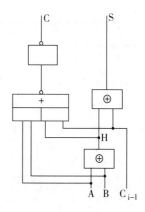

图 2.28　全加器的一种逻辑图

$$S = H \oplus C_{i-1} \qquad (2.9)$$

而

$$H = A \oplus B \qquad (2.10)$$

故

$$S = A \oplus B \oplus C_{i-1} \qquad (2.11)$$

又

$$C = \overline{\overline{AB} + \overline{HC_{i-1}}}$$
$$= AB + (A \oplus B)C_{i-1}$$
$$= AB + A\bar{B}C_{i-1} + \bar{A}BC_{i-1} \qquad (2.12)$$
$$= A(B + \bar{B}C_{i-1}) + B(A + \bar{A}C_{i-1})$$
$$= AB + (A + B)C_{i-1} \qquad (2.13)$$

从式(2.11)可知，当 A，B，C_{i-1} 三个输入变量中有奇数个 1 时，输出 S 为 1；否则，S 为 0。这个结论就是全加器求本位之和的规则：当被加数 A，加数 B 及低位来的进位 C_{i-1} 中，有一个为 1，或三个都为 1 时，则本位之和 S 必为 1。从式(2.13)可知，当 A，B 都为 1，或 A，B 中有一个为 1 且 C_{i-1} 为 1 时，输出 C 为 1；否则，C 为 0。这个结论就是全加器向高位产生进位的规则：当被加数 A 和加数 B 都为 1 时，则本位向高位产生进位；或者当被加数 A 和加数 B 中有一个为 1，且低位向本位有进位(C_{i-1} = 1)时，本位也向高位产生进位。

当然，对初学者来说，直接从逻辑表达式说明给定线路的逻辑功能往往是有困难的。此时，可由逻辑表达式列出真值表。对式(2.11)和式(2.12)作如下变换：

$$S = (A\bar{B} + \bar{A}B)\bar{C}_{i-1} + (\bar{A}\bar{B} + AB)C_{i-1}$$
$$= \sum(1,2,4,7) \qquad (2.14)$$
$$C = AB(\bar{C}_{i-1} + C_{i-1}) + A\bar{B}C_{i-1} + \bar{A}BC_{i-1}$$
$$= \sum(3,5,6,7) \qquad (2.15)$$

根据式(2.14)和式(2.15)可方便地列出全加器的真值表(见表 2.17)。表中前四行是低位向本位无进位(C_{i-1} = 0)的情况，后四行则是有进位(C_{i-1} = 1)的情况。

表 2.17 全加器的真值表

A	B	C_{i-1}	C	S
0	0	0	0	0
0	1	0	0	1
1	0	0	0	1
1	1	0	1	0
0	0	1	0	1
0	1	1	1	0
1	0	1	1	0
1	1	1	1	1

顺便指出，通常把式(2.10)称为半和；而把式(2.11)称为全和，它由两次半和所形成。此外，由式(2.13)可知，本位向高位的进位是由两部分形成的：

$$C = AB + (A + B)C_{i-1}$$
$$= G + PC_{i-1} \qquad (2.16)$$

式中，$G = AB$ 称为本地进位，它是由本位产生的；PC_{i-1} 称为传送进位，其中 $P = A + B$ 是传送进位条件。只有当 $P = 1$ 时，才能将低位来的进位(C_{i-1})经本位传送到高位去，使 $C = 1$。

全加器的逻辑图可有多种方案，如图 2.29(a) ~ (e)所示。在计算机的运算器中，利用若干个全加器组成一定位数的加法器，并在加法器的基础上增加实现逻辑运算(逻辑加、逻辑乘、逻辑非等)的部件便构成算术逻辑单元(ALU)，它是运算器的核心部件。

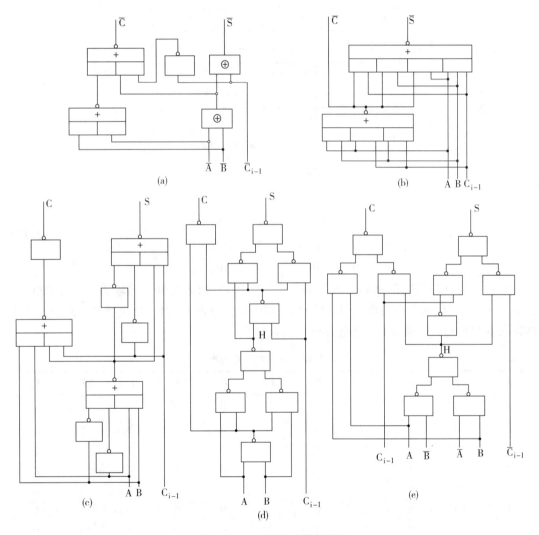

图 2.29　全加器的多种逻辑图

2.5　译码器

译码器是计算机中最常用的逻辑部件之一，用来对操作码进行译码。图 2.30 是一个由与非门组成的译码器，它能对三个输入信号进行译码。下面分析该译码器的逻辑功能。

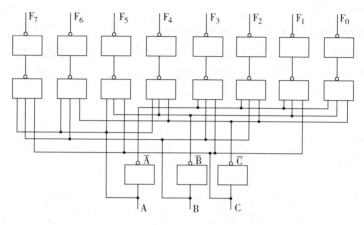

图 2.30　三位译码器(多一译码)

由图 2.30 可写出各输出函数的逻辑表达式：

$$\left.\begin{array}{ll} F_0 = \overline{A}\,\overline{B}\,\overline{C} & F_1 = \overline{A}\,\overline{B}\,C \\[4pt] F_2 = \overline{A}\,B\,\overline{C} & F_3 = \overline{A}\,B\,C \\[4pt] F_4 = A\,\overline{B}\,\overline{C} & F_5 = A\,\overline{B}\,C \\[4pt] F_6 = A\,B\,\overline{C} & F_7 = A\,B\,C \end{array}\right\} \tag{2.17}$$

根据式(2.17)可列出译码器的真值表(表 2.18)。由表可知，当输入 ABC = 000 时，只有 $F_0 = 1$，其他输出都为 0；当输入 ABC = 001 时，只有 $F_1 = 1$，依次类推，从而实现了将输入的二进制代码译为某一条输出线上的高电平。

表 2.18　译码器的真值表

A	B	C	F_7	F_6	F_5	F_4	F_3	F_2	F_1	F_0
0	0	0	0	0	0	0	0	0	0	1
0	0	1	0	0	0	0	0	0	1	0
0	1	0	0	0	0	0	0	1	0	0
0	1	1	0	0	0	0	1	0	0	0
1	0	0	0	0	0	1	0	0	0	0
1	0	1	0	0	1	0	0	0	0	0
1	1	0	0	1	0	0	0	0	0	0
1	1	1	1	0	0	0	0	0	0	0

译码器的种类很多,按输入、输出信号的数目可将译码器分为多一译码器,一多译码器及多多译码器。多一译码器是一种将某一时刻的多个输入信号译为一个输出信号的译码器,如图 2.30 所示。一多译码器与此相反,它是一种将某一时刻的一个输入信号译为多个输出信号的译码器。图 2.31 所示的键盘输入译码器就是一种一多译码器,它能将某一个按键的输入信号译为相应的 8421 码。该译码器也称为二—十进制编码器,因为它将十进制($0 \sim 9$)的按键输入编码为 4 位等值的二进制数。

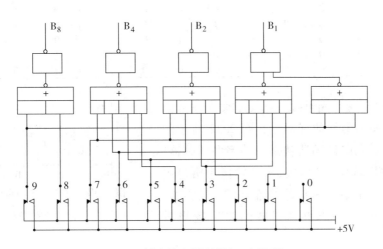

图 2.31　键盘输入译码器(一多译码)

由图 2.31 可写出该译码器的输出逻辑表达式:

$$B_8 = \overline{\overline{K_8} + \overline{K_9}} = K_8 + K_9$$
$$B_4 = \overline{\overline{K_4} + \overline{K_5} + \overline{K_6} + \overline{K_7}} = K_4 + K_5 + K_6 + K_7$$
$$B_2 = \overline{\overline{K_2} + \overline{K_3} + \overline{K_6} + \overline{K_7}} = K_2 + K_3 + K_6 + K_7 \qquad (2.18)$$
$$B_1 = \overline{(\overline{K_1} + \overline{K_3} + \overline{K_5} + \overline{K_7})(\overline{K_9})} = K_1 + K_3 + K_5 + K_7 + K_9$$

由式(2.18)列出键盘输入译码器的真值表如表 2.19 所示。表中输出为 8421 码,它用 4 位二进制码($B_8 B_4 B_2 B_1$)表示一位十进制数($0 \sim 9$),且各位的权分别为 8、4、2、1,即 8421 码所表示的十进制数可按下式求得:

$$N = 8 \times B_8 + 4 \times B_4 + 2 \times B_2 + 1 \times B_1 \qquad (2.19)$$

例如,当按下键"K_6"时,由表可知,输出的 8421 码为 $B_8 B_4 B_2 B_1 = 0110$,代入式(2.19),则得它所表示的十进制数:

$$N = 8 \times 0 + 4 \times 1 + 2 \times 1 + 1 \times 0$$
$$= 6$$

由图 2.31 可知,当按下键"K_0"时,键"$K_1 \sim K_9$"都接地(逻辑值 0),输出 $B_8 B_4 B_2 B_1 = 0000$,故键 K_0 没有与图中的任一个门的输入端相连。

表 2.19 键盘输入译码器的真值表

K_0	K_1	K_2	K_3	K_4	K_5	K_6	K_7	K_8	K_9	B_8	B_4	B_2	B_1
1	0	0	0	0	0	0	0	0	0	0	0	0	0
0	1	0	0	0	0	0	0	0	0	0	0	0	1
0	0	1	0	0	0	0	0	0	0	0	0	1	0
0	0	0	1	0	0	0	0	0	0	0	0	1	1
0	0	0	0	1	0	0	0	0	0	0	1	0	0
0	0	0	0	0	1	0	0	0	0	0	1	0	1
0	0	0	0	0	0	1	0	0	0	0	1	1	0
0	0	0	0	0	0	0	1	0	0	0	1	1	1
0	0	0	0	0	0	0	0	1	0	1	0	0	0
0	0	0	0	0	0	0	0	0	1	1	0	0	1

多多译码器是一种将某一时刻的多个输入信号译为多个输出信号的译码器,图 2.32 所示的 8421 码至格雷码的译码器就是一种多多译码器。该译码器能将 8421 码($B_8B_4B_2B_1$)转换为格雷码($G_8G_4G_2G_1$),故也称为 8421 码至格雷码转换器。

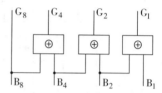

图 2.32 8421 码至格雷码译码器（多多译码）

由图 2.32 可写出该译码器的输出逻辑表达式:

$$G_8 = B_8$$
$$G_4 = B_8 \oplus B_4$$
$$G_2 = B_4 \oplus B_2$$
$$G_1 = B_2 \oplus B_1$$

(2.20)

由式(2.20)可列出真值表如表 2.20 所示。由表可知,输入 $B_8B_4B_2B_1$ 是 8421 码(0000 ~ 1001),输出则是格雷码($G_8G_4G_2G_1$)。在这一格雷码的码组中任何两个相邻代码(或称码字)只有一位不同。例如,对于两个相邻的 8421 码 0111 和 1000,它们对应的格雷码是 0100 和 1100。显然,这两个相邻的 8421 码(0111 和 1000)4 位都不相同,但它们对应的两个相邻格雷码(0100 和 1100)4 位中只有一位不同(G_8 位)。格雷码的这一特点使它常用于计算机系统的某些输入转换设备中,以防止粗大误差的发生,故格雷码被称之为可靠性代码之一。

表 2.20 8421 码至格雷码的真值表

B_8	B_4	B_2	B_1	G_8	G_4	G_2	G_1
0	0	0	0	0	0	0	0
0	0	0	1	0	0	0	1
0	0	1	0	0	0	1	1
0	0	1	1	0	0	1	0
0	1	0	0	0	1	1	0
0	1	0	1	0	1	1	1
0	1	1	0	0	1	0	1
0	1	1	1	0	1	0	0
1	0	0	0	1	1	0	0
1	0	0	1	1	1	0	1

2.6 数据多路选择器

数据多路选择器是一种多路输入、单路输出的逻辑部件。图 2.33 示出了 4 路数据选择器的逻辑图,它有 4 路输入($a_0 \sim a_3$),输出 f 等于哪一路的输入由控制信号 x_0、x_1确定。

由图可写出该 4 路选择器的输出逻辑表达式:

$$f = a_0 \bar{x}_0 \bar{x}_1 + a_1 \bar{x}_0 x_1 + a_2 x_0 \bar{x}_1 + a_3 x_0 x_1$$

$$= \sum_{i=0}^{3} a_i m_i \tag{2.21}$$

式中,m_i($i = 0$,1,2,3)是两个控制信号(x_0,x_1)所组成的 4 个最小项。由式(2.21)可列出 4 路数据选择器的功能表,见表 2.21 所示。由表可知,输出 f 等于哪一路输入($a_0 \sim a_3$)由控制信号 $x_0 x_1$ 的值(00 ~11)所确定。例如,当 $x_0 x_1 = 10$ 时,f = a_2,其他依次类推。

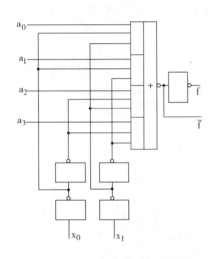

图 2.33　4 路数据选择器的逻辑图

表 2.21　4 路选择器的功能表

x_0	x_1	f
0	0	a_0
0	1	a_1
1	0	a_2
1	1	a_3

4 路数据选择器的框图如图 2.34 所示。为叙述方便,通常把 $a_0 \sim a_3$ 称为数据输入,x_0、x_1 称为地址输入。

类似地,8 路选择器的框图如图 2.35 所示,它有 8 个数据输入($a_0 \sim a_7$),3 个地址输入(x_0、x_1、x_2),其输出逻辑表达式为:

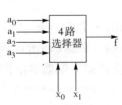

图 2.34　4 路数据选择器的框图

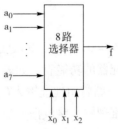

图 2.35　8 路数据选择器的框图

$$f = \sum_{i=0}^{7} a_i m_i \tag{2.22}$$

式中，$m_i(i=0,1,\cdots,7)$是3个地址输入$(x_0 \sim x_2)$所组成的8个最小项。

由上可推知，若多路数据选择器的地址输入为 n 个，则其数据输入端为 2^n 个，称该选择器为 2^n 路。2^n 路数据选择器的输出逻辑表达式为

$$f = \sum_{i=0}^{2^n-1} a_i m_i \tag{2.23}$$

多路数据选择器是计算机中最常用的逻辑部件之一，也称为多路开关，用来实现从多路输入中选择一路作为输出。被选中作为输出的那一路输入处于"开关接通"状态；而未被选中的其他各路输入则处于"开关断开"状态。

与多路数据选择器的功能相反的另一种多路器是多路数据分配器，它是一种单路输入、多路输出的逻辑部件。图 2.37 示出了一个 4 路数据分配器的逻辑图，它有 4 个输出端$(f_0 \sim f_3)$、一个数据输入端(a)、2 个地址输入端(x_0, x_1)。由图可知，该 4 路分配器的输出逻辑表达式为：

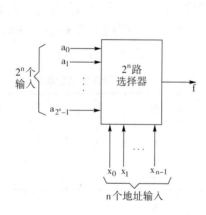

图 2.36 2^n 路数据选择器的框图

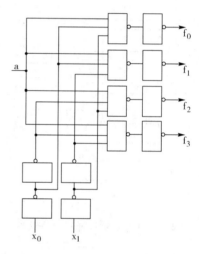

图 2.37 4 路数据分配器的逻辑图

$$\left.\begin{aligned}
f_0 &= a\,\overline{x}_0\overline{x}_1 = am_0 \\
f_1 &= a\,\overline{x}_0 x_1 = am_1 \\
f_2 &= a x_0 \overline{x}_1 = am_2 \\
f_3 &= a x_0 x_1 = am_3
\end{aligned}\right\} \tag{2.24}$$

式中 $m_i(i=0,1,2,3)$ 是地址输入(x_0, x_1)所组成的 4 个最小项。由式(2.24)可列出该数据分配器的功能表，如表 2.22 所示。由表可知，输入数据(a)分配到 4 路输出$(f_0 \sim f_3)$中的哪一路将由地址输入(x_0, x_1)的取值决定。4 路数据分配器的框图如图 2.38 所示。由此不难理解 8 路数据分配器及其他(16 路、32 路……)数据分配器的逻辑结构及其功能。

表 2.22　4 路数据分配器的功能表

x_0	x_1	f_0	f_1	f_2	f_3
0	0	a	0	0	0
0	1	0	a	0	0
1	0	0	0	a	0
1	1	0	0	0	a

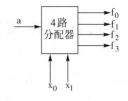

图 2.38　4 路数据分配器的框图

2.7　奇偶校验器

如"计算机导论"课程中所述,奇偶校验码是由信息码加一位奇(或偶)校验位所组成,其规则是:信息码连同校验位中"1"的个数为奇(或偶)数。若整个代码中"1"的个数为奇数,则称为奇校验码;若整个代码中"1"的个数为偶数,则称为偶校验码。奇(偶)校验码中的校验位的值(1 或 0)是由信息发送端的校验位形成器按上述规则产生的,并在接收端由奇(偶)校验码校验器进行校验,以判断奇(偶)校验码在传送过程中是否出错。

图 2.39 是一个 8421 码的奇校验位形成器,由图可写出奇校验位 P 的逻辑表达式:

$$P = B_8 \oplus B_4 \oplus B_2 \oplus B_1 \oplus 1 \tag{2.25}$$

根据"异或"运算的性质,由式(2.25)可推得下列结论:当 $B_8 B_4 B_2 B_1$ 中"1"的个数为偶数时, $P = 1$;当 $B_8 B_4 B_2 B_1$ 中"1"的个数为奇数时, $P = 0$。因此,由 $B_8 B_4 B_2 B_1 P$ 所组成的 8421 奇校验码中"1"的个数一定是奇数。

图 2.40 是 8421 奇校验码的校验器,由图可写出校验和 S 的逻辑表达式:

$$S = B_8 \oplus B_4 \oplus B_2 \oplus B_1 \oplus P \tag{2.26}$$

由式(2.26)可知,当 $B_8 B_4 B_2 B_1 P$ 中"1"的个数为奇数时, $S = 1$;否则, $S = 0$。因此,根据 S 的值便可判断传送结果是否正确。

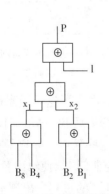

图 2.39　8421 码奇校验位形成器

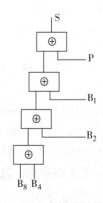

图 2.40　8421 奇校验码的校验器

根据式(2.25)及式(2.26)列出两个真值表,可验证上述结论是正确的。

*2.8 组合线路的冒险现象

组合线路的冒险现象简称组合险象，什么是组合险象，如何判断一个组合线路是否存在险象，如何消除组合险象，这是本节要讲述的内容。

2.8.1 组合险象的定义

为了说明什么是组合险象，先来分析图 2.41 所示组合线路的逻辑功能。由图可写出该线路的输出逻辑表达式如下：

$$F = A\bar{B} + BC \tag{2.27}$$

该线路的两种工作情况如下：

(1) 设 A = C = 1，且 B 恒为 1 或恒为 0。

由式 (2.27) 可知，在这一输入组合下，F 恒为 1，因为

$$
\begin{aligned}
F &= A\bar{B} + BC \\
&= B + \bar{B} \\
&= 1
\end{aligned}
$$

(2) 设 A = C = 1，且 B 由 1 变为 0。

若假定门电路的传输时延等于 0，则该线路的工作波形如图 2.42 所示。图中，M_2 和 M_3 是与非门 2 和 3 的输出波形，F 是线路的输出波形。由于线路中的所有门电路在传输信号时都没有延迟，故图中信号都在同一时刻跳变，输出 F 仍恒为 1。

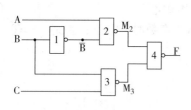

图 2.41　组合险象引例

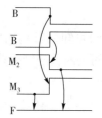

图 2.42　图 2.41 所示线路的工作波形
（无传输时延）

事实上，门电路都有一定的传输时延，且各不相同。考虑了这一因素后，图 2.41 所示线路的工作波形应为图 2.43 所示。图中表明，$\bar{B}$ 的跳变迟后 B 一个 t_y 时间，M_2 的跳变则迟后 B 两个 t_y 时间，M_3 的跳变迟后 B 一个 t_y 时间。这些延迟，导致了在 t_2 和 t_3 时刻之间，M_2 和 M_3 都为高电位。这两个高电位同时输入到与非门 4，使输出 F 在 t_3 和 t_4 时刻之间为低电位。因此，输出 F 不再恒为 1，而是在输出"1"的过程中出现一个瞬时的"0"干扰信号。顺便指出，图 2.43 画的是理想工作波形，考虑到电位跳变时总有一定的边沿，故实际工作波形如图 2.44 所示。

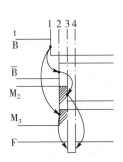 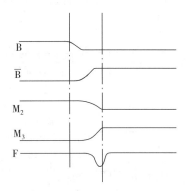

图 2.43　图 2.41 所示线路的工作波形　　　　图 2.44　出现"0"干扰的实际工作波形
　　　　（有传输时延）

由上可知，考虑了门电路的传输时延后，在输入信号（如 B）改变下，组合线路的输出有可能出现瞬时的非期望的干扰脉冲，这一现象称为组合险象。

2.8.2　组合险象的分类

1. "0"型冒险与"1"型冒险

这两种险象是按出现险象的干扰脉冲的极性区分的。若瞬时出现的干扰脉冲为负脉冲，则称为"0"型冒险；反之，若瞬时出现的干扰脉冲为正脉冲，则称为"1"型冒险。注意，这里的"0"型和"1"型都是按干扰脉冲的极性定义的，而不是按正常输出的电位值定义的。

2. 静态冒险与动态冒险

这两种险象是按出现险象的正常输出是否改变来区分的。当组合线路的若干个输入信号同时发生改变时，若输入变化前后的输出相同，且在输出出现瞬时的干扰脉冲，则称为静态冒险；若输入变化前后的输出相反，且在输出出现瞬时的干扰脉冲，则称为动态冒险。

图 2.45(a)~(d)分别表示了静态"0"型冒险、静态"1"型冒险、动态"0"型冒险及动态"1"型冒险的含意。图中以点划线为界表示输入变化前后的输出。

3. 功能冒险与逻辑冒险

这两种险象是按干扰脉冲的产生原因来区分的。为了说明什么是功能冒险和逻辑冒险，先来讨论图 2.41 所示组合线路的另一种工作情况：输入 ABC 由 000 变为 111。

根据式(2.27)可画出该函数的卡诺图，如图 2.46 所示。由图可知，当输入 ABC = 100 时，F = 1；而当输入 ABC = 111 时，F = 1。这就是说，对图 2.41 所示组合线路而言，

输入由 100 变为 111 的前后，其稳定输出都为 1，即满足

$$F(1,0,0) = F(1,1,1)$$

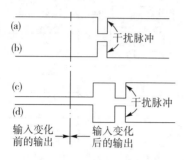

图 2.45　四种组合险象示意

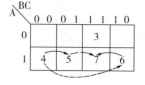

图 2.46　BC 由 00→11 的两种可能途径

然而，在输入变量 BC 由 00→11 的变化过程中，由于 B 和 C 的变化速度不可能完全相同，因而出现了"竞争"，其结果导致下列两种变化过程：

输入 ABC　　　　输出 F

· 100→101→111,　1→1→1

· 100→110→111,　1→0→1

反映在卡诺图上，第(1)种变化过程中，由于 C 较 B 先改变，故 F 沿着 4→5→7 的途径变化，输出 F 恒为 1；而在第(2)种变化过程中，由于 B 较 C 先改变，故 F 沿着 4→6→7 的途径变化，因最小项 6 不是 F 的蕴涵项，使输出 F 之值瞬时为 0，从而出现了静态"0"型冒险。这种由两个信号(B 和 C)的"竞争"而产生的冒险现象，称为功能冒险。

就上例而言，产生功能冒险的原因是：

· 输入信号同时有两个发生变化，即 A = 1，而 BC 由 00→11。

· 在 BC 的所有取值(00，01，10，11)下，ABC 的四种取值(100，101，110，111)所对应的 F 值不全为 1。

· 输入变化前后的输出稳定值相等，即 F(1,0,0) = F(1,1,1)。

这一结论可推广到一般情况。

逻辑冒险则是排除了功能冒险之后，组合线路中仍然存在的冒险现象。例如，对图 2.41 所示的组合线路而言，当 A = C = 1 且 B 由 1→0 时，该线路也产生冒险现象。显然，这一冒险现象不是由两个输入信号同时改变引起的，且变化的输入变量 B 所对应的卡诺图上的 2 个单元之值全为 1，即

$$F(A,B,C) = F(1,0,1)$$
$$= F(1,1,1)$$
$$= 1$$

故这一冒险现象不是功能冒险，而是逻辑冒险。

由上可知图 2.41 所示线路既会发生功能冒险(若 A = 1，BC 由 00→11)，又会发生逻辑冒险(若 A = C = 1，B 由 1→0)，它们都是静态"0"型冒险。从该例还可知道，只是一

个输入变量发生改变所产生的冒险现象一定是逻辑冒险。逻辑冒险与功能冒险的主要区别在于上述的存在条件。

2.8.3 组合险象的消除方法

如前所述，组合险象可分为功能冒险及逻辑冒险两类，它们既可为静态"0"型或"1"型冒险，又可分为动态"0"型或"1"型冒险。因此，针对组合险象的产生原因及其表现形式，不难找出消除它们的方法。

根据功能冒险的产生原因，将无法从线路的逻辑设计中消除这一冒险。因为变化的 K 个输入变量所对应的卡诺图上的 2^K 个单元之值是否全为 1 是由线路所要实现的逻辑功能决定的。因此，为了消除功能冒险，只能从控制输入信号的变化速度着手。当我们发现某几个输入变量同时改变将有可能出现功能冒险时，就设法通过增加延迟元件，使这些输入变量沿着不会引起功能冒险的顺序变化。

根据逻辑冒险的产生原因，我们可以在线路的逻辑设计中消除这一冒险。例如，对图 2.41 所示线路，其输出函数表达式为

$$F = A\bar{B} + BC$$

当 $A = C = 1$ 时，F 变为 $(\bar{B} + B)$ 形式，故当 B 由 1 变 0 时有可能出现静态"0"型冒险。如果在上式中增加一个冗余项 AC，使 F 变为

$$F = A\bar{B} + BC + AC \tag{2.28}$$

则当 $A = C = 1$ 时，F 恒等于 1，与 B 和 $\bar{B}$ 的变化速度无关。按式(2.28)所得之线路如图 2.47 所示，它是一个无逻辑冒险的组合线路。

由于式(2.28)中的冗余项 AC 在图 2.47 的线路中起消除逻辑冒险的功用，因而不再是逻辑函数化简中的多余项，故称它为校正项。这一校正项也可以直接从卡诺图上圈得，见图 2.48，它把原来两个相邻而不相交的素项圈连接在一起。

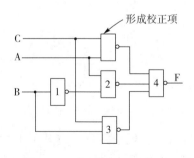

图 2.47　具有校正项的图 2.41

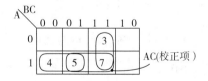

图 2.48　从卡诺图上获得的校正项

不论是功能冒险还是逻辑冒险，其表现形式都是电位输出上的一个窄脉冲。针对这一特点，我们还可以用下列电气方法消除它：

（1）在组合线路的输出端连接一个惯性延时环节。

通常，采用 RC 电路作惯性延时环节，如图 2.49 所示。由电路知识可知，图示 RC 电路实际上是一个低通滤波器。由于组合线路的正常输出是一个频率较低的信号，而冒险现象所产生的干扰脉冲却是一个频率较高的信号，它含有大量的高频分量及少量的低频分量。因此，当输出 F 出现冒险现象时，干扰脉冲在通过 RC 低通滤波器后被基本滤掉，见图中 F′波形所示。

须指出，采用这种方法时，惯性环节 RC 的参数应选择适当。一般要求它的时间常数 ($\tau = RC$) 比干扰脉冲的宽度大得多，以足以"消平"干扰脉冲。但 τ 也不能过大，否则将使正常输出信号畸变过大，如图 2.49 中 F′波形的上跳沿变得很快。

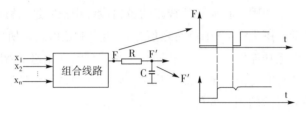

图 2.49 用 RC 环节消除干扰脉冲

（2）在组合线路中加"取样"脉冲。

冒险现象所产生的干扰脉冲仅出现在输入信号改变的瞬间。如果用一个时间与该瞬间错开的"取样"脉冲来取出线路的正常输出信号，便可完全避开干扰脉冲。例如，在图 2.41 所示线路的与非门 2 和 3 之前加一"取样"脉冲（图 2.50）。而且，控制该"取样"脉冲在干扰脉冲之后出现（图 2.51），便可取出该组合线路的输出。需注意，此时线路的输出形式已由电位变为脉冲。当输出有脉冲时表示其输出为 1，当输出无脉冲时则表示其输出为 0。

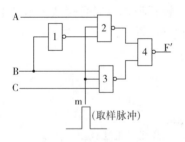

图 2.50 加取样脉冲的图 2.41

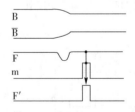

图 2.51 加取样脉冲后的输出

从上例可以看出，采用加"取样"脉冲方法来消除冒险现象，只是避开了干扰脉冲。因此，使用该方法时必须注意三个问题：一是"取样"脉冲所加的位置；二是"取样"脉冲的极性；三是"取样"脉冲所加的时间。图 2.52 给出了与非、或非和与或非门电路所组成的组合线路中，"取样"脉冲应加的位置及其极性，仅供读者参考。

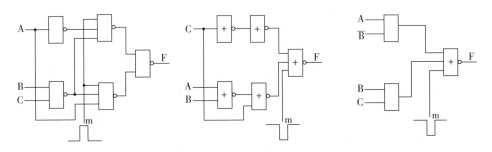

图 2.52　取样脉冲所加位置及极性举例

练习 2

1. 根据门电路的逻辑功能，回答下列问题：

（1）已知与非门有三个输入端（A，B，C），问其中一个输入的值确定后，输出（F）的值是否可被确定。指出使 F = 0 的所有输入的取值组合。

（2）将上题的与非门改为或非门，回答同一问题。

（3）已知与或非门有两组"与"输入（$A_1 \sim A_3$，$B_1 \sim B_3$），问输入 A_1 和 B_1 的值确定后，输出（F）的值是否可被确定。指出使 F = 0 的所有输入取值组合。

（4）设异或门的两个输入为 x 和 $\bar{y}$，输出为 F，指出 F = 1 时的 x 和 y 之值。

2. 已知某一门电路的输入与输出电压关系如表 P2.1 所示，为使该电路能做与非门使用，应如何选取适当的逻辑赋值？

表 P2.1　输入与输出电压

| 输入电压 | | 输出电压 |
A	B	F
− 3V	− 3V	− 3V
− 3V	+ 3V	− 3V
+ 3V	− 3V	− 3V
+ 3V	+ 3V	+ 3V

3. 写出图 P2.1 中的 F_4、F_5、F_6 和 F_7 的逻辑表达式，并由表达式指出使 F_i 为 1 的输入取值组合。

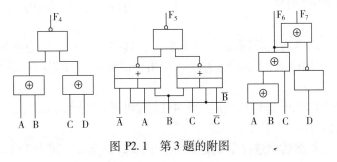

图 P2.1　第 3 题的附图

4. 已知判零电路如图 P2.2 所示，试从 F 的逻辑表达式说明该线路的逻辑功能。

5. 列出图 P2.3 所示线路的输出逻辑表达式，判断该表达式能否化简。若能，则将它化为最简，并用最简线路实现之。

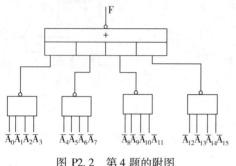

图 P2.2　第 4 题的附图

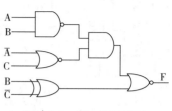

图 P2.3　第 5 题的附图

6. 已知图 P2.4 所示线路的输入、输出都是 8421 码，试列出该线路的真值表，并由该表说明它的逻辑功能。

7. 写出图 2.29 所示各全加器的输出 S 和 C 的逻辑表达式，并把它们转换为最小项表达式。

8. 设一级与非门的平均时延为 t_y，与或非门为 $1.5t_y$，异或门为 $2t_y$，试计算图 2.29 所示各全加器产生本位和及本位向高位进位需经过多少 t_y 的延迟时间。

9. 已知图 P2.5 为两种十进制代码的转换器，输入是余 3 码，问输出是什么代码。

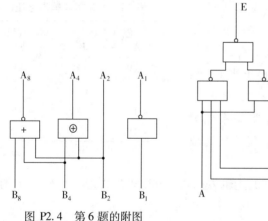

图 P2.4　第 6 题的附图

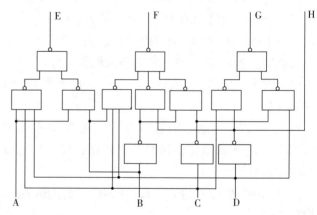

图 P2.5　第 9 题的附图

10. 74LS138 译码器的逻辑图如图 P2.6 所示，其中 S_1、$\bar{S}_2$、$\bar{S}_3$ 为控制信号（或称使能输入），$A_2A_1A_0$ 为代码输入，$\bar{F}_7 \sim \bar{F}_0$ 为译码输出。试列出该译码器的输出逻辑表达式及真值表。

11. 试用两个 74LS138 译码器组成一个 4-16 译码器，即输入为 4 位代码（$A_3A_2A_1A_0$），输出为 16 条译码信号（$\bar{F}_{15} \sim \bar{F}_0$）。

12. 74LS153 双 4 路数据选择器的逻辑图如图 P2.7 所示，其中 1S(2S) 为控制信号，X_1X_0 为地址输入，$1a_0 \sim 1a_3 (2a_0 \sim 2a_3)$ 为数据输入。试列出其中一个选择器的输出逻辑表达式，并给出功能表。

13. 试用 74LS153 中的两个 4 路数据选择器组成一个 8 路数据选择器。

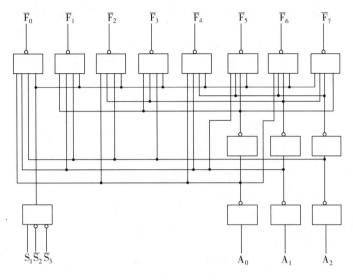

图 P2.6　第 10 题的附图

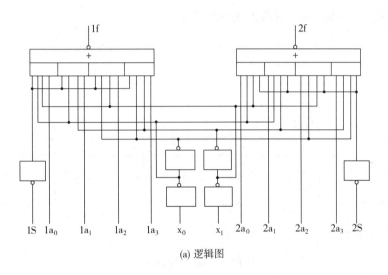

(a) 逻辑图

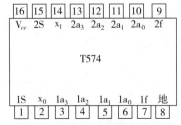

(b) 外引线排列图

图 P2.7　第 12 题的附图

14. 参照图 2.39 和图 2.40，画出 8421 码偶校验码的校验位形成器及校验器。

15. 已知图 P2.8 是一个受 M 控制的 8421 码和格雷码相互转换器，试说明它的逻辑功能。

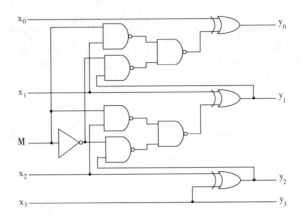

图 P2.8　第 15 题的附图

16. 已知图 P2.9 是一个受 M_1、M_2 控制的原码、反码和 0、1 转换器，试分析该转换器各在 M_1、M_2 的什么取值下实现上述四种转换。

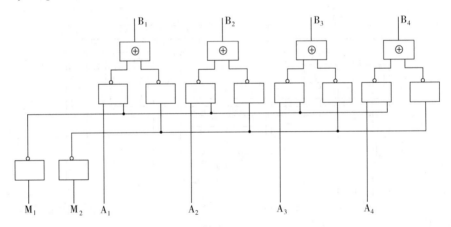

图 P2.9　第 16 题的附图

17. 试从下列逻辑表达式判断它们所描述的组合线路中是否存在功能冒险与逻辑冒险，并指出是静态"1"型还是"0"型。

（1）$F = \overline{A}(A + B)$

（2）$F = A\overline{B}C + AB$

（3）$F = \overline{\overline{AB} + A\overline{B}}$

18. 试用无逻辑冒险的组合线路实现下列函数：

（1）$F = \overline{A}C + BD + A\overline{C}\overline{D}$

（2）$F = (\overline{A} + D)(B + C + \overline{D})(\overline{C} + \overline{D})$

第 3 章　组合线路的设计

前一章介绍了组合线路的分析方法，所谓"分析"，就是已知逻辑线路，指出该线路所能实现的逻辑功能。组合线路的"设计"（或称"综合"）与此相反，它是根据要完成的逻辑功能，画出实现该功能的逻辑线路。本章将介绍如何用中、小规模集成电路设计组合线路。下面先通过一个简单例子，说明设计组合线路的基本步骤。然后，对这些步骤逐一加以讨论。最后，举例说明常用组合线路的设计方法。

3.1　组合线路的设计方法概述

引例　试用与非门组成一个多数表决电路，以判别 A、B、C 三人中是否为多数赞同。

设计该多数表决线路的步骤如下：

（1）分析设计要求，确定所要设计线路的框图及其输入、输出变量。

由题意可知，该线路的输入是 A、B、C 三人的"赞同"或"反对"，输出是"多数赞同"或"多数反对"。显然，输入和输出只有两种可能状态，故可用逻辑函数来描述。设 F 为 A、B、C 的函数，可表示为

$$F = f(A, B, C)$$

这一关系可形象地用图 3.1 表示。图中，用开关 A、B、C 表示输入，当某人赞同时，开关置右边位置（接 +5V）；否则，开关置左边位置（接地）。输出用指示灯表示，若多数人赞同，则灯亮；若多数人反对，则灯暗。

（2）依题意要求，确定输出与输入的关系。

由题意可知，当 A，B，C 三个输入中有两个或两个以上为"1"（即多数赞同）时，输出 F 应为"1"；反之，F 为"0"。据此，可列出所要设计线路的真值表，如表 3.1 所示。

表 3.1　多数表决线路的真值表

m_i	A	B	C	F
0	0	0	0	0
1	0	0	1	0
2	0	1	0	0
3	0	1	1	1
4	1	0	0	0
5	1	0	1	1
6	1	1	0	1
7	1	1	1	1

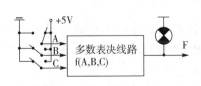

图 3.1　多数表决线路的输入输出关系

由表 3.1 可列出 F 的最小项表达式：

$$F = \sum(3, 5, 6, 7,) \tag{3.1}$$

（3）化简输出逻辑表达式。

用卡诺图化简，见图 3.2 所示。由图可得 F 的全部素项如下：

$$\sum(3, 7) = BC$$
$$\sum(5, 7) = AC$$
$$\sum(6, 7) = AB$$

这些素项都为实质素项，且覆盖了函数 F，故得

$$F = AB + BC + AC \tag{3.2}$$

（4）按设计要求，变换逻辑表达式的形式。

本例要求用与非门组成多数表决线路，故需将式（3.2）的"与－或"形式变换为"与非－与非"形式。为此，对式（3.2）两次求反，则得

$$F = \overline{\overline{F}}$$
$$= \overline{\overline{AB + BC + AC}}$$
$$= \overline{\overline{AB} \cdot \overline{BC} \cdot \overline{AC}} \tag{3.3}$$

（5）画逻辑图，并考虑工程问题。

根据式（3.3），可画出多数表决线路如图 3.3 所示。在获得所要设计的线路后，应考虑该线路具体实现时的工程问题。包括门电路的扇入、扇出系数是否满足集成电路的技术指标，整个线路的传输时延是否满足设计要求，所设计的线路中是否存在竞争冒险现象等，并最后选定合适的集成电路组件。

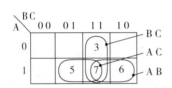

图 3.2　用卡诺图化简式（3.1）

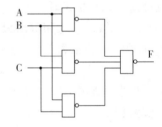

图 3.3　多数表决线路的逻辑图

由上例可知，组合线路的设计步骤可概括为下列四步：

第一步，逻辑问题的描述。这一步的任务是将设计问题转化为一个逻辑问题，也就是用一个逻辑表达式来描述设计要求。因此，这一步的最终目标是建立描述设计问题的最小项表达式。

第二步，逻辑函数的化简。一般说，由第一步得到的最小项表达式不是函数的最简式。为使所设计的线路最简单，需用第 2 章所介绍的逻辑函数化简方法，将第一步所得函数化为最简，以求得描述设计问题的最简"与－或"表达式。

第三步，逻辑函数的变换。这一步的任务是根据给定的门电路类型，将第二步所得最简"与－或"表达式变换为所需形式，以便能按此形式直接画出逻辑图。

第四步，画逻辑图，并考虑实际工程问题。

下面，我们将着重介绍第一步及第三步。当然，要真正设计出好的逻辑线路，还需掌握设计中某些具体问题的处理方法，及具有一定的实践经验。为此，下面还将介绍设计组

合线路时要考虑的某些特殊问题。

3.2 逻辑问题的描述

在设计组合线路时，其设计要求往往以文字描述的形式给出。例如，设计一线路，以比较两个数的大小；设计一线路，以将 8421 码转换为余 3 码，等等。

显然，要设计出这些线路，必须把文字描述的设计要求，抽象为一个逻辑表达式。这是完成组合线路设计的第一步，也是最重要的一步，因为若抽象所得的逻辑表达式出错，下面步骤再正确，其结果也是错的。

但是，由于实际问题千变万化，因而如何从文字描述的设计要求抽象为一个逻辑表达式，至今尚无系统的方法。目前采用的方法仍是以设计者的经验为基础的试凑方法。通常的思路是，先由文字描述的设计要求建立所设计线路的输入、输出真值表，然后由真值表建立逻辑表达式。对于变量较多的情况，则可设法建立简化真值表，甚至由设计要求直接建立逻辑表达式。究竟在什么情况下采用哪一种思路，这完全取决于设计问题的难易及设计者的经验。下面，通过具体例子说明建立设计问题的逻辑表达式的基本方法。

例 1 写出二进制一位全减器的输出逻辑表达式。

全减器与第 2 章介绍的全加器相类似，它是求取一位二进制数相减结果的逻辑部件。在设计全减器时，首先要根据一位二进制数的减法规则，列出求本位之差及本位向高位借位的逻辑表达式。显而易见，全减器的输入为被减数（A），减数（B）及低位向本位的借位（C_{i-1}），输出为本位之差（D）及本位向高位的借位（C_i），如图 3.4 所示。

图 3.4 全减器框图

根据一位二进制数的减法规则，可列出全减器的真值表如表 3.2 所示。表中前四行是低位向本位无借位（$C_{i-1}=0$）的情况，表中后四行是低位向本位有借位（$C_{i-1}=1$）的情况。

表 3.2 全减器的真值表

m_i	A	B	C_{i-1}	D	C_i
0	0	0	0	0	0
2	0	1	0	1	1
4	1	0	0	1	0
6	1	1	0	0	0
1	0	0	1	1	1
3	0	1	1	0	1
5	1	0	1	0	0
7	1	1	1	1	1

由表 3.2 可列出全减器的输出函数 D 及 C_i 的最小项表达式：
$$D = \sum(1, 2, 4, 7) \tag{3.4}$$

$$C_i = \sum(1, 2, 3, 7) \tag{3.5}$$

本例是通过真值表来列出逻辑表达式的，而真值表则是根据设计要求（实现一位二进制数相减）建立的。

例 2 已知 $X = x_1 x_2$ 和 $Y = y_1 y_2$ 是两个二进制正整数，写出判别 $X > Y$ 的逻辑表达式。

在设计"X 是否大于 Y"的判别线路时，首先要列出表征 $X > Y$ 的逻辑表达式。不难想到，该判别线路有 4 个输入变量：x_1，x_2，y_1 和 y_2，输出为一个标志信号 F，它将表明 $X > Y$ 还是 $X \leqslant Y$。据此，可画出如图 3.5 所示的框图。

图 3.5 X > Y 判别线路的框图

由题意可令

$$x_1 x_2 > y_1 y_2 \text{ 时，} F = 1$$
$$x_1 x_2 \leqslant y_1 y_2 \text{ 时，} F = 0$$

比较 $x_1 x_2$ 和 $y_1 y_2$ 可知：当 $x_1 = 1$，$y_1 = 0$ 时，不管 x_2 和 y_2 为何值，总满足 $x_1 x_2 > y_1 y_2$；当 $x_1 = y_1$ 时，只有在 $x_2 = 1$，$y_2 = 0$ 的情况下才满足 $x_1 x_2 > y_1 y_2$。除上述情况外，$x_1 x_2$ 总是小于等于 $y_1 y_2$。根据这一分析结果，只需列出使 $F = 1$ 的变量取值组合，如表 3.3 所示。与完整的真值表相对而言，把只包含 $F = 1$ 的真值表称为简化真值表。表 3.3 中的"－"号，表示可取值为 0 或 1。

表 3.3　X > Y 的简化真值表

X		Y		F
x_1	x_2	y_1	y_2	X > Y
1	—	0	—	1
0	1	0	0	1
1	1	1	0	1

由表 3.3 可知，要使 $F = 1$，则 $x_1 x_2 y_1 y_2$ 的取值应为

$$1-0-, \quad 0100, \quad 1110$$

它们所对应的乘积项为

$$x_1 \bar{y}_1, \quad \bar{x}_1 x_2 \bar{y}_1 \bar{y}_2, \quad x_1 x_2 y_1 \bar{y}_2$$

故 F 的逻辑表达式为

$$F = x_1 \bar{y}_1 + \bar{x}_1 x_2 \bar{y}_1 \bar{y}_2 + x_1 x_2 y_1 \bar{y}_2 \tag{3.6}$$

本例是通过简化真值表来列出逻辑表达式的，而简化真值表是通过对设计要求的分析建立的。

3.3　逻辑函数的变换

前已指出，在设计组合线路的过程中，当获得了最简逻辑表达式后，需根据给定的门电路类型，将最简"与－或"表达式变换为相应形式的表达式，如"与非－与非"表达式、"或非－或非"表达式、"与或非"表达式等。这一变换通常可利用德·摩根定理和对偶定理来实现。下面，分别举例说明之。

3.3.1 逻辑函数的"与非"门实现

将最简"与－或"表达式变换为"与非－与非"表达式的方法有两种：一是对 F 两次求反；另一是对 F 三次求反。下面，举例说明这两种方法。

例 1 试用与非门实现函数 $F_1 = A\bar{B} + \bar{A}B$。

（1）对 F_1 两次求反，则得

$$F_1 = \overline{\overline{A\bar{B} + \bar{A}B}}$$
$$= \overline{(\overline{A\bar{B}}) \cdot (\overline{\bar{A}B})} \tag{3.7}$$

由该式可画出图 3.6 所示的逻辑图。

（2）对 $\bar{F}_1$ 三次求反，则得

$$\bar{F}_1 = \overline{A\bar{B} + \bar{A}B} = \bar{A}\bar{B} + AB$$
$$F_1 = \overline{(\bar{F}1)}$$
$$= \overline{\overline{\bar{A}\bar{B} + AB}}$$
$$= \overline{(\overline{\bar{A}\bar{B}}) \cdot (\overline{AB})} \tag{3.8}$$

由该式可画出图 3.7 所示的逻辑图。

图 3.6　例 1 的解(1)　　　　　　图 3.7　例 1 的解(2)

例 2 试用与非门实现函数 $F_2 = A\bar{B} + B\bar{C} + C\bar{D} + D\bar{A}$。

（1）对 F_2 两次求反，则得

$$F_2 = \overline{\overline{A\bar{B} + B\bar{C} + C\bar{D} + D\bar{A}}}$$
$$= \overline{(\overline{A\bar{B}}) \cdot (\overline{B\bar{C}}) \cdot (\overline{C\bar{D}}) \cdot (\overline{D\bar{A}})} \tag{3.9}$$

由该式可画出图 3.8 所示的逻辑图。

（2）对 $\bar{F}_2$ 三次求反，则得

$$\bar{F}_2 = \overline{A\bar{B} + B\bar{C} + C\bar{D} + D\bar{A}}$$
$$= \bar{A}\bar{B}\bar{C}\bar{D} + ABCD$$
$$F_2 = \overline{(\bar{F}_2)}$$
$$= \overline{\overline{\bar{A}\bar{B}\bar{C}\bar{D} + ABCD}}$$
$$= \overline{(\overline{\bar{A}\bar{B}\bar{C}\bar{D}}) \cdot (\overline{ABCD})} \tag{3.10}$$

由该式可画出图 3.9 所示的逻辑图。

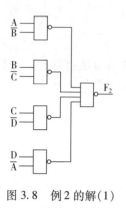

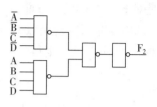

图 3.8　例 2 的解(1)　　　　　　　　　　图 3.9　例 2 的解(2)

由上可知,当原函数较简单时,采用对 F 两次求反可节省门电路,如例 1 所示。当反函数较简单时,采用对 F 三次求反可节省门电路,如例 2 所示。但不管怎样,采用对 F 二次求反可获得较高的速度,因它所得之线路仅由两级门电路组成。

3.3.2　逻辑函数的"与或非"门实现

将最简"与 – 或"表达式变换为"与或非"表达式的方法也有两种:一是对 F 两次求反;另一是对 $\overline{F}$ 一次求反。下面,通过一个例子来说明这两种变换方法。

例　试用与或非门实现函数 $F = A\overline{B} + B\overline{C} + C\overline{A}$。

(1) 对 F 两次求反,则得

$$F = \overline{\overline{A\overline{B} + B\overline{C} + C\overline{A}}} \tag{3.11}$$

由该式可画出图 3.10 所示的逻辑图。

(2) 对 $\overline{F}$ 一次求反,则得

$$\begin{aligned}
\overline{F} &= \overline{A\overline{B} + B\overline{C} + C\overline{A}} \\
&= \overline{A}\,\overline{B}\,\overline{C} + ABC \\
F &= \overline{(\overline{F})} \\
&= \overline{\overline{A}\,\overline{B}\,\overline{C} + ABC} \tag{3.12}
\end{aligned}$$

由该式可画出图 3.11 所示的逻辑图。

由上可知,采用第二种方法所得之结果较第一种方法简单。

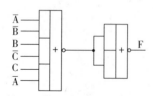

图 3.10　式(3.11)的两级与或非门实现　　　图 3.11　式(3.12)的一级与或非门实现

*3.3.3 逻辑函数的"或非"门实现

将最简"与 – 或"表达式变换为"或非 – 或非"表达式的方法也有两种：一是对 F 两次求对偶；另一是对 F 的"或 – 与"表达式两次求反。下面，举两个例子说明这两种方法。

例 1 试用或非门实现函数 $F = A\bar{B} + B\bar{C} + C\bar{A}$。

采用对 F 两次求对偶。

先求出 F 的对偶函数 F′ 的最简"与 – 或"表达式：

$$F' = (A + \bar{B})(B + \bar{C})(C + \bar{A})$$
$$= ABC + \bar{A}\bar{B}\bar{C}$$

再将 F′ 的最简"与 – 或"表达式变换为"与非 – 与非"表达式：

$$F' = \overline{(ABC)} \cdot \overline{(\bar{A}\bar{B}\bar{C})} \tag{3.13}$$

对 F′ 求对偶，则得

$$F = (F')'$$
$$= \overline{(A + B + C)} + \overline{(\bar{A} + \bar{B} + \bar{C})} \tag{3.14}$$

由该式可画出图 3.12 所示的逻辑图。读者不妨按式 3.13 画出一个由与非门组成的实现 F 的逻辑图，并与图 3.12 比较，就可发现这两个逻辑图是"对偶"的。

例 2 试用或非门实现函数 $F = ADE + ACE + BCE + BDE$。

采用对 F 的最简"或 – 与"表达式两次求反。

先求出 F 的最简"或 – 与"表达式：

$$F = E(A + B)(C + D)$$

再对该式两次求反，则得

$$F = \overline{\overline{E(A + B)(C + D)}}$$
$$= \overline{\overline{E} + \overline{(A + B)} + \overline{(C + D)}} \tag{3.15}$$

由该式可画出图 3.13 所示的逻辑图。

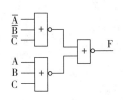

图 3.12　例 1 的或非门实现

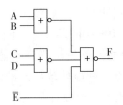

图 3.13　例 2 的或非门实现

最后需指出，对于同一个最简"与 – 或"表达式，所采用的变换方法不同，其结果可能不同。这就是说，变换所得的结果是否仍为最简已无法断言，只有经过比较，才能确定其中较简单的结果。

3.4 组合线路设计中的特殊问题

从原理上讲,应用 3.1 节所介绍的组合线路设计的四个步骤可以设计任何组合线路。然而,对于某些设计问题,仅按上述方法进行设计,所得的结果虽然是正确的,但都不一定是最简的。这些设计问题包括:要求所设计的组合线路只有原变量输入而无反变量输入(或反之);要求所设计的组合线路有多个输出;所设计的组合线路的输入变量(或输出函数)彼此间有一定的约束关系;所设计的组合线路的级数要求满足一定速度指标等。本节将介绍前三个特殊问题在组合线路设计中是如何解决的,关于组合线路的速度要求将在下一节中讲述。

3.4.1 可利用任意项的线路设计

1. 什么是任意项

为了说明这个问题,我们先来看一个具体例子。图 3.14 是一个"键盘 – 显示"线路的框图,当从键盘按下某一数字键(0 ~ 9)后,便由"按键输入译码器"译为 8421 码。该 8421 码又经"七段译码器"译码,便在七段显示器上显示出键入的那个数字。图中表示了按下数字键"5"后,显示器显示"5"的情况。

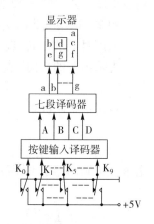

图 3.14 "键盘-显示"
线路框图

在该线路中包含有两个译码器,这两个译码器的输入变量的取值是有一定限制的。对于"按键输入译码器"而言,其输入变量有 10 个: $K_0 \sim K_9$。一般情况下,10 个逻辑变量共有 2^{10} 种不同取值组合。但对按键输入而言,正常工作时总是每一时刻只按下一个。也就是说,按键输入的 10 个逻辑变量($K_0 \sim K_9$)在某一时刻只能有一个取值为"1",其他均取值为"0"。因此,$K_0 \sim K_9$ 只有 10 种取值组合,而其他 1014 种取值组合是不会出现的。在设计"按键输入译码器"时,若能利用这一输入变量受约束的特点,就能使该译码器的线路设计得更简单些。

同理,对于"七段译码器"而言,4 个输入变量已明确是 8421 码,因而它只有 10 种取值组合:0000 ~ 1001,另外 6 种取值组合(1010 ~ 1111)是不会出现的。因此,若能在设计"七段译码器"时利用这一输入变量受约束的特点,就能使其线路设计得更简单些。

显而易见,上述两个译码器的输入变量的约束条件是不同的,可以用不同的约束方程来描述。对于按键输入译码器,其约束条件是:输入变量($K_0 \sim K_9$)对取值"1"是互斥的,故可用下列约束方程来描述:

$$K_i \cdot K_j = 0 \quad (i \neq j) \qquad (3.16)$$

或

$$\sum_{\substack{i=0 \\ j=0}}^{n} k_i \cdot k_j = 0 \ (i \neq j, \ n = 9)$$

类似地,对于七段译码器,其约束条件是:输入变量(A,B,C,D,)不能取值1010 ~1111,故可用下列约束方程来描述:

$$m_{10} = A\overline{B}C\overline{D} = 0$$
$$m_{11} = A\overline{B}CD = 0$$
$$\vdots \tag{3.17}$$
$$m_{15} = ABCD = 0$$

或

$$\sum \phi(10,11,12,13,14,15) = 0$$

所谓任意项,就是从约束方程推得的逻辑值为0的最小项。某些参考书上也称为"无关项"(Don't care)或"约束项"。

由式(3.16)可得下列1014个任意项:

$$k_0 k_1 \overline{k}_2 \cdots \overline{k}_9 = 0$$
$$k_0 \overline{k}_1 k_2 \cdots \overline{k}_9 = 0$$
$$\vdots \tag{3.18}$$
$$\overline{k}_0 \overline{k}_1 \overline{k}_2 \cdots k_8 k_9 = 0$$

由式(3.17)可得下列6个任意项:

$$\begin{array}{ll} m_{10} = 0 & m_{13} = 0 \\ m_{11} = 0 & m_{14} = 0 \\ m_{12} = 0 & m_{15} = 0 \end{array} \tag{3.19}$$

这样,在设计按键输入译码器时,可"任意"地在逻辑表达式中加入式(3.18)提供的最小项。在设计七段译码器时,可"任意"地在逻辑表达式中加入式(3.19)提供的最小项。以使它们的逻辑表达式为更简单。

需指出的是,不是任何组合线路设计中都可利用任意项。只有当分析出所要设计的线路存在某些约束条件时,才能从约束方程推得任意项。上面介绍的两种译码器,是输入变量存在约束条件的两种典型情况,其一是输入变量对取值"1"互斥,另一是输入变量的某些取值不可能出现。除此之外,任意项也可以由输出约束条件形成(见下面的例3)。

2. 设计举例

现在举例说明如何判断所要设计的线路是否存在约束条件,如何找出任意项,如何利用任意项进行线路设计。

例1 试用与非门设计一个判别线路,以判别8421码所表示的十进制数之值是否大于等于5。

第一步,逻辑问题的描述。

由题意可知,该判别线路的输入变量为8421码,设为A、B、C、D,输出函数为F,则当

$$ABCD \geqslant 0101 \text{ 时，} F = 1$$
$$ABCD < 0101 \text{ 时，} F = 0$$

由于 ABCD 的取值不可能为 1010 ~ 1111，故其约束方程为

$$\sum \phi(10,11,12,13,14,15) = 0$$

即具有下列可利用的任意项：

$$m_{10} = 0 \qquad m_{13} = 0$$
$$m_{11} = 0 \qquad m_{14} = 0$$
$$m_{12} = 0 \qquad m_{15} = 0$$

根据上述分析结果，可列出所要设计线路的真值表，如表 3.4 所示。表中，当 ABCD 取值为 1010 ~ 1111 时，函数 F 值填"空"，即为 ϕ，以表示它所对应的输入变量取值是不会出现的。由真值表可列出 F 的逻辑表达式为

$$F = \sum(5,6,7,8,9) + \sum \phi(10,11,12,13,14,15) \tag{3.20}$$

式中，$\sum \phi(10,11,12,13,14,15)$ 是任意项，可根据化简的需要引入其中的若干项。

表 3.4　例 1 的真值表

A	B	C	D	F
0	0	0	0	0
0	0	0	1	0
0	0	1	0	0
0	0	1	1	0
0	1	0	0	0
0	1	0	1	1
0	1	1	0	1
0	1	1	1	1
1	0	0	0	1
1	0	0	1	1
1	0	1	0	ϕ
1	0	1	1	ϕ
1	1	0	0	ϕ
1	1	0	1	ϕ
1	1	1	0	ϕ
1	1	1	1	ϕ

第二步，逻辑函数的化简。

将函数 F 表示在卡诺图上，见图 3.15 所示。图中，数字 5 ~ 9 是组成 F 的各个最小项，ϕ 是可利用的任意项。根据化简需要，可将 ϕ 与最小项圈成一个尽可能大的圈，且 ϕ 可多次被圈。由图可得 F 的化简结果为

$$F = BD + BC + A \tag{3.21}$$

在包含有任意项 ϕ 的卡诺图中，函数的所有最小项都必须至少包含于一个圈之中，

而任意项却不一定。也就是说，任意项是否圈在某一个或几个圈内，取决于它能否使包含有最小项的圈尽可能大。若能，则将该任意项圈入；若不能，则不圈入。

第三步，逻辑函数的变换。

本例要求用与非门实现，故将式(3.21)变换为"与非－与非"表达式，如下所示：

$$\begin{aligned}
F &= \overline{\overline{B\overline{D} + B\overline{C} + \overline{A}}} \\
&= \overline{\overline{B\overline{D}} \cdot \overline{B\overline{C}} \cdot \overline{\overline{A}}}
\end{aligned} \tag{3.22}$$

第四步，画逻辑图。

根据式(3.22)可画出图 3.16 所示的逻辑图，它就是所要设计的判别线路。

最后，顺便指出，在某些参考书上把无任意项的逻辑函数称为完全定义函数，而把包含有任意项的逻辑函数称为不完全定义函数。

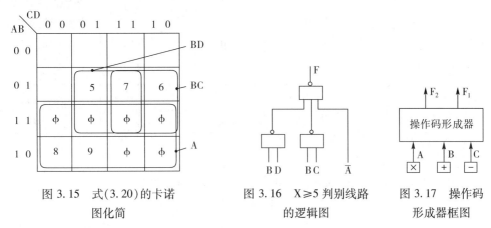

图 3.15　式(3.20)的卡诺　　　图 3.16　X≥5 判别线路　　　图 3.17　操作码
　　　图化简　　　　　　　　　的逻辑图　　　　　　　　形成器框图

例 2　试用与或非门设计一个操作码形成器，如图 3.17 所示。当按下 ×、＋、－各个操作键时，要求分别产生乘法、加法和减法的操作码 01、10 和 11。

第一步，逻辑问题的描述。

由题意可知，所要设计线路的输入变量为 A、B、C；输出函数为 F_2 和 F_1。当按下某一操作键时，相应输入变量的取值为"1"；否则，取值为"0"。由于正常操作下，某一时刻只按下一个操作键，所以输入变量 A、B、C 对取值"1"是互斥的。由此约束条件可得下列约束方程：

$$\begin{aligned}
AB &= 0 \\
AC &= 0 \\
BC &= 0
\end{aligned} \tag{3.23}$$

该式表明，A、B 和 C 三个变量中不可能同时有任意两个变量取值为"1"。由式(3.23)可推得下列任意项：

$$AB(C + \overline{C}) = ABC + AB\overline{C} = 0$$
$$AC(B + \overline{B}) = ABC + A\overline{B}C = 0$$
$$BC(A + \overline{A}) = ABC + \overline{A}BC = 0$$

即

$$\overline{A}BC = 0$$

$$A\overline{B}C = 0$$
$$AB\overline{C} = 0$$
$$ABC = 0$$

由上分析，可列出表 3.5 所示的真值表。由表可写出下列不完全定义函数的表达式：

$$F_2 = \sum(2,1) + \sum \phi(3,5,6,7)$$
$$F_1 = \sum(4,1) + \sum \phi(3,5,6,7)$$

$$(3.24)$$

表 3.5　例 2 的真值表

A	B	C	F_2	F_1	说　　明
1	0	0	0	1	产生乘法操作码
0	1	0	1	0	产生加法操作码
0	0	1	1	1	产生减法操作码
0	0	0	0	0	不操作
0	1	1	ϕ	ϕ	任意项
1	0	1	ϕ	ϕ	任意项
1	1	0	ϕ	ϕ	任意项
1	1	1	ϕ	ϕ	任意项

第二步，逻辑函数的化简。

用卡诺图化简式(3.24)，如图 3.18 所示。由图可得化简结果为

$$F_2 = B + C$$
$$F_1 = A + C$$

$$(3.25)$$

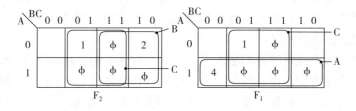

图 3.18　F_2 和 F_1 的卡诺图化简

将上述化简结果与原始函数相比较：

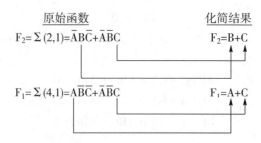

可见，上述化简结果可以按下列结论直接得到：若逻辑函数的输入变量对取值"1"互

斥，则仅包含有一个互斥变量的最小项可化简为该互斥变量。如上例中，$\overline{A}B\overline{C}$ 可直接化简为 B，$\overline{A}\,\overline{B}C$ 可直接化简为 C，$A\overline{B}\,\overline{C}$ 可直接化简为 A。同理，该结论也适用于本节一开始所提到的"按键输入译码器"，可直接得到下列化简结果：

$$K_0\overline{K}_1\overline{K}_2\cdots\overline{K}_8\overline{K}_9\longrightarrow K_0$$
$$\overline{K}_0\,K_1\overline{K}_2\cdots\overline{K}_8\overline{K}_9\longrightarrow K_1$$
$$\vdots$$
$$\overline{K}_0\overline{K}_1\overline{K}_2\cdots\overline{K}_8K_9\longrightarrow K_9$$

第三步，逻辑函数的变换。

本例要求用与或非门实现，故对式(3.25)两次取反，则得

$$F_2 = \overline{\overline{B+C}}$$
$$F_1 = \overline{\overline{A+C}} \tag{3.26}$$

第四步，画逻辑图。

由式(3.26)可画出操作码形成器的逻辑图如图 3.19 所示。

例 3 试用与非门设计一个译码器，其输入为 A、B、C，输出为 $F_0 \sim F_4$。要求当 ABC 取值为 000 ~ 100 时，$F_0 \sim F_4$ 分别为"1"，而当 ABC 取值为 101 ~ 111 时，$F_0 \sim F_4$ 的值可为任意。

第一步，逻辑问题的描述。

根据题意可画出该译码器的框图如图 3.20 所示。

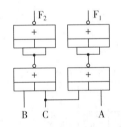

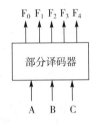

图 3.19　操作码形成器的逻辑图　　　　图 3.20　部分译码器框图

三个输入变量的完全译码应为 8 个输出，现只需 5 个输出，故为不完全译码，该译码器称为部分译码器。根据题意可容易地列出该译码器的真值表如表 3.6 所示，由表可写出下列逻辑表达式：

$$F_0 = \overline{A}\,\overline{B}\,\overline{C}$$
$$F_1 = \overline{A}\,\overline{B}C$$
$$F_2 = \overline{A}B\overline{C}$$
$$F_3 = \overline{A}BC$$
$$F_4 = A\overline{B}\,\overline{C}$$

且有任意项：

$$A\overline{B}C = 0,\quad AB\overline{C} = 0,\quad ABC = 0$$

表 3.6　例 3 的真值表

A	B	C	F_0	F_1	F_2	F_3	F_4
0	0	0	1	0	0	0	0
0	0	1	0	1	0	0	0
0	1	0	0	0	1	0	0
0	1	1	0	0	0	1	0
1	0	0	0	0	0	0	1
1	0	1	ϕ	ϕ	ϕ	ϕ	ϕ
1	1	0	ϕ	ϕ	ϕ	ϕ	ϕ
1	1	1	ϕ	ϕ	ϕ	ϕ	ϕ

第二步，逻辑函数的化简。

用卡诺图化简，见图 3.21 所示。由图可得下列化简结果：

$$F_0 = \overline{A}\,\overline{B}\,\overline{C} \qquad F_1 = \overline{B}C$$
$$F_2 = B\overline{C} \qquad F_3 = BC \tag{3.27}$$
$$F_4 = A$$

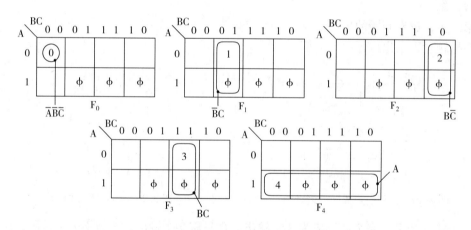

图 3.21　$F_0 \sim F_4$ 的卡诺图化简

第三步，逻辑函数的变换。

本例要求用与非门实现，故将式(3.27)变换为"与非－与非"表达式。对该式两次求反，则得

$$F_0 = \overline{\overline{\overline{A}\,\overline{B}\,\overline{C}}} \qquad F_1 = \overline{\overline{\overline{B}C}}$$
$$F_2 = \overline{\overline{B\overline{C}}} \qquad F_3 = \overline{\overline{BC}} \tag{3.28}$$
$$F_4 = A$$

第四步，画逻辑图。

由式(3.28)可画出部分译码器的逻辑图如图 3.22 所示。

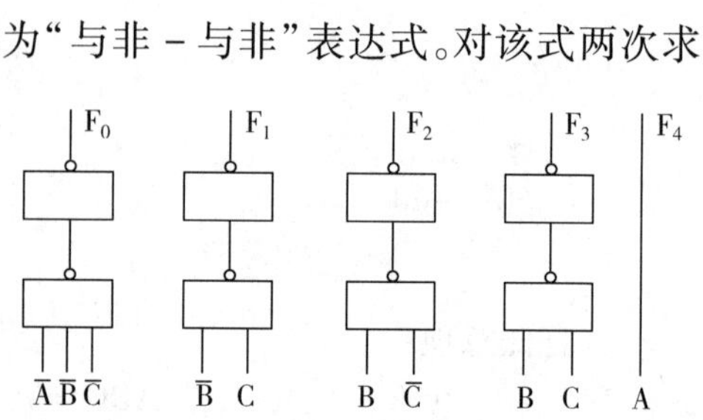

图 3.22　部分译码器的逻辑图

从上面三个例子可知，在设计组合线路时，若有任意项可利用，则可使线路更简单。所要设计的线路是否存在任意项，取决于该线路的输入或输出是否存在"约束"条件，这是由设计者确定的。

*3.4.2　无反变量输入的线路设计

在实际设备中，为了减少各部件之间的信号传输线，要求所设计的逻辑部件只有原变量输入而无反变量输入。设计这种无反变量输入的线路时，仍可采用3.1节所介绍的一般方法，只是需要某个反变量时都要用一个非门来获得，这显然是不经济的。例如，在用与非门实现函数

$$F = \sum(2,3,5,6) \tag{3.29}$$

时，若采用前述一般方法，则由卡诺图可得化简结果：

$$F = \overline{A}B + B\overline{C} + A\overline{B}C \tag{3.30}$$

由该式可画出图3.23所示的逻辑图。

如果将式(3.30)作如下变换：

$$
\begin{aligned}
F &= B(\overline{A} + \overline{C}) + AC\overline{B} \\
&= B(\overline{A} + \overline{B} + \overline{C}) + AC(\overline{A} + \overline{B} + \overline{C}) \\
&= B(\overline{ABC}) + AC(\overline{ABC})
\end{aligned} \tag{3.31}
$$

则由该式可得图3.24所示逻辑图，它比图3.23更简单。那么，为什么图3.24会比图3.23省三个门呢？比较式(3.31)和式(3.30)可见，前式中只有一个"非"号（即$\overline{ABC}$），而后者式中却有三个"非"号（即$\overline{A}$，$\overline{B}$和$\overline{C}$），故可省去两个与非门；此外，前者由两个"与"项组成，而后者由三个"与"项组成，故又可省一个与非门。

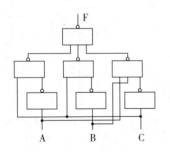

图3.23　实现 $F = \sum(2,3,5,6)$ 的方案之一

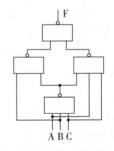

图3.24　实现 $F = \sum(2,3,5,6)$ 的方案之二

上述例子表明，在设计无反变量输入的线路时，不能简单地用非门来实现最简逻辑表达式中的反变量，而要通过逻辑表达式的变换先减少式中的"与"项及"非"号，具体如何变换可参见"参考文献"[1]。

3.4.3　多输出函数的线路设计

多输出函数线路是一种同一组输入变量下具有多个输出的逻辑线路，其框图如图

3.25 所示。图中表示的组合线路有 m 个（m≥2）输出。显然，在设计多输出线路时，如果把每个输出相对一组输入都单独地看作一个组合线路，那么其设计方法完全如前所述。但是，多输出线路本身是一个整体，这种不顾"全局"的设计观点，往往造成"个别"与"整体"的矛盾。即，从单输出线路看，每个都是最简的；但从多输出线路看，却不是最简的。

例如，用与非门实现下列多输出函数：

$$F_1 = \sum(1,3,4,5,7)$$
$$F_2 = \sum(3,4,7) \tag{3.32}$$

如果把 F_1 和 F_2 看作两个孤立的函数，并假定输入可提供原、反变量，则用卡诺图分别化简这两个函数，可得

$$F_1 = C + A\overline{B}$$
$$F_2 = BC + A\overline{B}\overline{C} \tag{3.33}$$

按此化简结果，可画出图 3.26 所示的逻辑图。显然，该图中实现 F_1 和 F_2 的线路分别是最简的。那么，整个线路是否为最简呢？

如果我们从"全局"出发统一考虑 F_1 和 F_2 的各组成项，以尽量使它们具有"公用项"，则将使整个线路有可能更简单。若将式(3.33)作如下更改：

$$F_1 = C + A\overline{B}\overline{C}$$
$$F_2 = BC + A\overline{B}\overline{C} \tag{3.34}$$

则按该式可画出图 3.27 所示的逻辑图。比较图 3.27 与图 3.26 可知，前者较后者省一个门，且少两条连接线。这就是说，尽管式(3.34)中的 F_1 已不是最简表达式，但由于它与 F_2 之间存在公用项，使整个线路反而更简单了。

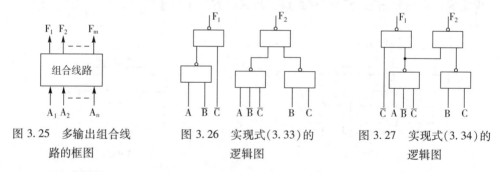

图 3.25　多输出组合线路的框图　　图 3.26　实现式(3.33)的逻辑图　　图 3.27　实现式(3.34)的逻辑图

从上述例子明显可见，设计多输出线路的特殊问题是确定各输出函数的公用项，以使整个线路为最简，而不片面追求每个输出函数为最简。多输出函数的公用项可通过卡诺图或列表法求得，寻找公用项的方法可参见"参考文献"[1]。

*3.5　考虑级数的线路设计

上述组合线路的设计都以追求线路最简单为目标，而从不考虑所设计线路的速度是否

满足要求，所设计线路中门电路的扇入或扇出系数要求是否超出现有集成电路产品的技术指标。这一节将讨论这两个问题。

当线路的级数增多时，输出相对输入的传输时延就增大，以致造成线路的工作速度不能满足要求。此时，就要设法压缩线路的级数，或者说，使所设计的线路在满足速度要求下为最简单。

当线路要求门电路的扇入或扇出系数超出现有组件的技术指标时，有时需采用增加级数的办法来降低线路对门电路的扇入或扇出系数的要求。或者说，使所设计的线路在满足现有组件的扇入或扇出系数要求下为最简单。

然而，上述两种考虑级数(压缩级数和增加级数)的设计思想是互斥的。具体地说，若所设计的线路，速度不能满足要求，而且对门电路的扇入或扇出系数要求过高，那就无法用上述设计思想来解决。一般说，压缩线路的级数可提高线路的速度，但却要求门电路具有较大的扇入或扇出系数；反之，增加线路的级数可降低对门电路的扇入或扇出系数的要求，但却使线路的速度变慢。因此，在设计组合线路时，应全面考虑级数问题。对于只要满足某一要求的线路，便可大胆地压缩级数或增加级数；对于要同时满足上述两个要求的线路，则需反复协调，以获得一个较好的折衷方案，直至采用其他措施来补救。下面通过计算机中常用的两个组合线路：加法器的进位链及多级译码器，来说明如何压缩级数与增加级数。

3.5.1　加法器的进位链

本节以加法器的进位链为例，说明压缩级数的组合线路设计方法。

例　试用图 3.28 给定的全加器，组成一个四位二进制加法器，要求最长加法时间不超过 90ns。假定每个与非门的传输时延 t_y 为 10ns，每个与或非门的传输时延为 $1.5t_y$。

在讨论如何组成本例所要求的加法器之前，我们先回顾一下第 2 章已提到的有关加法器的概念。如前所述，加法器是实现两个 n 位二进制数相加的逻辑部件。如果加法器由 n 位全加器组成，且同时输入所有 n 位的被加数及加数，以求得 n 位之和，则称该加法器为并行加法器。反之，如果加法器由一位全加器及一个寄存进位的线路组成，且 n 位被加数及加数是按时间顺序由低位到高位逐位输入全加器相加，并逐位求得由低位到高位之和，则称该加法器为串行加法器。图 3.29 的 (a) 和 (b) 分别表示了这两种加法器的框图。串行加法器是一种典型的时序线路，将在第 5 章中介绍，下面仅讨论并行加法器。

如果用四个图 3.28 所示的全加器逐位连接来组成本例所要求的加法器，则其框图如图 3.30 所示。由图可知，某一位的和输出(S_i)只有在其低一位来的进位(C_{i-1})完全确定后才能形成，而该进位(C_{i-1})又由更低一位来的进位(C_{i-2})所确定。这就是说，即使被加数 A 及加数 B 的各位在某一时刻同时送入加法器，但必须等到各位之进位逐位形成后，才能产生各位的和输出。

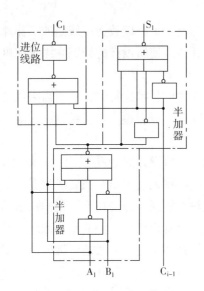

图 3.28　全加器的逻辑图

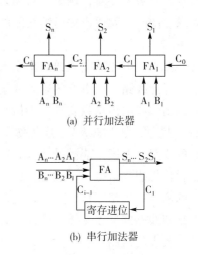

(a)　并行加法器

(b)　串行加法器

图 3.29　两种加法器框图

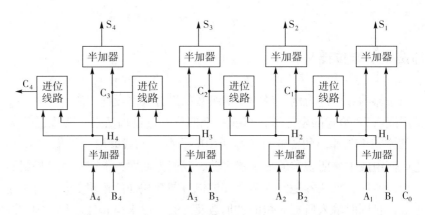

图 3.30　由图 3.28 的全加器所构成的 4 位加法器框图

现在，具体来计算一下实现四位二进制数相加的最长时间。由图 3.28 可知，每位全加器在输入 A_i 和 B_i 后，需经 $2.5t_y$ 延迟才能产生 H_i；而有了 H_i 及 C_{i-1} 后，还需经过 $2.5t_y$ 延迟才能产生 S_i 及 C_i。这样，若假定被加数 A 与加数 B 的各位，以及最低位的进位 C_0 是在 $t = 0$ 时刻送入的，则进位 C_1 ~ C_4 及和 S_1 ~ S_4 的形成时间如图 3.31 所示。图中纵坐标表示各位的被加数，加数、进位及和，横坐标表示它们的形成时间。例如，第三位全加器

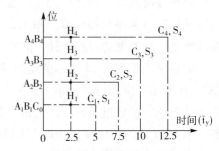

图 3.31　图 3.30 所示加法器的
加法时间

（FA_3）的和 S_3 是在 $t = 10t_y$ 时刻形成的，因为尽管在 $t = 0$ 时刻已送入该位的被加数 A_3 及加数 B_3，并在 $t = 2.5t_y$ 时刻形成了半和 H_3，但由于其低一位来的进位 C_2 是在 $t = 7.5t_y$ 时刻形成的，故只有再经过 $2.5t_y$ 时间，即在 $t = 10t_y$ 时刻，才产生真正的 S_3 输出。

其他各位可按同理分析。因此，采用图 3.30 所示加法器，其各位之和的产生时间是不同的。显然，该加法器的最长加法时间应以产生 S_4 的时间来计算，故其最长加法时间为

$$
\begin{aligned}
T_s &= 2.5t_y + 4 \times 2.5t_y \\
&= 12.5t_y \\
&= 12.5 \times 10 \\
&= 125 \, (\text{ns})
\end{aligned}
$$

由于本例要求四位加法器的最长加法时间不能超过 90ns，因而不能采用图 3.30 所示的加法器结构。

怎样改变图 3.30 的加法器结构才能满足本例的要求呢？为此，先分析一下该加法器的加法时间较长的原因是什么。由图 3.31 可知，该加法器的各位进位是逐位形成的。为清楚起见，我们将图 3.30 所示加法器中的各位进位线路单独画出，如图 3.32 所示。这一进位线路通常称为串行进位链，采用该进位链的加法器称为串行进位加法器，说全一点，就是串行进位的并行加法器（注意与串行加法器区别）。显而易见，图 3.30 所示加法器的加法时间较长的原因就在于它的串行进位链的级数太多。由图 3.32 可知，当送入了各位被加数（$A_1 \sim A_4$）、加数（$B_1 \sim B_4$）及最低位进位 C_0 后，需经过 12.5 级才能形成 C_4。因此，要缩短加法时间，必须压缩这一级数。下面介绍如何用展开法来压缩图 3.32 所示线路的级数。

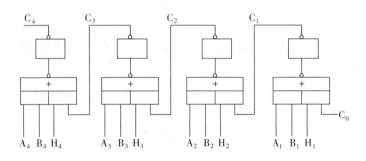

图 3.32　图 3.30 中的进位线路

先列出 $C_1 \sim C_4$ 的逻辑表达式：

$$
\begin{aligned}
C_1 &= A_1 B_1 + H_1 C_0 \\
C_2 &= A_2 B_2 + H_2 C_1 \\
C_3 &= A_3 B_3 + H_3 C_2 \\
C_4 &= A_4 B_4 + H_4 C_3
\end{aligned}
\tag{3.35}
$$

如前所述，每一位的进位由两部分组成：本地进位 $G_i = A_i B_i$ 及传送进位 $H_i C_{i-1}$。显然，第 i 位的进位形成速度仅取决于它的传送进位项 $H_i C_{i-1}$，故只要改变该项表达式便可

加快进位形成的速度。为此，将式(3.35)中的 C_{i-1} 表达式代入 C_i 式中，则得

$$C_1 = G_1 + H_1 C_0$$
$$C_2 = G_2 + H_2(G_1 + H_1 C_0)$$
$$= G_2 + H_2 G_1 + H_2 H_1 C_0$$
$$C_3 = G_3 + H_3(G_2 + H_2 G_1 + H_2 H_1 C_0) \qquad (3.36)$$
$$= G_3 + H_3 G_2 + H_3 H_2 G_1 + H_3 H_2 H_1 C_0$$
$$C_4 = G_4 + H_4(G_3 + H_3 G_2 + H_3 H_2 G_1 + H_3 H_2 H_1 C_0)$$
$$= G_4 + H_4 G_3 + H_4 H_3 G_2 + H_4 H_3 H_2 G_1 + H_4 H_3 H_2 H_1 C_0$$

由该式可画出图 3.33 所示的进位链。由图可知，在送入各位的被加数 A_i、加数 B_i 及最低位的进位 C_o 后，经 $2.5t_y$ 的延迟便产生各位的半和 H_i，再经 $2.5t_y$ 的延迟便同时产生各位的进位 $C_1 \sim C_4$。这就是说，四位全加器的进位信号是并行产生的，故称图 3.33 所示线路为并行进位链，或称快速进位链。

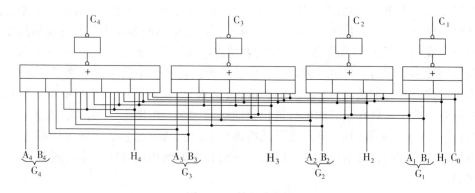

图 3.33　并行进位链

现在，画出采用并行进位链的四位加法器框图，如图 3.34 所示。图中的两组半加器分别产生 H_i 和 S_i，即

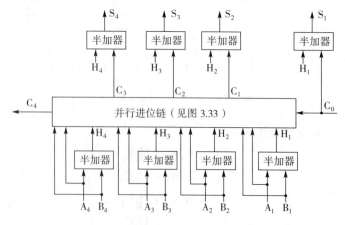

图 3.34　采用并行进位链的 4 位加法器框图

$$H_i = A_i \oplus B_i$$
$$S_i = H_i \oplus C_{i-1}$$

若图中的半加器由两个与非门及一个与或非门组成，如图 3.28 给出的那样，则图 3.34 所示加法器的各位进位及和的形成时间如图 3.35 所示。由该图可知，进位 $C_1 \sim C_4$ 是在 $t = 5t_y$ 时刻同时形成的，和 S_1 在 $t = 5t_y$ 时刻形成，和 $S_2 \sim S_4$ 在 $t = 7.5t_y$ 时刻同时形成。因此，图 3.34 称为并行进位加法器，或快速进位加法器，或超前进位加法器，其最长加法时间为

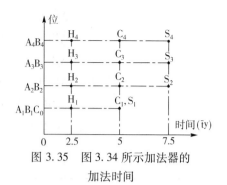

图 3.35　图 3.34 所示加法器的
加法时间

$$T_p = 7.5t_y$$
$$= 7.5 \times 10$$
$$= 75(\text{ns})$$

显然，它比本例要求的加法时间(90ns)要小，故采用图 3.34 所示的并行进位加法器即可满足设计要求。读者根据该框图不难画出该并行进位加法器的详细逻辑图，故留给读者作为练习。

最后，简单比较一下上述两种进位链的优缺点。由图 3.32 和图 3.33 可知，从产生进位的速度而言，串行进位链较慢，而并行进位链较快，当加法器的位数增多时就更为明显；从线路的复杂性而言，串行进位链较并行进位链简单，它不仅所需组件简单，而且连接线少；从对组件的技术要求而言，并行进位链较串行进位链苛刻，这主要反映在对本级中门的扇入系数要求高。因此，在加法进位速度能够满足要求的前提下，都应采用串行进位加法器；而当加法速度不能满足要求时，才通过将进位公式展开，以获得并行进位加法器。但是，受组件的扇入、扇出系数的限制，以及为了使加法器尽可能地简单，进位公式也不能无限制地展开，只能适当地展开，这就出现了实际计算机中所采用的分组进位方式。

3.5.2　多级译码器

上面介绍的加法器进位链是以追求速度为主要目标的，因而采用了压缩级数的方法。但有的组合线路，如计算机中常用的另一种逻辑部件——译码器，当输入变量的数目增多时，由于受门电路的扇入、扇出系数的限制或为了减少连接线，却需要把线路设计成多级的。下面以译码器为例，说明增加级数的设计方法。

例如，试用与非门设计一个能对四个输入变量进行译码的译码器，且给定与非门的扇入系数为3，扇出系数为6。

应用前面所讲述的组合线路设计方法，很容易从建立译码器的真值表开始，画出它的逻辑图，如图 3.36 所示。该译码器的四个输入变量为 A、B、C、D，16 个输出函数为 $F_0 \sim F_{15}$，其逻辑表达式为

$$F_0 = \overline{A}\,\overline{B}\,\overline{C}\,D \qquad F_1 = \overline{A}\,\overline{B}\,C\,D \qquad F_2 = \overline{A}\,B\,\overline{C}\,D$$

$$F_3 = \overline{A}\,\overline{B}\,C\,D \qquad F_4 = \overline{A}\,B\,\overline{C}\,D \qquad F_5 = \overline{A}\,B\,C\,D$$

$$F_6 = \overline{A}\,B\,C\,\overline{D} \qquad F_7 = \overline{A}\,B\,C\,D \qquad F_8 = A\,\overline{B}\,\overline{C}\,\overline{D}$$

$$F_9 = A\,\overline{B}\,\overline{C}\,D \qquad F_{10} = A\,\overline{B}\,C\,\overline{D} \qquad F_{11} = A\,\overline{B}\,C\,D$$

$$F_{12} = A\,B\,\overline{C}\,\overline{D} \qquad F_{13} = A\,B\,\overline{C}\,D \qquad F_{14} = A\,B\,C\,\overline{D} \qquad\qquad (3.37)$$

$$F_{15} = A\,B\,C\,D$$

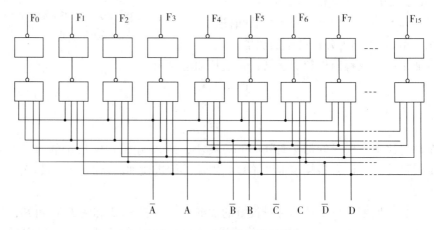

图 3.36　四变量单级译码器

显而易见，该译码器线路是最简单的，且速度最快。现在的问题是，该线路要求与非门有四个输入端，而且要求提供原、反变量输入的前级门电路至少能带 8 个负载门（如图中 A）。然而，本例给定的与非门的扇入、扇出系数都不能满足这一要求。为了凑合使用给定的与非门，需改变图 3.36 所示的译码器的结构。

不难看出，图 3.36 所示译码器是对四个输入变量同时译码的，这种一次译出结果的译码器称为单级译码器。如果将四个输入变量分成两组，每组为两个变量，这样便可先对各组变量分别译码，然后再对它们的结果译码，这种两次译出结果的译码器称为两级译码器。类似地，还可以有三级、四级等译码器，统称为多级译码器。若将单级译码器改为多级译码器，便可减少每级译码器输入变量的个数，从而降低对门电路的扇入、扇出系数的要求。

常用的多级译码器有两种，一种是矩阵结构，另一种是树型结构，下面分别说明这两种结构的译码器。

四变量矩阵译码器如图 3.37 所示，其中(a)是框图，(b)是具体线路。这个译码器是两级译码，第一级分别对变量 A、B 和 C、D 进行译码，第二级再对它们的输出进行译码，于是，得到了最终的 16 个译码输出 $F_0 \sim F_{15}$。须注意，图 3.37(b)中用与门符号代替了"与"功能的两个与非门。

图 3.37 所示译码器中，每个门的输入端为 2 个，每个门的最大负载为 4 个，而且只要求提供原、反变量输入的前级线路能带 2 个负载门。因此，该译码器可由本例给定的与

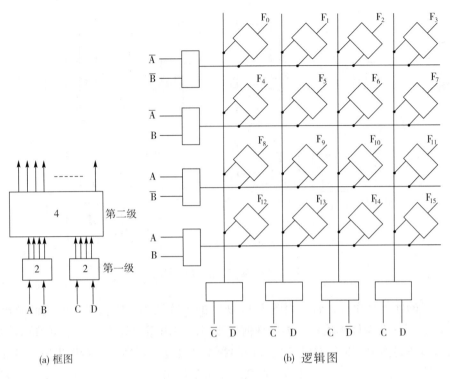

(a) 框图　　　　　　　　　　　(b) 逻辑图

图 3.37　四变量矩阵译码器

非门组成，只是所需之门的数量较多。

　　显然，四变量以上的矩阵译码器也可按类似的方法构成。图 3.38 给出了六变量的矩阵译码器的结构，其中(a)为单级译码，(b)和(c)为两级译码。

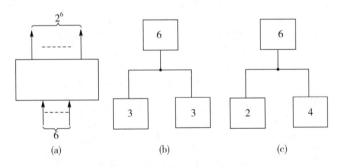

图 3.38　六变量矩阵译码器的结构

　　另一种多级译码器是树型译码器，图 3.39 给出了四变量的树型译码器。由图可推知，树型译码器具有下列特点：①译码器内部的每个门都只需要两个输入端，并都只带两个负载门。②译码器的级数等于输入变量的数目减 1。③译码器的输入原、反变量所驱动的门数等于所在级(i)的 2^i 倍。

　　因此，与矩阵译码器相比，树型译码器的主要优点在于上述第一个特点。例如，对 9

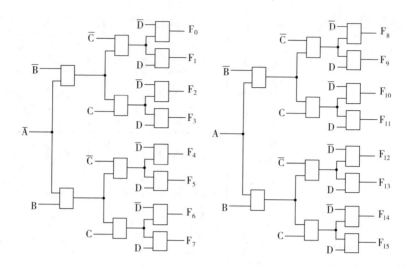

图 3.39 四变量的树型译码器

个输入变量的译码器而言，若采用图 3.40 所示的矩阵结构，则其第二级门的扇出系数要求高达 32，但在树型译码器中，内部任何一级门的扇出系数仅为 2。细心的读者或许会发现，在树型译码器中，尽管在线路内部门的扇出系数要求不高，但对提供原、反变量输入的外部线路中的门，不是仍要求具有很高的扇出系数吗？事实正是如此，但它所要求的高扇出系数门的数目要比矩阵译码器内部所需要的少得多。也就是说，当输入变量较多时，采用树型译码器总能节省不少的门驱动器。

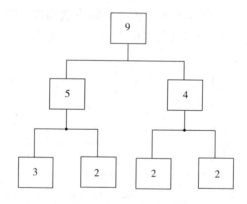

图 3.40 九变量矩阵译码器结构

3.6 组合线路设计举例

本节将介绍如何应用上述设计方法用门电路来构成常用的组合线路，如二进制全加器、一位 8421 码加法器及八段译码器。

3.6.1　全加器的设计

试按下列要求各设计一个二进制全加器：

① 采用异或门、与或非门及与非门，且输入、输出都为反变量。

② 采用与或非门，且输入为原变量，输出为反变量；或输入为反变量、输出为原变量。

第一步，逻辑问题的描述。

如前所述，全加器是实现两个一位二进制数相加的逻辑部件，其输入包括本位的被加数 A_i、加数 B_i 及低位来的进位 C_{i-1}，输出包括本位之和 S_i 及本位向高位的进位 C_i。根据二进制数的加法规则，可列出全加器的真值表，如表 3.7 所示。

表 3.7　全加器的真值表

项号	A	B	C_{i-1}	C_i	S
0	0	0	0	0	0
2	0	1	0	0	1
4	1	0	0	0	1
6	1	1	0	1	0
1	0	0	1	0	1
3	0	1	1	1	0
5	1	0	1	1	0
7	1	1	1	1	1

由表可列出下列最小项表达式：

$$S = \sum(2,4,1,7) \tag{3.38}$$
$$C_i = \sum(6,3,5,7) \tag{3.39}$$

第二步，逻辑函数的化简。

将函数 S 和 C_i 表示在卡诺图上，则得图 3.41。由图可知，S 已不能再化简。C_i 的化简结果为

$$C_i = AB + AC_{i-1} + BC_{i-1} \tag{3.40}$$

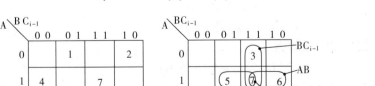

图 3.41　S 和 C_{i-1} 的卡诺图

第三步，逻辑函数的变换。

（1）按设计要求①，将 S 和 C_i 表达式变换为 S 和 C_i 的"异或"、"与或非"、"与非"形式。由式(3.38)可得

$$S = \sum(1,2,4,7)$$
$$= \overline{A}\overline{B}C_{i-1} + \overline{A}B\overline{C}_{i-1} + A\overline{B}\overline{C}_{i-1} + ABC_{i-1}$$
$$= (\overline{A}\overline{B} + AB)C_{i-1} + (\overline{A}B + A\overline{B})\overline{C}_{i-1}$$

令

$$H = \overline{A}B + A\overline{B}$$
$$= A \oplus B$$

$$S = \overline{H}C_{i-1} + H\overline{C}_{i-1}$$
$$= H \oplus C_{i-1}$$
$$= A \oplus B \oplus C_{i-1}$$

故

$$\overline{S} = \overline{(A \oplus B) \oplus C_{i-1}}$$
$$= (A \oplus B) \odot C_{i-1}$$
$$= A \oplus B \oplus \overline{C}_{i-1}$$
$$= \overline{A} \oplus \overline{B} \oplus \overline{C}_{i-1} \tag{3.41}$$

由式(3.39)可得

$$C_i = \sum(3,5,6,7)$$
$$= \overline{A}BC_{i-1} + A\overline{B}C_{i-1} + AB\overline{C}_{i-1} + ABC_{i-1}$$
$$= (\overline{A}B + A\overline{B})C_{i-1} + AB$$
$$= AB + (A \oplus B)C_{i-1}$$

故

$$\overline{C}_i = \overline{AB + (A \oplus B)C_{i-1}}$$
$$= (\overline{A} + \overline{B}) \cdot \overline{[(A \odot B) + \overline{C}_{i-1}]}$$
$$= \overline{(\overline{A} + \overline{B}) + (\overline{A} \oplus \overline{B}) \cdot \overline{\overline{C}}_{i-1}} \tag{3.42}$$

（2）按设计要求②，将 S 和 C_i 表达式变换为 $\overline{S}$ 和 $\overline{C}_i$ 的"与或非"形式。由图 3.41 可得

$$\overline{S} = \sum(0,3,5,6,)$$
$$= m_0 + \sum(3,5,6) \tag{3.43}$$

若把式(3.39)改写为

$$C_i = m_7 + \sum(3,5,6)$$

可知 $\sum(3,5,6)$ 是不包含 m_7 的 C_i，即

$$\sum(3,5,6) = C_i \cdot \overline{m}_7 \tag{3.44}$$

将式(3.44)代入式(3.43)，则得

$$\overline{S} = m_0 + C_i \cdot \overline{m}_7$$
$$= \overline{A}\overline{B}\overline{C}_{i-1} + C_i \cdot \overline{ABC_{i-1}} \tag{3.45}$$

$$= \overline{\overline{A\overline{B}\overline{C}_{i-1} + C_i \cdot \overline{ABC_{i-1}}}}$$
$$= \overline{(A + B + C_{i-1})(\overline{C}_i + ABC_{i-1})}$$
$$= \overline{A\overline{C}_i + B\overline{C}_i + C_{i-1}\overline{C}_i + ABC_{i-1}} \tag{3.46}$$

由式(3.40)可得

$$\overline{C}_i = \overline{AB + AC_{i-1} + BC_{i-1}} \tag{3.47}$$

第四步，画逻辑图。

根据式(3.41)及式(3.42)可画出图 3.42 所示的全加器，它由异或门、与或非门及与非门组成，且输入、输出都为反变量。根据式(3.46)及式(3.47)可画出图 3.43 所示的全加器，它仅由与或非门组成，且输入为原变量、输出为反变量。

若输入改为反变量，输出改为原变量，则需对式(3.45)作如下变换：

$$S = \overline{\overline{S}}$$
$$= \overline{\overline{A}\overline{B}\overline{C}_{i-1} + C_i(\overline{A} + \overline{B} + \overline{C}_{i-1})}$$
$$= \overline{\overline{A}\overline{B}\overline{C}_{i-1} + \overline{A}C_i + \overline{B}C_i + \overline{C}_{i-1}C_i} \tag{3.48}$$

且由式(3.47)可得

$$C_i = \overline{\overline{C}_i}$$
$$= \overline{\overline{AB + AC_{i-1} + BC_{i-1}}}$$
$$= \overline{\overline{AB} \cdot (\overline{AC_{i-1}}) \cdot (\overline{BC_{i-1}})}$$
$$= \overline{(\overline{A} + \overline{B})(\overline{A} + \overline{C}_{i-1})(\overline{B} + \overline{C}_{i-1})}$$
$$= \overline{\overline{A}\overline{B} + \overline{A}\overline{C}_{i-1} + \overline{B}\overline{C}_{i-1}} \tag{3.49}$$

根据式(3.48)及式(3.49)可画出图 3.44 所示的全加器。

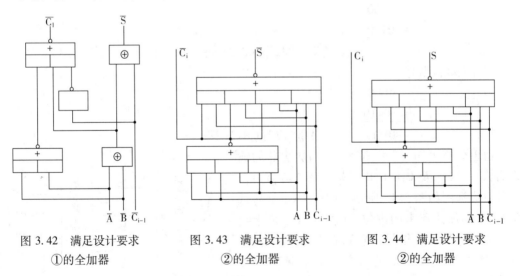

图 3.42　满足设计要求　　图 3.43　满足设计要求　　图 3.44　满足设计要求
　　　①的全加器　　　　　　　②的全加器　　　　　　　②的全加器

*3.6.2　8421 码加法器的设计

试用图 2.28 所示的全加器及与非门设计一个一位 8421 码加法器。

第一步，逻辑问题的描述。

8421 码是用四位权为 8、4、2、1 的二进制数表示一位十进制数(0～9)，因而它只有 0000～1001 十种编码。当两个 8421 码相加时，其和可能仍是 8421 码，也可能不是 8421 码，如下列所示：

(1)　　　 5　　　　　 0101

　　　　 +3　 ⟶　 +0011

　　　　　 8　　　　　 1000

结果(1000)是 8421 码。

(2)　　　 5　　　　　 0101

　　　　 +7　 ⟶　 +0111

　　　　 12　　　　　 1100

结果(1100)不是 8421 码。

(3)　　　 8　　　　　 1000

　　　　 +9　 ⟶　 +1001

　　　　 17　　　　　 10001

结果(10001)不是 8421 码。

显而易见，在后两种情况下，其和不是 8421 码。为此，需对它们进行修正，以获得仍是 8421 码的结果。修正的方法是：对上述的二进制加法结果再加 0110(即"6")，如下所示：

对于(2)，则有

　　　　　　 1100

　　 +　 0110

　　　　 10010　　　 结果是"12"的 8421 码

对于(3)，则有

　　　　 10001

　　 +　 0110

　　　　 10111　　　 结果是"17"的 8421 码

由上分析可知，若一位 8421 码加法器的输入为 $A_8A_4A_2A_1$ 及 $B_8B_4B_2B_1$，输出为 $Y_8Y_4Y_2Y_1$，则其组成框图如图 3.45 所示。图中，C_0 是从低位 8421 码加法器来的进位，$C_4S_4S_3S_2S_1$ 是未经修正的二进制加法结果，$Y_8Y_4Y_2Y_1$ 是修正后的本位 8421 码结果，C_1 是本位向高位 8421 码加法器的进位。

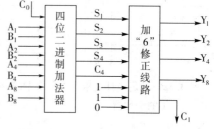

图 3.45　8421 码一位加法器框图

现在的问题归结为设计加"6"修正线路，因而需找出加"6"修正的规律，如表 3.8 所示。由表可知，这是一个五输入变量的多输出函数真值表，且输入变量的取值组合 10100～11111 不会出现，故存在任意项 m_{20}～m_{31}。根据表 3.8，并利用这些任意项，即可确定五个输出函数($C_1Y_8Y_4Y_2Y_1$)的最简表达式。

表 3.8　加"6"修正的真值表

十进制数	二进制加法结果					8421 码结果					说　明
	C_4	S_4	S_3	S_2	S_1	C_1	Y_8	Y_4	Y_2	Y_1	
0	0	0	0	0	0	0	0	0	0	0	
1	0	0	0	0	1	0	0	0	0	1	
2	0	0	0	1	0	0	0	0	1	0	
3	0	0	0	1	1	0	0	0	1	1	
4	0	0	1	0	0	0	0	1	0	0	无需修正
5	0	0	1	0	1	0	0	1	0	1	
6	0	0	1	1	0	0	0	1	1	0	
7	0	0	1	1	1	0	0	1	1	1	
8	0	1	0	0	0	0	1	0	0	0	
9	0	1	0	0	1	0	1	0	0	1	
10	0	1	0	1	0	1	0	0	0	0	
11	0	1	0	1	1	1	0	0	0	1	
12	0	1	1	0	0	1	0	0	1	0	
13	0	1	1	0	1	1	0	0	1	1	
14	0	1	1	1	0	1	0	1	0	0	需加 0110 修正
15	0	1	1	1	1	1	0	1	0	1	
16	1	0	0	0	0	1	0	1	1	0	
17	1	0	0	0	1	1	0	1	1	1	
18	1	0	0	1	0	1	1	0	0	0	
19	1	0	0	1	1	1	1	0	0	1	

从表 3.8 可知，当 $C_1 = 0$ 时，输出无需修正；而当 $C_1 = 1$ 时，只要将 $C_4 S_4 S_3 S_2 S_1$ 加上 0110 便可得到 $C_1 Y_8 Y_4 Y_2 Y_1$。所以，C_1 就是加"6"修正的标志。由表还可知，当 $C_4 = 1$ 时，$C_1 = 1$；而当 $C_4 = 0$ 时，$C_1 = \sum (10,11,12,13,14,15)$，故得

$$C_1 = C_4 + \sum (10,11,12,13,14,15) \cdot \overline{C}_4 \tag{3.50}$$

利用该式得到的 C_1 来产生 0110，便可对 $S_4 S_3 S_2 S_1$ 进行修正，以求得 $Y_8 Y_4 Y_2 Y_1$。

第二步，逻辑函数的化简与变换。

用卡诺图化简式(3.50)，如图 3.46 所示，可得 C_1 的最简表达式为

$$\begin{aligned} C_1 &= C_4 + S_4 S_3 + S_4 S_2 \\ &= \overline{\overline{C}_4 (\overline{S_4 S_3})(\overline{S_4 S_2})} \end{aligned} \tag{3.51}$$

第三步，画逻辑图。

由图 3.45 所示框图可知，一位 8421 码加法器应由三部分组成。第一部分是四位全加器，以将输入的两个 8421 码及低位来的进位进行一般的二进制加法。第二部分是按式(3.51)组成的 C_1 形成线路，C_1 既是本位 8421 码加法器向高一位的进位，又用它来产生加"6"修正值 0110。第三部分是三位全加器，以实现 0110 与 $S_4 S_3 S_2 S_1$ 相加(最低位是 S_1

加 0，故无需用全加器）。综上分析，可画出图 3.47 所示的一位 8421 码加法器的逻辑图。

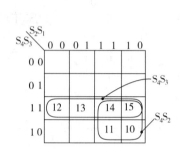

图 3.46　式(3.50)的卡诺图化简

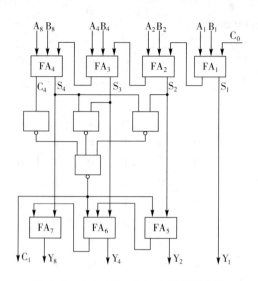

图 3.47　8421 码一位加法器的逻辑图

须指出，图 3.47 中的全加器 FA_7 可用半加器（即异或门）代替，因为它只有两个输入变量，且向高位的进位应丢掉。FA_7 向高位的进位为什么应丢掉，请读者参看表 3.8 作出回答。

3.6.3　八段译码器的设计

例　试用或非门设计一个八段译码器。

第一步，逻辑问题的描述。

八段译码器是一种能将 8421 码译为由八线段组成的十进制数(0~9)的逻辑部件，如图 3.48 所示。图中 ABCD 是八段译码器的输入变量，a~h 是它的输出函数。数码管的八线段就是由这些输出信号点亮的。例如，若输入 ABCD 为 0101，则经八段译码器译码后，输出 a、b、d、g、h 为高电平，其他均为低电平。于是，使数码管中的 a、b、d、g、h 各段点亮，其他段不亮，便呈现出十进制数"5"的字形。据此分析，可列出八段译码器的真值表如表 3.9 所示。

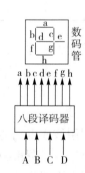

图 3.48　八段译码器框图

表 3.9　八段译码器的真值表

A	B	C	D	显示数字	a	b	c	d	e	f	g	h
0	0	0	0	0	1	1	1	0	0	1	1	1
0	0	0	1	1	0	0	1	0	0	0	1	0
0	0	1	0	2	1	0	1	1	0	1	0	1

A	B	C	D	显示数字	a	b	c	d	e	f	g	h
0	0	1	1	3	1	0	1	1	0	0	1	1
0	1	0	0	4	0	1	1	1	1	0	1	0
0	1	0	1	5	1	1	0	1	0	0	1	1
0	1	1	0	6	1	1	0	1	0	1	1	1
0	1	1	1	7	1	0	1	0	0	0	1	0
1	0	0	0	8	1	1	1	1	0	1	1	1
1	0	0	1	9	1	1	1	1	0	0	1	1

由表可列出各输出函数的最小项表达式如下：

$$a = \sum(0,2,3,5,6,7,8,9)$$
$$b = \sum(0,4,5,6,8,9)$$
$$c = \sum(0,1,2,3,4,7,8,9)$$
$$d = \sum(2,3,4,5,6,8,9)$$
$$e = \sum(4) \tag{3.52}$$
$$f = \sum(0,2,6,8)$$
$$g = \sum(0,1,3,4,5,6,7,8,9)$$
$$h = \sum(0,2,3,5,6,8,9)$$

由于输入 ABCD 为 8421 码，故存在下列约束方程：

$$\sum\phi(10,11,12,13,14,15) = 0$$

第二步，逻辑函数的化简及变换。

因给定的是或非门，故先求出反函数的最简"与－或"表达式。由式 3.52 可得

$$a = \sum(1,4)$$
$$b = \sum(1,2,3,7)$$
$$c = \sum(5,6)$$
$$d = \sum(0,1,7)$$
$$e = \sum(0,1,2,3,5,6,7,8,9) \tag{3.53}$$
$$f = \sum(1,3,4,5,7,9)$$
$$g = \sum(2)$$
$$h = \sum(1,4,7)$$

用卡诺图化简式(3.53)，其结果如图 3.49 所示。由图可得 a～h 的最简式为

$$\overline{a} = \overline{A}\overline{B}C\overline{D} + B\overline{C}\overline{D}$$
$$\overline{b} = \overline{A}\overline{B}\overline{C}D + \overline{B}C + BCD$$
$$\overline{c} = B\overline{C}D + BC\overline{D}$$
$$\overline{d} = \overline{A}B\overline{C} + BCD$$
$$\overline{e} = \overline{B} + C + D \tag{3.54}$$
$$\overline{f} = B\overline{C}\overline{D} + D$$
$$\overline{g} = \overline{B}C\overline{D}$$

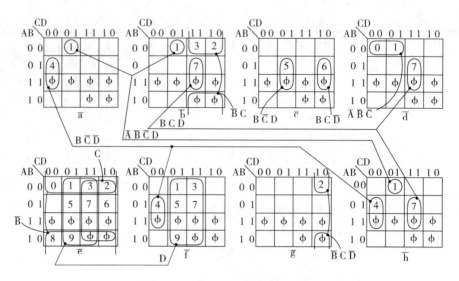

图 3.49 式(3.53)的卡诺图化简

$$\overline{h} = \overline{A}\overline{B}CD + B\overline{C}\overline{D} + BCD$$

再对式(3.54)三次求反,则得 a ~ h 的"或非 – 或非"表达式:

$$
\begin{aligned}
a &= \overline{\overline{(A + B + C + \overline{D})} + \overline{(\overline{B} + C + D)}} \\
b &= \overline{\overline{(A + B + C + \overline{D})} + \overline{(\overline{B} + \overline{C} + \overline{D})} + \overline{(B + \overline{C})}} \\
c &= \overline{\overline{(\overline{B} + C + \overline{D})} + \overline{(\overline{B} + \overline{C} + D)}} \\
d &= \overline{\overline{(A + B + C)} + \overline{(\overline{B} + \overline{C} + \overline{D})}} \\
e &= \overline{\overline{(\overline{B} + C + D)}} \\
f &= \overline{\overline{(\overline{B} + C + D)} + D} \\
g &= \overline{\overline{(B + \overline{C} + D)}} \\
h &= \overline{\overline{(A + B + C + \overline{D})} + \overline{(\overline{B} + C + D)} + \overline{(\overline{B} + \overline{C} + \overline{D})}}
\end{aligned}
\qquad (3.55)
$$

第三步,画逻辑图。

根据式(3.55)可画出八段译码器,如图 3.50 所示。该图完全由或非门组成,且要求输入既有原变量又有反变量。

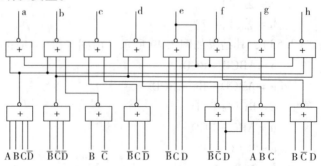

图 3.50 或非门组成的八段译码器

3.7 应用 MSI 功能块的组合线路设计

前面介绍的组合线路设计方法是以门电路为基础的,这些门电路(如与非门、或非门及与或非门等)制作在小规模集成电路(SSI)中,即用 SSI 门电路来构成计算机及数字系统中的基本逻辑部件(如全加器、译码器及数据多路选择器等)。随着微电子学的发展,这些逻辑部件已制作成中规模集成电路(MSI),用这些 MSI 逻辑部件可以构成计算机的运算器、控制器及存贮器等,也可以用 MSI 逻辑部件来实现给定的逻辑函数。本节将讨论如何应用 MSI 功能块(译码器、数据多路选择器等)来设计所要求的组合线路。

3.7.1 用数据多路选择器功能块实现组合逻辑

第 2.6 节曾介绍了数据多路选择器的组成及逻辑功能。以 4 路选择器为例,其组成见图 2.33 和图 2.34 所示,其输出逻辑表达式见式(2.21)所示:

$$f = a_0\bar{x}_0\bar{x}_1 + a_1\bar{x}_0x_1 + a_2x_0\bar{x}_1 + a_3x_0x_1$$

$$= \sum_{i=0}^{3} a_i m_i$$

可见多路选择器实现的是一个类似的最小项表达式。如第 1.2 节所述,任何逻辑函数都可以展开为最小项表达式。两者最小项表达式形式上的相似是用多路选择器实现任何逻辑函数的基础。例如,设有下列逻辑函数:

$$F = f(A,B,C)$$
$$= \bar{B}\bar{C} + BC$$

若将它展开为最小项表达式,则得

$$F = \bar{B}\bar{C}(A + \bar{A}) + BC(A + \bar{A})$$
$$= \bar{A}\bar{B}\bar{C} + A\bar{B}\bar{C} + \bar{A}BC + ABC \qquad (3.56)$$

比较式(3.56)和式(2.21),只要令

$$x_0 = A \qquad x_1 = B$$
$$a_0 = \bar{C} \qquad a_1 = C$$
$$a_2 = \bar{C} \qquad a_3 = C$$

便可用图 2.34 所示的四路选择器实现给定逻辑函数 F,如图 3.51 所示。

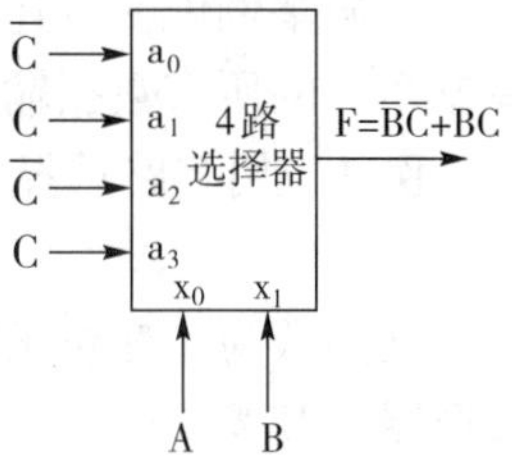

图 3.51 用 4 路选择器实现 $F = \bar{B}\bar{C} + BC$

一般地,用多路选择器实现组合逻辑的基本步骤如下:

第一步,根据给定函数的变量数目,确定选用多少路的选择器,其关系如下:

变量数目	选用的选择器
3	4 路
4	8 路

$$
\begin{array}{ll}
5 & 16\ \text{路} \\
\vdots & \vdots \\
n & 2^{n-1}\ \text{路}
\end{array}
$$

第二步，在给定函数中，确定用作地址输入的变量。

式(3.56)中选定 A、B 作为地址输入变量 x_0、x_1。当然，也可以选用 B、C 或 A、C 作为地址输入变量 x_0、x_1。对于 n 变量的函数，可任选其中的 $(n-1)$ 个变量作为地址输入。这种选择可有 C_n^{n-1} 种方案，即

$$
C_n^{n-1} = \frac{A_n^{n-1}}{P_{n-1}} = \frac{n(n-1)(n-2)\cdots(n-n+1+1)}{1 \cdot 2 \cdot 3 \cdots (n-1)}
$$

$$
= \frac{n(n-1)(n-2)\cdots 2}{(n-1)(n-2)\cdots 2 \cdot 1} = n
$$

地址输入的不同选择方案，将得出不同的数据输入(a_0，a_1，$\cdots$)表达式。

第三步，确定多路选择器的数据输入表达式。

确定数据输入(a_i)表达式的方法有两种：一是代数法，即通过给定函数与多路选择器的逻辑表达式的比较来确定 a_i 值，如上引例所示。另一是卡诺图法，即将给定函数与多路选择器的输出函数分别表示在两个卡诺图上，如图 3.52 所示，从图的对应位置可确定 a_i 值。

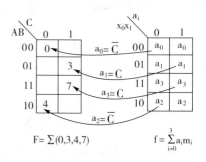

图 3.52　用卡诺图确定 a_i 值

第四步，比较地址输入的不同选择方案下的数据输入表达式，选取其中最简的，并画出外部信号连接图。

下面举例说明上述方法的应用。为简化讨论，将不给出下面各例在地址输入的不同选择方案下的所有数据输入表达式。

例 1　用多路选择器实现函数

$$
F(A,B,C) = \sum(1,2,3,4,5,6) \tag{3.57}
$$

该函数为三变量函数($n=3$)，故选用四路选择器。假定选用的是 T574 双四选一数据选择器，其逻辑图、外引线排列图和功能表如图 3.53 所示。

对式(3.57)作变换，可得

$$
F = (A,B,C) = \overline{A}\overline{B} \cdot C + \overline{A}B(\overline{C}+C) + A\overline{B}(\overline{C}+C) + AB \cdot C
$$

若选该式中的 A、B 作为 4 路选择器 T574 的地址输入，并用代数法确定数据输入，则得

$$
\begin{aligned}
x_0 &= A \\
x_1 &= B \\
1a_0 &= f(0,0,C) = C \\
1a_1 &= f(0,1,C) = \overline{C} + C = 1 \\
1a_2 &= f(1,0,C) = \overline{C} + C = 1 \\
1a_3 &= f(1,1,C) = \overline{C}
\end{aligned}
$$

按上式可画出 4 路选择器的框图及 T574 的外部连接图如图 3.54 所示。图中只用了 T574 的一个 4 路选择器。1s 端是 4 路选择器的选通信号端，仅当 1s 为低电平时，该选择器才工作。

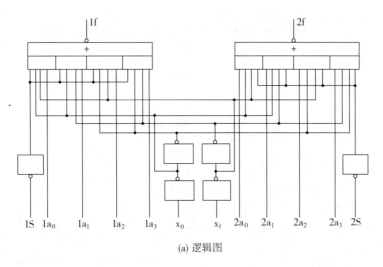

(a) 逻辑图

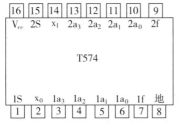

(b) 外引线排列图

输入			输出
x_0	x_1	S	f
ϕ	ϕ	1	0
0	0	0	a_0
0	1	0	a_1
1	0	0	a_2
1	1	0	a_3

(c) 功能表

图 3.53　T574 双四选一数据选择器

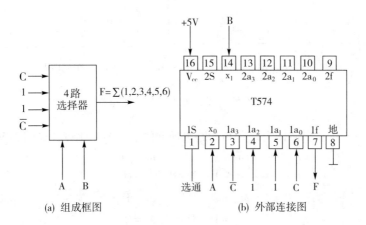

(a) 组成框图　　　　　(b) 外部连接图

图 3.54　用 T574 实现函数 $F = \sum(1, 2, 3, 4, 5, 6)$

例2 用多路选择器实现函数

$$F(A,B,C,D) = \sum(0,3,4,5,9,10,12,13) \qquad (3.58)$$

该函数为4变量函数($n=4$)，故选用8路选择器，其组成框图如图2.35所示。它有3个地址输入($x_0 \sim x_2$)，8个数据输入($a_0 \sim a_7$)。

若选用的是T576八选一数据选择器，其逻辑图、外引线排列图及功能表如图3.55所示。若选式(3.58)中的变量A、B、C作为地址输入，即

$$x_0 = A, \qquad x_1 = B, \qquad x_2 = C$$

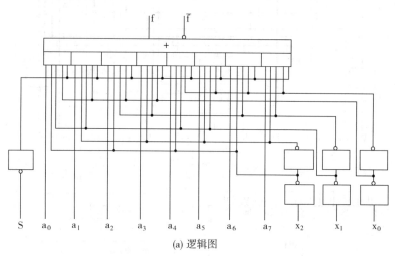

(a) 逻辑图

(b) 外引线排列图

x_0	x_1	x_2	S		f	$\bar{f}$
φ	φ	φ	1		0	1
0	0	0	0		a_0	$\bar{a}_0$
0	0	1	0		a_1	$\bar{a}_1$
0	1	0	0		a_2	$\bar{a}_2$
0	1	1	0		a_3	$\bar{a}_3$
1	0	0	0		a_4	$\bar{a}_4$
1	0	1	0		a_5	$\bar{a}_5$
1	1	0	0		a_6	$\bar{a}_6$
1	1	1	0		a_7	$\bar{a}_7$

(c) 功能表

图 3.55   T576 八选一数据选择器

将式(3.58)表示在卡诺图上，并与8路选择器的卡诺图相比较，如图3.56所示，则得

$$a_0 = \bar{D} \qquad\qquad a_1 = D$$
$$a_2 = \bar{D} + D = 1 \qquad a_3 = 0$$
$$a_4 = D \qquad\qquad a_5 = \bar{D}$$
$$a_6 = \bar{D} + D = 1 \qquad a_7 = 0$$

图中仅表示了求得 a_0、a_2、a_4、a_7 的方法，其他几个可按类似方法求得。按上式求得的 $x_0 \sim x_2$ 及 $a_0 \sim a_7$ 值，可画出用T576实现式(3.58)的外部连接图，见图3.57。

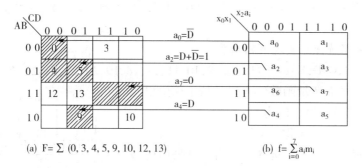

(a) $F = \sum (0, 3, 4, 5, 9, 10, 12, 13)$　　(b) $f = \sum_{i=0}^{7} a_i m_i$

图 3.56　用卡诺图法确定数据输入 a_i 值

如果选定式(3.58)中的变量 A、C、D 为地址输入，即

$$x_0 = A$$
$$x_1 = C$$
$$x_2 = D$$

则需将式(3.58)作如下变换：

$$\begin{aligned}
F(A,C,D,B) &= \overline{A}\overline{B}\overline{C}\overline{D} + \overline{A}B\overline{C}D + \overline{A}B\overline{C}\overline{D} + \overline{A}BC\overline{D} \\
&\quad + A\overline{B}\overline{C}D + A\overline{B}C\overline{D} + AB\overline{C}\overline{D} + AB\overline{C}D \\
&= \overline{A}\overline{C}\overline{D}\overline{B} + \overline{A}\overline{C}D\overline{B} + \overline{A}C\overline{D}\overline{B} + \overline{A}CDB \\
&\quad + A\overline{C}\overline{D}B + A\overline{C}DB + AC\overline{D}\overline{B} + ACDB \\
&= \sum(0,6,1,3,10,12,9,11) \\
&= \sum(0,1,3,6,9,10,11,12)
\end{aligned}$$

将该式表示在卡诺图上，并与 8 路选择器的卡诺图相比较，如图 3.58 所示。

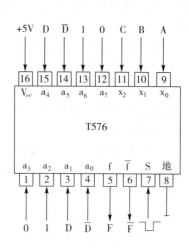

图 3.57　用 T576 实现函数 $F = \sum(0,3,4,5,9,10,12,13)$的方案 1

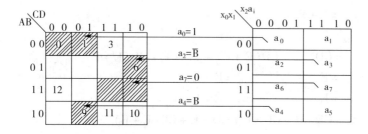

图 3.58　用卡诺图法确定数据输入表达式

由图可得

$$a_0 = B + \overline{B} = 1 \qquad\qquad a_1 = B$$
$$a_2 = 0 \qquad\qquad\qquad\quad a_3 = \overline{B}$$
$$a_4 = B \qquad\qquad\qquad\quad a_5 = B + \overline{B} = 1$$
$$a_6 = \overline{B} \qquad\qquad\qquad\quad a_7 = 0$$

按上式求得的 $x_0 \sim x_2$ 及 $a_0 \sim a_7$ 值可画出用 T576 实现式(3.58)的外部连接图，如图3.59 所示。

例 3　用 4 路选择器实现下列函数

$$F(A,B,C,D,E) = \sum(0,5,8,9,10,11,17,18,19,20,22,23,28,30,31) \qquad (3.59)$$

该函数是一个五变量函数($n=5$)，按上面给出的方法应选用 16 路选择器，因为

$$2^{n-1} = 2^{5-1} = 16$$

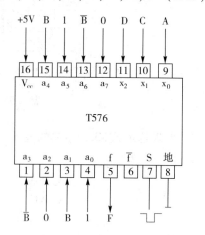

但本例限定只能用 4 路选择器，为此可采用树型结构分级实现。若选定式(3.59)中的变量 A、B 为第一级 4 路选择器的地址输入，则将式(3.59)变换为下列形式：

$$F = \overline{A}\overline{B}(\overline{C}DE + CDE) + \overline{A}B(\overline{C}\overline{D}E + \overline{C}D\overline{E} + C\overline{D}\overline{E} + \overline{C}DE)$$
$$+ A\overline{B}(\overline{C}\overline{D}E + \overline{C}D\overline{E} + \overline{C}DE + C\overline{D}\overline{E} + CD\overline{E} + CDE)$$
$$+ AB(C\overline{D}\overline{E} + CD\overline{E} + CDE)$$

由该式可得第一级 4 路选择器的数据输入为

$$a_0 = \overline{C}DE + CDE$$
$$a_1 = \overline{C}\overline{D}E + \overline{C}D\overline{E} + C\overline{D}\overline{E} + \overline{C}DE \qquad (3.60)$$
$$a_2 = \overline{C}\overline{D}E + \overline{C}D\overline{E} + \overline{C}DE + C\overline{D}\overline{E} + CD\overline{E} + CDE$$
$$a_3 = C\overline{D}\overline{E} + CD\overline{E} + CDE$$

图 3.59　用 T576 实现函数 F = $\sum(0,3,4,5,9,10,12,13)$ 的方案 2

上述各式均为三变量函数，可分别用 4 路选择器实现。若选定式(3.60)中的变量 C、D 为第二级 4 路选择器的地址输入，则可将各式变换为下列形式：

$$a_0 = \overline{C}\overline{D} \cdot \overline{E} + \overline{C}D \cdot 0 + C\overline{D} \cdot E + CD \cdot 0$$

即
$$a_{00} = \overline{E} \qquad\qquad a_{01} = 0$$
$$a_{02} = E \qquad\qquad a_{03} = 0 \qquad (3.61)$$
$$a_1 = \overline{C}\overline{D}(\overline{E} + E) + \overline{C}D(\overline{E} + E) + C\overline{D} \cdot 0 + CD \cdot 0$$

即
$$a_{10} = \overline{E} + E = 1 \qquad a_{11} = \overline{E} + E = 1$$
$$a_{12} = 0 \qquad\qquad a_{13} = 0 \qquad (3.62)$$
$$a_2 = \overline{C}\overline{D} \cdot E + \overline{C}D(\overline{E} + E) + C\overline{D} \cdot \overline{E} + CD(\overline{E} + E)$$

即
$$a_{20} = E \qquad\qquad a_{21} = \overline{E} + E = 1$$
$$a_{22} = \overline{E} \qquad\qquad a_{23} = \overline{E} + E = 1 \qquad (3.63)$$
$$a_3 = \overline{C}\overline{D} \cdot 0 + \overline{C}D \cdot 0 + C\overline{D} \cdot \overline{E} + CD(\overline{E} + E)$$

即
$$a_{30} = 0 \qquad\qquad a_{31} = 0$$
$$a_{32} = \overline{E} \qquad\qquad a_{33} = \overline{E} + E = 1 \qquad (3.64)$$

根据上面选定的地址输入及式(3.60)~(3.64)，可画出实现给定函数的两级 4 路选择器的组成框图如图 3.60 所示。按此框图，读者不难画出三块 T574 实现该函数的外部连接图。

类似地，若有一个七变量函数，它可用单级 64 路选择实现，也可用两级 8 路选择器实现，还可用三级 4 路选择器实现，其结构框图如图 3.61 所示。

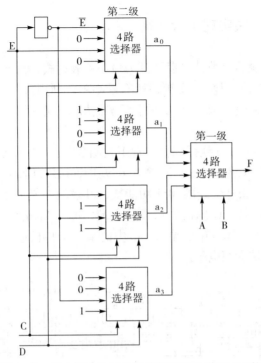

图 3.60 用4路选择器的树型结构实现五变量函数

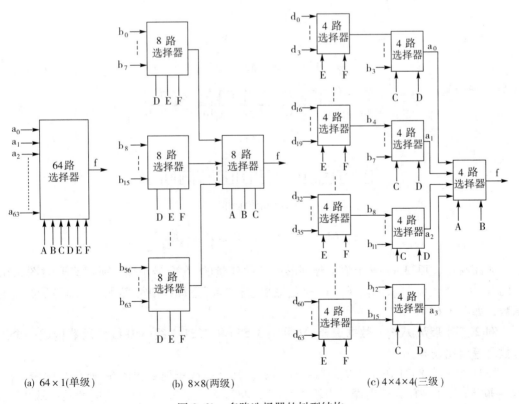

(a) 64×1(单级)   (b) 8×8(两级)   (c) 4×4×4(三级)

图 3.61 多路选择器的树型结构

3.7.2 用译码器功能块实现组合逻辑

前面已指出，任何逻辑函数都可以展开为最小项表达式，而该式是由若干个最小项之"或"组成的。译码器的输出是输入变量的所有最小项，利用或门将其中某些最小项"或"起来，便可实现给定的逻辑函数，这就是用译码器功能块实现组合逻辑的基本原理。下面举例说明这一原理。

例1 用 T333 型 4 线—16 线译码器实现下列函数：

$$F(A,B,C,D) = \sum(2,4,6,9,10,11,12,13,14) \tag{3.65}$$

T333 是一个具有 24 条外引线的 MSI 功能块，其逻辑图及外引线排列图如图 3.62 所示。由逻辑图可知，$s_1 s_2$ 是该译码器的选通输入端，$A_0 \sim A_3$ 是译码信号输入端。只有当 $s_1 s_2 = 00$ 时，该译码器才工作，输出端 $f_0 \sim f_{15}$ 中的某一个将根据输入 $A_0 \sim A_3$ 的状态而置于低电平，且其他输出端为高电平。

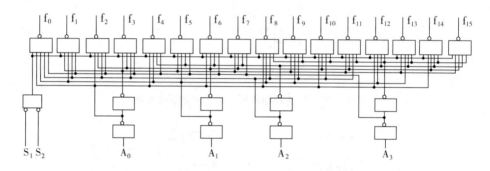

(a) 逻辑图

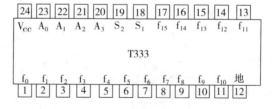

(b) 外引线排列图

图 3.62　T333 型 4 线—16 线译码器组件

显而易见，T333 的 16 个输出分别形成了四变量的 16 个最小项。所以只要对图 3.62 中的 f_2、f_4、f_6、f_9、f_{10}、f_{11}、f_{12}、f_{13} 和 f_{14} 输出进行"或"运算，便可实现式(3.65)所给定的函数，如图 3.63 所示。

例2 用 T576 八选一数据选择器(见图 3.55)和 T331 4 线—10 线译码器构成一个三位数码等值比较器。

T331 是一个 8421 码至十进制数的译码器，其外引线排列如图 3.64 所示。图中 $A_0 \sim A_3$ 为输入端，$f_0 \sim f_9$ 为输出端。当输入为某一 8421 码(如 0110)时，相应的某一输出(如

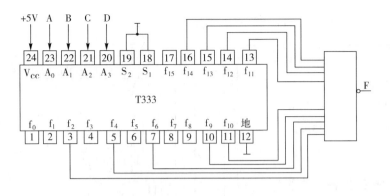

图 3.63　用 T333 译码器实现函数 $F = \sum(2, 4, 6,$
$9, 10, 11, 12, 13, 14)$

f_6)将为 0，其他输出都为 1。

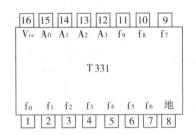

图 3.64　T331 4 线—10 线译码器的
外引线排列

　　设要比较的两个三位二进制数为 ABC 和 DEF，则按图 3.65 的方法连接 T576 和 T331 便可实现 ABC 与 DEF 的比较。当控制比较的选通信号 s = 0 时，若 ABC = DEF，则 T576 的输出 $f = 0(\bar{f} = 1)$；反之，若 ABC ≠ DEF，则 T576 的输出 $f = 1(\bar{f} = 0)$。选通信号 s = 1 时，不进行比较，输出 f 的值为无效。

　　例如，设 ABC = DEF = 110，当进行比较时（s = 0），由于 T331 的 $A_3 = 0$ 和 $A_2 A_1 A_0 =$ 110，使其输出 $f_6 = 0$，从而使 T576 的数据输入 $a_6 = 0$。由于 T576 的地址输入 $x_0 x_1 x_2 =$ 110，使其输出 $f = a_6 = 0$。若 ABC = 110、DEF = 111，显然，由于 $f_7 = a_7 = 1$，致使 $f = a_7 = 1$。

　　如果将上述的三位数码比较器按图 3.66 所示方法级联起来，便可实现多位数码的比较。图中设要比较的两个数码为 $B_n B_{n-1} \cdots B_1$ 和 $C_n C_{n-1} \cdots C_1$，并从低位开始比较。如果这两个数完全相等，则各个比较器的输出 f 都为"1"，从而使输出 Z = 0；反之，若这两个数不相等，则至少有一个比较器的输出 f 为"0"，从而使 Z = 1。

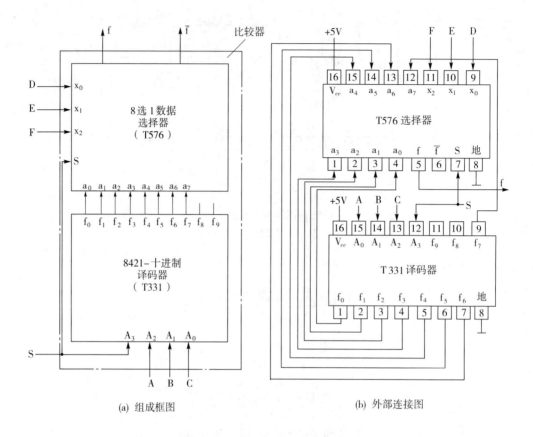

图 3.65 用 T576 和 T331 组成的三位数码比较器

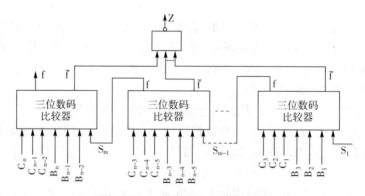

图 3.66 三位数码比较器的级联

练习 3

1. 试用与非门设计一个判别线路，以判别四位二进制数中 1 的个数是否为奇数。

2. 已知 A、B、C 为三个二进制数码，试写出：

（1）A = B = C 的判别条件。

（2）A = B ≠ C 的判别条件。

3. 已知 A、B、C、D 为四个二进制数码，且

$$x = 8A + 4B + 2C + D$$

试分别写出下列问题的判别条件。

（1）$7 \leqslant x < 14$

（2）$1 \leqslant x < 8$

4. 已知 $X = x_1 x_2 x_3$，$Y = y_1 y_2 y_3$ 是两个二进制正整数，试分别写出下列问题的判别条件。

（1）$X > Y$

（2）$X = Y$

5. 化简下列函数，并用与非门组成的线路实现之。

（1）$F(A,B,C) = \sum(0,2,3,7)$

（2）$F(A,B,C,D) = \sum(0,2,8,10,14,15)$

（3）$F(A,B,C,D,E) = \sum(4,5,6,7,25,27,29,31)$

6. 化简下列函数，并用与或非门及与非门组成的线路实现之。

（1）$F(A,B,C) = AB + (A\bar{B} + \bar{A}B)C$

（2）$F(A,B,C,D) = \sum(0,4,6,7,8,9,11,12,13,14,15)$

7. 化简下列函数，并用或非门组成的线路实现之。

（1）$F(A,B,C) = \sum(0,2,3,7)$

（2）$F(A,B,C,D) = \sum(0,1,2,4,6,10,14,15)$

8. 试用卡诺图法化简下列不完全定义函数：

（1）$F(A,B,C,D) = \sum(0,3,5,6,8,13)$

约束方程：$\sum\phi(1,4,10) = 0$

（2）$F(A,B,C,D) = \bar{A}B\bar{C} + ABC + \bar{A}BC\bar{D}$

约束方程：$A \oplus B = 0$

（3）$F(A,B,C,D) = AB\bar{C} + A\bar{B}\bar{C} + \bar{A}BC\bar{D} + \bar{A}BC D$

约束条件：A、B、C、D 不可能出现相同取值。

9. 证明：

（1）若 $A\bar{B} + \bar{A}B = C$，则 $A\bar{C} + \bar{A}C = B$，反之也成立。

（2）若 $AB + \bar{A}\bar{B} = 0$，则 $\overline{AX + BY} = A\bar{X} + B\bar{Y}$

（3）若 $AB + BC + CA + \overline{ABC} = 0$，则

$$\overline{AX + BY + CZ} = A\bar{X} + B\bar{Y} + C\bar{Z}$$

10. 试用与非门设计一个线路，以判别余 3 码所表示的十进制数是否小于 2 或大于等于 7。

11. 试用与或非门设计一个按键输入译码器，以将 0～9 的按键输入译为相应值的 8421 码。

12. 试用与或非门设计一个比较线路，它能比较两个两位二进制整数(不考虑符号位) x_2x_1 和 y_2y_1 是否满足 $x_2x_1 = y_2y_1$、$x_2x_1 \geqslant y_2y_1$ 或 $x_2x_1 < y_2y_1$。

13. 试用与非门设计一个线路，以将输入的 8421 码加"6"后输出，该输出为一般二进制数。

14. 若用图 3.28 所示的全加器组成一个 16 位加法器，已知每个与非门的平均传输时延 $\bar{t}_y = 10\text{ns}$，每个与或非门的平均传输时延为 $1.5\bar{t}_y$，试算出该加法器为完全串行及完全并行进位时的最长加法时间。

15. 试用异或门设计一个奇校验器，它能校验 9 位二进制数中 1 的个数是否为奇数，要求给出两种方案。

16. 试用异或门设计一个 8421 海明码的校验位 P_3、P_2、P_1 的形成线路。

17. 试用与非门、与或非门及异或门设计一个二进制全减器。

18. 试用与非门设计一个一次实现两个两位二进制数相加的加法器(注意，不要用两个全加器连接而成)。

19. 试用全加器及与非门设计一个一位余 3 码加法器，即输入为两个余 3 码，输出也是余 3 码。

20. 试用与非门设计一个线路，以将 8421 码转换为余 3 码。

21. 试用与非门设计一个七段译码器，以将 8421 码译为七段数字字形。

22. 用 4 路选择器实现下列函数：

(1) $F = \sum(0,2,4,5)$

(2) $F = \sum(1,3,5,7)$

(3) $F = \sum(0,2,5,7,8,10,13,15)$

23. 用 8 路选择器实现下列函数：

(1) $F = \sum(0,2,5,7,8,10,13,15)$

(2) $F = \sum(0,3,4,5,9,10,12,13)$

(3) $F = \sum(0,1,3,8,9,11,12,13,14,20,21,22,23,26,31)$

(4) $F = A\bar{C} + \bar{D}E + D\bar{E} + CE$

24. (1) 用 2 个 2 组 4 路选择器和附加门实现表 P3.1 所示的格雷码至 8421 码转换器(表中未列出无关项)。

(2) 用 4 个 8 路选择器实现同一函数。

(3) 用一个 4 组 2 路选择器和附加门实现同一函数。

(4) 用与非门实现同一函数。

表 P3.1 格雷码至 8421 码转换器的真值表

格雷码				8421 码			
G_4	G_3	G_2	G_1	B_8	B_4	B_2	B_1
0	0	0	0	0	0	0	0
0	0	0	1	0	0	0	1
0	0	1	1	0	0	1	0

格雷码				8421 码			
G_4	G_3	G_2	G_1	B_8	B_4	B_2	B_1
0	0	1	0	0	0	1	1
0	1	1	0	0	1	0	0
0	1	1	1	0	1	0	1
0	1	0	1	0	1	1	0
0	1	0	0	0	1	1	1
1	1	0	0	1	0	0	0
1	1	0	1	1	0	0	1

25. 用6个8路选择器组成一个40路选择器的树型结构。

26. 试用一个四位二进制加法器,实现下列十进制代码的转换:

(1) 8421 码转换为余 3 码。

(2) 余 3 码转换为8421 码。

(3) 余 6 码转换为余 3 码。

27. 试用一个 4 路 2 位数据多路选择器、一个 2—4 译码器和一个非门组成一个全加器。

28. 试只用一种全加器(数量自定)逻辑部件构成一个组合线路,使其输出的数值刚好等于 8 输入中"1"的个数。

第4章 时序线路的分析

前两章介绍了由门电路构成的组合线路的分析与设计方法。下面两章将介绍计算机及数字设备中广泛应用的另一类逻辑线路——时序线路的分析与设计方法。本章先介绍时序线路的分析方法。

4.1 时序线路概述

顾名思义,时序线路是一种和时序有关的逻辑线路。为了便于读者理解什么是时序线路,其特点是什么,我们不妨先回顾一下组合线路的组成及特点。前已指出,组合线路是仅由门电路构成的逻辑电路,它可以用图 4.1 所示的框图表示。图中, x_1、$x_2\cdots x_u$ 是某时刻 t_k 出现的输入变量;z_1、$z_2\cdots z_v$ 是该时刻所得到的输出函数。显而易见,组合线路的逻辑功能可以用下列一组逻辑表达式描述:

$$z_i = f_i(x_1, x_2, \cdots x_u) \qquad i = 1, 2 \cdots v$$

可见,组合线路的特点是:某一时刻(t_k)的输出(z_i)仅与该时刻的输入(x_1, x_2, $\cdots$, x_u)有关,而与以前各时刻($t < t_k$)的输入无关。这就是说,组合线路是没有"记忆"能力的,它不能记住以前各时刻的输入。考虑到门电路的传输时延,组合线路的输出相对输入仅存在很小的延迟。

为使线路具有"记忆"能力,需在组合线路中增加存储元件,这就组成了时序线路,如图 4.2 所示。图中组合线路具有两组输入和两组输出,分别命名如下:

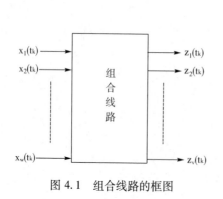

图 4.1　组合线路的框图

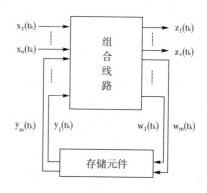

图 4.2　时序线路的框图

（1）时序线路的外部输入:x_1、$x_2\cdots x_u$,简称输入变量,用 x_r 表示,$r = 1, 2, \cdots, u$。

（2）时序线路的内部输入：y_1、$y_2 \cdots y_n$，或称存储元件的状态输出函数，用 y_j 表示，j $= 1$，2，$\cdots$，n。

（3）时序线路的外部输出：z_1、$z_2 \cdots z_v$，简称输出函数，用 z_i 表示，i $= 1$，2，$\cdots$，v。

（4）时序线路的内部输出：w_1、$w_2 \cdots w_m$，或称存储元件的控制函数，用 w_c 表示，c $= 1$，2，$\cdots$，m。

时序线路就是通过存储元件的不同状态来记忆以前时刻的输入。例如，设现时刻（t_k）的存储元件的状态输出为 $y_j(t_k)$ 称为时序线路的现态。那么，在该时刻的外部输入 $x_r(t_k)$ 及现态 $y_j(t_k)$ 的共同作用下，组合线路将产生外部输出 $z_i(t_k)$ 及控制函数 $w_c(t_k)$。在该控制函数的作用下，存储元件将建立新的状态 $Y_n(t_k)$，称为时序线路的次态。时序线路的两组输出可用下列逻辑表达式描述：

$$z_i(t_k) = f_i(x_r(t_k), y_j(t_k)) \tag{4.1}$$

$$Y_j(t_k) = f_j(x_r(t_k), y_j(t_k)) \tag{4.2}$$

该两式表明，时序线路的输出（z_i）和次态（Y_j）是现时刻的输入（x_r）和现态（y_j）的函数。显然，在下一时刻（t_{k+1}）的输入 $x_r(t_{k+1})$ 到来时，现时刻的次态 $Y_j(t_k)$ 将作为现态 $y_j(t_{k+1})$ 输入到组合线路中，并产生新的输出 $z_i(t_{k+1})$ 及控制函数 $w_c(t_{k+1})$，该控制函数使存储元件又建立新的次态 $Y_j(t_{k+1})$，依此类推，如表 4.1 所示。

表 4.1　时序线路的状态转换示例

时刻	t_k	t_{k+1}	t_{k+2}
现态	$y_j(t_k)$	$y_j(t_{k+1})$	$y_j(t_{k+2})$
输入	$x_r(t_k)$	$x_r(t_{k+1})$	$x_r(t_{k+2})$
控制函数	$w_c(t_k)$	$w_c(t_{k+1})$	$w_c(t_{k+2})$
次态	$Y_j(t_k)$	$Y_j(t_{k+1})$	$Y_j(t_{k+2})$

表 4.1 给出了时序线路的状态转换过程，时序线路就是借助于存储元件的状态变化来"记忆"各时刻的输入的。因此，时序线路的输出不仅与该时刻的输入有关，而且与以前各时刻的输入有关，这就是时序线路与组合线路的主要区别。表 4.2 概括了这两种线路的区别。

表 4.2　组合线路与时序线路的区别

组合线路	时序线路
不包含有存储元件	包含有存储元件
输出仅与当时的输入有关	输出与当时的输入及线路状态有关
线路的特性用输出函数描述	线路的特性用输出函数及次态函数描述

通常，时序线路中的存储元件是由一个至多个触发器组成。因此，在介绍时序线路的具体电路之前，先对触发器的外特性作一简单介绍。

4.2 触发器的外特性

触发器是一种具有两种稳定状态的电路，可用这两种稳定状态分别表示"1"或"0"。常用的触发器有基本触发器、RS 触发器、D 触发器、JK 触发器和 T 触发器等，下面分别介绍这些触发器的逻辑符号和外部特性。

4.2.1 触发器的逻辑符号及外特性

1. 基本触发器

基本触发器可由两个输入、输出交叉连接的与非门组成，其逻辑图如图 4.3 所示，逻辑符号见图 4.4。图中 R_D 和 S_D 是直接置"0"和置"1"端，Q 和 $\overline{Q}$ 是两个互反的输出端。根据与非门的逻辑功能，不难得知，当 $S_D = 1$、$R_D = 0$ 时，触发器将置 0；当 $S_D = 0$、$R_D = 1$ 时，触发器将置 1；当 $S_D = R_D = 1$ 时，触发器将保持原来状态；当 $S_D = R_D = 0$ 时，触发器的状态将不确定。因此，在使用基本触发器时，不允许 S_D 和 R_D 同时为 0，这就是它的输入约束条件。基本触发器又称为直接置位、复位触发器或双门触发器，它也可由两个或非门组成。

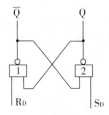

图 4.3　基本触发器的组成

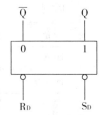

图 4.4　基本触发器的逻辑符号

基本触发器的上述逻辑功能可用触发器的特征函数表、状态图及特征表达式描述。表 4.3 示出了基本触发器的特征函数表，表中 Q^{n+1} 表示触发器在 S_D 和 R_D 作用下所建立的次态，Q 则是触发器的现态。由表 4.3 可得基本触发器的特征表达式如下：

$$Q^{n+1} = R_D\overline{S}_D + R_DS_DQ \qquad (4.3)$$

将由约束条件得到的约束方程 $\overline{R}_D\overline{S}_D = 0$ 代入该式，则得

$$Q^{n+1} = R_D\overline{S}_D + \overline{R}_D\overline{S}_D + R_DS_DQ$$
$$= \overline{S}_D + R_DS_DQ$$
$$= \overline{S}_D + R_DQ$$

故基本触发器的特征表达式为

$$Q^{n+1} = \overline{S}_D + R_DQ$$
$$\overline{R}_D\overline{S}_D = 0 \qquad (4.4)$$

表 4.3　基本触发器的特征函数表

输	入	输出
R_D	S_D	Q^{n+1}
0	1	0
1	0	1
1	1	Q
0	0	不确定

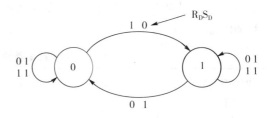

图 4.5　基本触发器的状态图

由表 4.3 可画出基本触发器的状态图如图 4.5 所示。图中两个圆圈表示触发器的两种可能状态"0"和"1"；箭头线表示触发器的状态改变途径：箭头线的根部为改变前的状态（即现态），箭头线的头部为改变后的状态（即次态）；箭头线的旁注为导致状态改变的输入条件。例如，图中左边的圆圈及其左侧的箭头线表示，若触发器的现态为 0，则当输入 $R_D S_D$ 为 01 或 11 时，所建立的次态仍为 0。图中间的上面箭头线表示，若触发器的现态为 0，则当输入 $R_D S_D$ 为 10 时，将建立次态 1。

在设计时序线路时，还经常用到触发器的激励表，它表示了要使触发器从现态 Q 变为次态 Q^{n+1} 所需加的输入值，即把输入表示为现态及次态的函数。由图 4.5 可容易地列出基本触发器的激励表，如表 4.4 所示。例如，由图 4.5 可知，要使触发器由现态 0 变为次态 0，则需使 $S_D = 1$，而 $R_D = 0$ 或 1，也就是说 R_D 可为任意值。这样，我们就得到表 4.4 中的第一行，其中 R_D 列下的 ϕ 表示 R_D 可为任意值。表中其他各行可按类似方法得到，读者可自行验证。

表 4.4　基本触发器的激励表

Q	Q^{n+1}	R_D	S_D
0	0	ϕ	1
0	1	1	0
1	0	0	1
1	1	1	ϕ

2. RS 触发器

RS 触发器的逻辑图和逻辑符号如图 4.6 和图 4.7 所示。图中 R、S 为代码输入端，CP 为控制输入用的同步时钟脉冲，S_D 和 R_D 是直接置位、复位端。

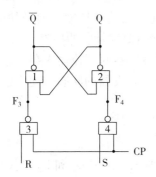

图 4.6　RS 触发器的逻辑图

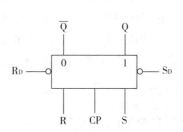

图 4.7　RS 触发器的逻辑符号

RS 触发器的特征函数表如表 4.5 所示。表中第一行表明，若 CP = 0（无 CP 脉冲出现），则不管输入 R、S 为何值，触发器将保持原来状态（即次态等于现态）。表中其他各行表示了出现 CP 脉冲（CP = 1）时，不同的输入组合所建立的不同次态。RS 触发器也称为钟控 RS 触发器。

表 4.5 RS 触发器的特征函数表

时钟脉冲 CP	输 入		输出 Q^{n+1}
	R	S	
0	—	—	Q
1	1	0	0
1	0	1	1
1	0	0	Q
1	1	1	不确定

根据表 4.5 可得到 RS 触发器的特征表达式及状态图，并由状态图可列出它的激励表。RS 触发器的特征表达式如下：

$$\left.\begin{array}{l} Q^{n+1} = S + \overline{R}Q \\ SR = 0 \end{array}\right\} \tag{4.5}$$

RS 触发器的状态图如图 4.8 所示，激励表见表 4.6。需指出，式（4.5）、图 4.8 和表 4.6 中，都省去了 CP = 0 的情况，而只表示出 CP = 1 的情况。

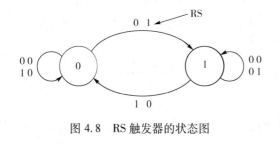

图 4.8 RS 触发器的状态图

表 4.6 RS 触发器的激励表（CP = 1）

Q	Q^{n+1}	R	S
0	0	φ	0
0	1	0	1
1	0	1	0
1	1	0	φ

RS 触发器比基本触发器多两个门，这是为了实现代码的可控输入而增加的。这样，若把多个 RS 触发器的 CP 端连接在一起，便可在同一个 CP 时钟脉冲控制下，将各个触发器的 R、S 代码同时送入相应的触发器内。然而，RS 触发器的可控输入存在这样一个问题：在 CP 脉冲宽度期间，若 R、S 端的电位发生改变。触发器的状态也随之改变。为克服这一缺陷，可采用 D 触发器或 JK 触发器。

3. D 触发器

D 触发器的逻辑图和逻辑符号如图 4.9 和图 4.10 所示。图中 D_1 和 D_2 是代码输入端，CP 是时钟脉冲，S_D 和 R_D 是直接置位和复位端。

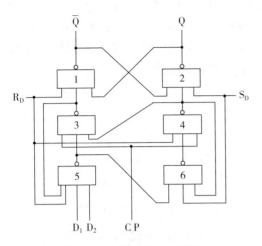

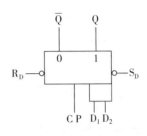

图 4.9　D 触发器的逻辑图　　　　　　图 4.10　D 触发器的逻辑符号

　　D 触发器的特征函数表如表 4.7 所示。表中前两行表明，只要 $R_D = 0$、$S_D = 1$ 或 $R_D = 1$、$S_D = 0$，不管其他输入端为何值，D 触发器将直接置于"0"状态或"1"状态。表中后三行表明，若 $CP = 0$，不管 D_1 和 D_2 输入端为何值，D 触发器将保持原来状态；若 $CP = 1$，则 D 触发器的次态将等于输入 D_1 和 D_2 的"与"。

表 4.7　D 触发器的特征函数表

R_D	S_D	CP	$D = D_1 \cdot D_2$	Q^{n+1}
0	1	—	—	0
1	0	—	—	1
1	1	0	—	Q
1	1	1	0	0
1	1	1	1	1

　　因此，当 $R_D = S_D = 1$ 且 $CP = 1$ 时，D 触发器的特征表达式如下：

$$Q^{n+1} = D, \quad 且 \ D = D_1 \cdot D_2 \tag{4.6}$$

D 触发器的状态图如图 4.11 所示，激励表见表 4.8。

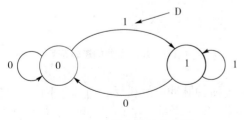

图 4.11　D 触发器的状态图

表 4.8　D 触发器的激励表（CP = 1）

Q	Q^{n+1}	$D = D_1 \cdot D_2$
0	0	0
0	1	1
1	0	0
1	1	1

若将 D 触发器的 $\overline{Q}$ 输出端连接到 D 输入端，如图 4.12 所示，则它具有"计数"的功能。即每来一个 CP 脉冲，D 触发器的状态就翻转一次，或从 1 变为 0；或从 0 变为 1。在实际应用中，还常对 D 触发器的逻辑功能进行反定义，即约定图 4.10 中的 $\overline{Q}$ 输出为 Q 输出。此时，D 触发器的逻辑符号如图 4.13 所示，特征表达式为：

$$Q^{n+1} = \overline{D} \tag{4.7}$$

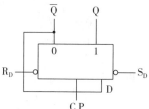

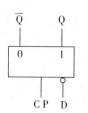

图 4.12　D 触发器接为计数工作状态　　　　图 4.13　反定义的 D 触发器

4. JK 触发器

JK 触发器的逻辑图和逻辑符号如图 4.14 和图 4.15 所示。图中输入端 K_1 和 K_2，J_1 和 J_2 各为"与"的关系，即：

$$K = K_1 K_2 \qquad J = J_1 J_2$$

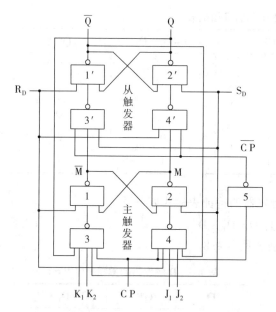

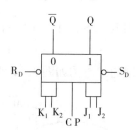

图 4.14　JK 触发器的逻辑图　　　　图 4.15　JK 触发器的逻辑符号

JK 触发器由两个钟控 RS 触发器组成，它们的时钟脉冲恰好相反。通常把下面一个钟控 RS 触发器称为主触发器，上面那一个称为从触发器。这样，在 CP 脉冲的上跳沿时刻，主触发器将接收由 J、K 端输入的代码，而从触发器不改变状态。在 CP 脉冲的下跳沿时刻，从触发器将接收主触发器输出的状态，而主触发器不改变状态。因此，JK 触发器是在 CP 脉冲的下跳沿建立次态的，而前面所讲的钟控 RS 触发器和 D 触发器都是在 CP 脉冲的上跳沿建立次态的。

JK 触发器的特征函数表如表 4.9 所示。由表可知，当 $R_D = S_D = 1$，且 CP = 1 时，若 J = K = 0，则触发器保持原状态；若 J = K = 1，则触发器翻转一次；若 J = 0，K = 1，则触发器置"0"；若 J = 1，K = 0，则触发器置"1"。这一逻辑功能可用下列特征表达式描述：

$$\begin{aligned}
Q^{n+1} &= \bar{J}\bar{K}Q + J\bar{K} + JK\bar{Q} \\
&= \bar{K}Q + J\bar{K} + J\bar{Q} \\
&= J\bar{Q} + \bar{K}Q
\end{aligned} \tag{4.8}$$

表 4.9　JK 触发器的特征函数表

R_D	S_D	CP	$J = J_1 \cdot J_2$	$K = K_1 \cdot K_2$	Q^{n+1}
0	1	—	—	—	0
1	0	—	—	—	1
1	1	0	—	—	Q
1	1	1	0	0	Q
1	1	1	0	1	0
1	1	1	1	0	1
1	1	1	1	1	$\bar{Q}$

JK 触发器的状态图如图 4.16 所示，激励表见表 4.10。JK 触发器是一种功能最强的触发器，它能可控输入，又有"计数"能力，因而使用较方便。

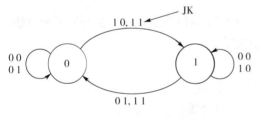

图 4.16　JK 触发器的状态图

表 4.10　JK 触发器的激励表(CP = 1)

Q	Q^{n+1}	J	K
0	0	0	φ
0	1	1	φ
1	0	φ	1
1	1	φ	0

5. T 触发器

把图 4.14 中的所有 J 端与 K 端连在一起，称之 T 端，这便构成了 T 触发器，其逻辑符号如图 4.17 所示。

显然，T 触发器的特征函数表可由表 4.9 直接得到，见表 4.11，该表就是取消 J ≠ K 那两行的表 4.9。由表 4.11 可列出 $R_D = S_D = 1$ 且 CP = 1 时的 T 触发器的特征表达如下：

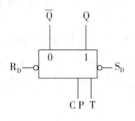

图 4.17　T 触发器的
逻辑符号

表 4.11　T 触发器的特征函数表

R_D	S_D	CP	T	Q^{n+1}
0	1	—	—	0
1	0	—	—	1
1	1	0	—	Q
1	1	1	0	Q
1	1	1	1	$\overline{Q}$

$$Q^{n+1} = \overline{T}Q + T\overline{Q} \tag{4.9}$$

T 触发器的状态图如图 4.18 所示，激励表见表 4.12。

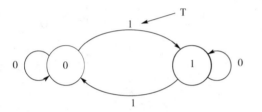

图 4.18　T 触发器的状态图

表 4.12　T 触发器的激励表(CP = 1)

Q	0	0	1	1
Q^{n+1}	0	1	0	1
T	0	1	1	0

*4.2.2　各类触发器的相互演变

不同逻辑功能的触发器是可以相互演变的，下面举例说明实现这一演变的两种方法。

例 1　用 D 触发器及与非门组成一个 JK 触发器。

第一步，画出 JK 触发器的框图。

按题意，该 JK 触发器由 D 触发器演变而来，因此，必须把 D 输入改为 J 和 K 输入。这就需要设计一个组合线路，以实现 J 和 K 到 D 的变换，如图 4.19 所示。

现在的问题是如何确定组合线路的逻辑表达式：

$$D = f(J, K, Q)$$

第二步，确定 D 的逻辑表达式。

已知 D 触发器的特征表达式为

$$Q_D^{n+1} = D$$

则要求建立的 JK 触发器的特征表达式为

$$Q_{JK}^{n+1} = J\overline{Q} + \overline{K}Q$$

为将 D 触发器演变为 JK 触发器，必使

$$Q_D^{n+1} = Q_{JK}^{n+1}$$

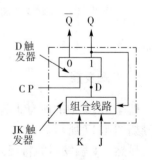

图 4.19　由 D 触发器组成的 JK
触发器框图(一)

即
$$D = J\overline{Q} + \overline{K}Q \tag{4.10}$$

第三步，画出组合线路并构成 JK 触发器。

题意要求用与非门实现，故将式(4.10)变换为"与非—与非"表达式：
$$\begin{aligned} D &= \overline{\overline{J\overline{Q} + \overline{K}Q}} \\ &= \overline{\overline{J\overline{Q}} \cdot \overline{\overline{K}Q}} \end{aligned} \tag{4.11}$$

根据式4.11及图4.19，可得 JK 触发器，如图4.20所示。显然，该 JK 触发器不是主从结构，它在 CP 脉冲的上跳沿时刻建立次态，而不是在下跳沿时刻。

例 2　用 RS 触发器及与非门组成一个 JK 触发器。

第一步，画出 JK 触发器的组成框图。

按题意，该 JK 触发器由 RS 触发器演变而来，故应设计一个组合线路，以实现 J、K 到 R、S 的变换，如图4.21所示。

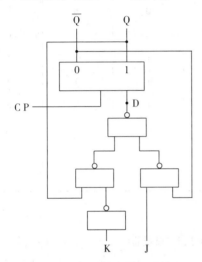

图 4.20　由 D 触发器组成的 JK
触发器(二)

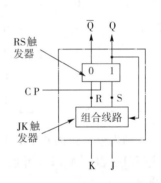

图 4.21　由 RS 触发器组成的 JK
触发器框图(一)

现在的问题是如何确定 R 和 S 的逻辑表达式：
$$R = f_1(J, K, Q)$$
$$S = f_2(J, K, Q)$$

第二步，确定 R 和 S 的逻辑表达式。

已知 RS 触发器的特征表达式为
$$Q_{RS}^{n+1} = S + \overline{R}Q$$
$$RS = 0$$

要求建立的 JK 触发器的特征表达式为
$$Q_{JK}^{n+1} = J\overline{Q} + \overline{K}Q$$

要从上两式中确定 R 和 S 的表达式是很困难的。为此，我们用 JK 触发器的特征函数表及 RS 触发器的激励表来确定这一表达式，见表4.13。表中第 1~4 列是从 JK 触发器的特征函数表得到的，第 1、4、5、6 列是从 RS 触发器的激励表中得到的。

由表4.13可得 R 和 S 的表达式如下：

$$R = \sum(5,7)$$
$$\sum\phi(0,1) = 0 \tag{4.12}$$
$$S = \sum(2,3)$$
$$\sum\phi(4,6) = 0 \tag{4.13}$$

用卡诺图化简，则得

$$\left.\begin{array}{l} R = QK \\ S = \overline{Q}J \end{array}\right\} \tag{4.14}$$

表 4.13　建立 R、S 表达式所需表格

列 项	1	2	3	4	5	6
	Q	J	K	Q^{n+1}	R	S
m_0	0	0	0	0	ϕ	0
m_1	0	0	1	0	ϕ	0
m_2	0	1	0	1	0	1
m_3	0	1	1	1	0	1
m_4	1	0	0	1	0	ϕ
m_5	1	0	1	0	1	0
m_6	1	1	0	1	0	ϕ
m_7	1	1	1	0	1	0

第三步，画出组合线路并构成 JK 触发器。

根据式(4.14)及图 4.21，可画出图 4.22 所示的 JK 触发器。

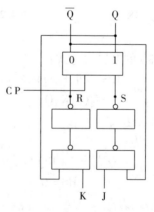

图 4.22　由 RS 触发器组成
的 JK 触发器(二)

从上面两个例子可以看出，实现各类触发器相互演变的关键在于建立组合线路的逻辑表达式，其输入变量为新触发器的输入，输出函数为旧触发器的输入。这一表达式可通过

新、旧触发器的特征表达式得到，也可以通过旧触发器的激励表及新触发器的特征函数表得到。

4.3 时序线路的分析方法

所谓时序线路的分析，就是指出给定时序线路的逻辑功能。如4.1节所述，时序线路的主要特点在于它具有内部状态，随着时间顺序的推移和外部输入的不断改变，这一状态相应地发生变化。因此，分析时序线路的关键是确定线路状态的变化规律。这一状态变化规律可以用次态表达式描述，并进而用状态转移表、状态表或状态图来描述。一般说来，时序线路的分析步骤可概括为图4.23所示。

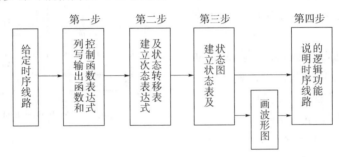

图 4.23　时序线路分析的一般步骤

时序线路按其状态的改变方式不同，可分为同步时序线路和异步时序线路。同步时序线路是在同一个时钟脉冲控制下改变状态的，异步时序线路是在输入信号(脉冲或电位)控制下改变状态的。

时序线路按其输出与输入的关系不同，可分为米里(Mealy)型和摩尔(Moore)型两类。在米里型时序线路中，输出(Z)不仅与该时刻的输入$(x_1, x_2, \ldots, x_u)$有关，而且与线路的现态$(y_1, y_2, \ldots, y_n)$有关。在摩尔型时序线路中，输出(Z)仅与现态$(y_1, y_2, \ldots, y_n)$有关，而与该时刻的输入无关；或根本没有 Z 输出，就以线路的状态作为输出。

本节将通过例子说明同步和异步、米里型和摩尔型时序线路的分析方法，并对它们进行简单的比较。

4.3.1 同步时序线路的分析举例

例1　分析图4.24所示时序线路的逻辑功能。

第一步，分析线路的组成。

由图可知，该线路由门电路和触发器所组成，其中与非门和异或门组成一个组合线路，两个 JK 触发器组成存储元件，故是一个时序线路。图中 CP 是时钟脉冲，用来改变触发器的状态。

该线路的输入为

x(外部输入)

y_2, $\bar{y}_2$, y_1, $\bar{y}_1$(内部输入)

该线路的输出为

Z(外部输出,即输出函数)

J_2, K_2(内部输出,即控制函数)

第二步,由组合线路列出输出函数及控制函数表达式

$$Z = \overline{\overline{x\bar{y}_2\bar{y}_1} \cdot \overline{\bar{x}y_2y_1}} = x\bar{y}_2\bar{y}_1 + \bar{x}y_2y_1 \quad (4.15)$$

$$J_1 = K_1 = 1$$

$$J_2 = K_2 = x \oplus y_1 \quad\quad\quad (4.16)$$

注意,在输出函数 Z 的表达式中省去了 CP,因为它是建立触发器的次态所必需的。

第三步,根据控制函数及触发器的特征表达式建立触发器的次态表达式。

JK 触发器的特征表达式为

$$Q^{n+1} = J\bar{Q} + \bar{K}Q$$

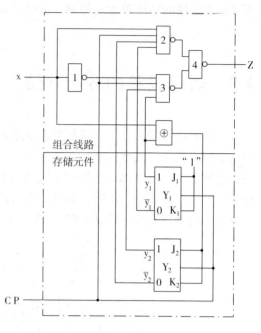

图 4.24 米里型同步时序线路

将式(4.16)代入上式,可得 Y_2 和 Y_1 触发器的次态表达式如下:

$$
\begin{aligned}
y_2^{n+1} &= J_2\bar{y}_2 + \bar{K}_2 y_2 \\
&= (x \oplus y_1)\bar{y}_2 + \overline{(x \oplus y_1)} y_2 \\
&= (x \oplus y_1)\bar{y}_2 + (x \odot y_1) y_2 \quad\quad (4.17)
\end{aligned}
$$

$$
\begin{aligned}
y_1^{n+1} &= J_1\bar{y}_1 + \bar{K}_1 y_1 \\
&= 1 \cdot \bar{y}_1 + \bar{1} \cdot y_1 \\
&= \bar{y}_1 \quad\quad\quad\quad\quad\quad\quad\quad (4.18)
\end{aligned}
$$

上述两式表明,只要输入 x 及触发器的现态 y_2 和 y_1 一定,便可在 CP 脉冲的下跳沿时刻建立触发器的次态。因此,这两式描述了线路状态的变化规律。

第四步,根据触发器的次态表达式及输出函数,建立时序线路的状态表及状态图。

首先,根据式(4.17)、(4.18)和式(4.15)建立表 4.14 所示的状态转移表。该表反映了时序线路的状态转换关系,故称它为状态转移表,也称为次态真值表。

若用状态 a、b、c、d 分别表示触发器 $y_1 y_2$ 的四种编码 00、01、10、11,则得表 4.15 所示的状态表。表中第一行为输入 x 的两种可能取值,表中第一列为现态 s 的四种可能状态,表的中间部分则表示在相应的输入和现态下,在 CP 脉冲作用下所建立的次态 S^{n+1} 及产生的输出 Z。

为了更清楚地表示出时序线路的状态变化规律,可根据表 4.15 画出状态图,如图 4.25 所示,图中箭头线的旁注表示输入/输出。由图可知,当输入 x 为 0 时,则每来一个 CP 脉冲,线路状态将沿着 a→b→c→d →a 的途径变化,且在由 d 变为 a 时产生一个"1"输出。反之,当输入 x 为 1 时,则每来一个 CP 脉冲,线路状态将沿着 a→d→c→b→a 的

表 4.14　例 1 的状态转移表

输入 x	现　态　S		次　态　S^{n+1}		输出 Z
x	y_2	y_1	y_2^{n+1}	y_1^{n+1}	Z
0	0	0	0	1	0
0	0	1	1	0	0
0	1	0	1	1	0
0	1	1	0	0	1
1	0	0	1	1	1
1	0	1	0	0	0
1	1	0	0	1	0
1	1	1	1	0	0

途径变化，且由 a 变为 d 时产生一个"1"输出。

表 4.15　例 1 的状态表

S ＼ x	0	1
a	b, 0	d, 1
b	c, 0	a, 0
c	d, 0	b, 0
d	a, 1	c, 0

S^{n+1}, Z

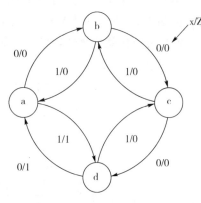

图 4.25　例 1 的状态图

第五步，说明时序线路的逻辑功能。

一般说，画出了线路的状态图，便可知道所要分析的时序线路有几个内部状态，它们是怎样转换的，在什么输入和现态下线路的输出为 1(或为 0)。对于初学者，能做到这一步，也就算完成了分析工作。

在实际应用中，一个线路的输入和输出都有一定的物理含义。此时，应结合这些物理量的含义，进一步说明线路的具体功能。例如，就本例而言，若已知输入 x 为一个电位控制信号，CP 是一串要计数的连续脉冲，则由状态图可知，图 4.24 是一个二进制可逆计数器。如果我们把图 4.25 改画为图 4.26，便可清楚地看到这一点，图中(a)表示输入 x 为低电位(x=0)时，计数器将由初态 00 开始累加计数。每来一个计数脉冲，计数器累加 1，其变化为 00→01→10→11。当计数器累加四个脉冲后，其状态由 11 变为 00，并产生一个进位脉冲(Z=1)。图中(b)表示输入 x 为高电位(x=1)时，计数器将由初态 11 开始累减计数。每来一个脉冲，计数器累减 1，其变化为 11→10→01→00。当计数器累减四个脉冲后，其状态由 00 变为 11，并产生一个借位脉冲(Z=1)。这样，我们把输入 x 称为加减控制信号，CP 称为计数脉冲，于是 Z 就是进位(x=0 时)或借位(x=1 时)信号。因此，图 4.24 是一个在 x 控制下既能对 CP 脉冲累加计数，又能对 CP 脉冲累减计数的模 4 可逆计

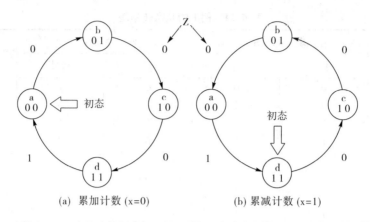

(a) 累加计数 (x=0)　　　　　　(b) 累减计数 (x=1)

图 4.26　图 4.25 的分解图

数器。

当然，为了更形象地描述时序线路的逻辑功能，还可画出它的工作波形。对本例而言，由图 4.25 所示的状态图可画出图 4.27 所示的工作波形图。该图中，CP 脉冲的个数及 x 的高低电位是人为假定的，这种假定要求能正确地反映出时序线路的输入输出波形关系。

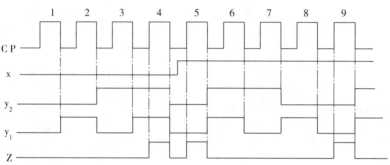

图 4.27　例 1 时序线路的工作波形

由上分析可知，图 4.24 所示线路是一个米里型的同步时序线路，因为该线路的状态是由同一个 CP 脉冲改变的，而且线路的输出不仅与现态有关，还与输入有关。

例 2　分析图 4.28 所示时序线路的逻辑功能。

第一步，列出输出函数及控制函数的表达式。

由图可知，该线路的输入为 x，输出函数为 Z，控制函数为 J_2、K_2、J_1、K_1。由图中的组合线路可得

$$Z = \overline{y_1 y_2} \tag{4.19}$$

$$J_1 = K_1 = I \tag{4.20}$$

$$J_2 = K_2 = x \oplus y_1$$

第二步，建立触发器的次态表达式及状态转移表。

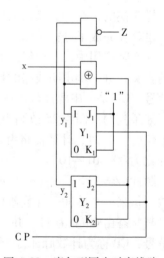

图 4.28　摩尔型同步时序线路

根据 JK 触发器的特征表达式及式(4.20)可得次态表达式如下：

$$y_2^{n+1} = J_2\bar{y}_2 + \bar{K}_2 y_2 \qquad (4.21)$$
$$= (x \oplus y_1)\bar{y}_2 + (x \odot y_1) y_2$$
$$y_1^{n+1} = J_1\bar{y}_1 + \bar{K}_1 y_2 \qquad (4.22)$$
$$= \bar{y}_1$$

根据上两式可列出状态转移表，如表 4.16 所示。由表可知，$y_2 y_1$ 的状态组合有 00、01、10、11 四种。

表 4.16　例 2 的状态转移表

x	y_2	y_1	y_2^{n+1}	y_1^{n+1}	Z
0	0	0	0	1	1
0	0	1	1	0	1
0	1	0	1	1	1
0	1	1	0	0	0
1	0	0	1	1	1
1	0	1	1	0	1
1	1	0	0	1	1
1	1	1	1	0	0

第三步，建立状态表及状态图。

设状态　　　　a = 00　　　b = 01
　　　　　　　c = 10　　　d = 11

代入表 4.16，则得表 4.17 所示的状态表。该状态表中输出 Z 单独列出，这是因为输出与输入无关，而只与线路的状态有关。由状态表可画出状态图，见图 4.29。该图中圆圈内为"状态/输出"，因为输出仅与状态有关，故采用这种表示法。

表 4.17　例 2 的状态表

S＼x	0	1	Z
a	b	d	1
b	c	a	1
c	d	b	1
d	a	c	0

S^{n+1}

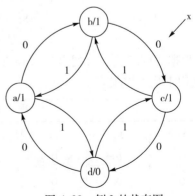

图 4.29　例 2 的状态图

第四步，说明时序线路的逻辑功能。

由状态图可知，只有当线路处于 d 状态时，输出 Z 才为 0；否则，Z 为 1。因此，若把 $Z=0$ 看作是输出，并以 d 为初态，则每当送入四个 CP 脉冲，时序线路就产生一个输出。若 $x=0$，则这个输出就是进位信号；若 $x=1$，则这个输出就是借位信号。显然，本例给定的时序线路也是一个可逆二进制计数器。

由上分析可知，图 4.28 所示线路是一个摩尔型的同步时序线路，因为该线路的状态也是由同一个 CP 脉冲改变的，但线路的输出仅取决于现态，而与输入无直接关系。

例 3 分析图 4.30 所示时序线路的逻辑功能。

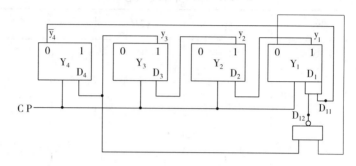

图 4.30　自主摩尔型同步时序线路

第一步，建立触发器的次态表达式及状态转移表。

由图 4.30 可列出控制函数如下：

$$D_4 = y_3$$
$$D_3 = y_3$$
$$D_2 = y_1$$
$$D_1 = D_{11} \cdot D_{12} = \bar{y}_4 \bar{y}_3 + \bar{y}_4 y_1$$

将上式代入 D 触发器的特征表达式，则得次态表达式为

$$\left. \begin{array}{l} y_4^{n+1} = D_4 = y_3 \\ y_3^{n+1} = D_3 = y_2 \\ y_2^{n+1} = D_2 = y_1 \\ y_1^{n+1} = D_1 = \bar{y}_4 \bar{y}_3 + \bar{y}_4 y_1 \end{array} \right\} \tag{4.23}$$

根据式(4.23)，可列出表 4.18 所示的状态转移表。表的左边为现态，右边为 CP 脉冲到来时所建立的次态。

表 4.18　例 3 的状态转移表

y_4	y_3	y_2	y_1	y_4^{n+1}	y_3^{n+1}	y_2^{n+1}	y_1^{n+1}
0	0	0	0	0	0	0	1
0	0	0	1	0	0	1	1
0	0	1	0	0	1	0	1

y_4	y_3	y_2	y_1	y_4^{n+1}	y_3^{n+1}	y_2^{n+1}	y_1^{n+1}
0	0	1	1	0	1	1	1
0	1	0	0	1	0	0	0
0	1	0	1	1	0	1	1
0	1	1	0	1	1	0	0
0	1	1	1	1	1	1	1
1	0	0	0	0	0	0	0
1	0	0	1	0	0	1	0
1	0	1	0	0	1	0	0
1	0	1	1	0	1	1	0
1	1	0	0	1	0	0	0
1	1	0	1	1	0	1	0
1	1	1	0	1	1	0	0
1	1	1	1	1	1	1	0

第二步，建立状态表及状态图。

设状态　　　　　　　　$a_0 = 0000$，$a_1 = 0001$

　　　　　　　　　　　$a_2 = 0010$，$a_3 = 0011$

　　　　　　　　　　　　⋮　　　⋮

　　　　　　　　　　　$a_{14} = 1110$，$a_{15} = 1111$

代入表 4.18，则得状态表如表 4.19 所示。由表可画出状态图如图 4.31 所示。图中封闭圈内的各状态构成一个循环。

表 4.19　例 3 的状态表

S	S^{n+1}	S	S^{n+1}
a_0	a_1	a_8	a_0
a_1	a_3	a_9	a_2
a_2	a_5	a_{10}	a_4
a_3	a_7	a_{11}	a_6
a_4	a_8	a_{12}	a_8
a_5	a_{11}	a_{13}	a_{10}
a_4	a_{12}	a_{14}	a_{12}
a_7	a_{15}	a_{15}	a_{14}

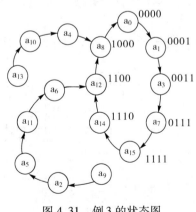

图 4.31　例 3 的状态图

第三步，说明线路的逻辑功能。

由图 4.31 可知，只要线路的初态为封闭圈内的某一状态，该线路便可按格雷码的编码方式对 CP 脉冲进行计数。其计数的有效序列为

$$\begin{array}{c} \rightarrow 0000 \longrightarrow 0001 \longrightarrow 0011 \longrightarrow 0111 \longrightarrow \\ \hline \\ \hline 1000 \longleftarrow 1100 \longleftarrow 1110 \longleftarrow 1111 \longleftarrow \end{array}$$

而且，不论该线路为何初态(比如为 a_9 或 a_{13})只要经过若干个 CP 脉冲的作用，线路状态总能进入上述的有效序列。因此，如图 4.30 所示线路是一个具有自校能力的格雷码计数器，如果把图 4.30 中的与非门取消，并使 $D_1 = \bar{y}_4$，那么将得到如图 4.32 所示的状态图。若仍然约定图中的(a)为计数的有效序列，则图中的(b)称为无效序列。一旦由于某种原因，致使线路进入无效序列中的某一状态，则该线路在 CP 脉冲作用下将总也跳不出无效序列，这种现象称为"挂起"。为了防止线路挂起，必须在线路正常工作前，强置它为有效序列中的某一状态。这种需要强置初态的时序线路，称为无自校能力的线路。

图 4.30 所示线路既无 x 输入，也无 Z 输出。实际使用时，CP 脉冲既作为同步信号又作为输入信号，而触发器的状态则作为时序线路的输出。因此，图 4.30 所示线路是一个自主摩尔型的同步时序线路。

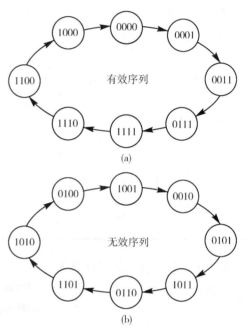

图 4.32　具有无效序列的状态图

*4.3.2　异步时序线路的分析举例

例　分析图 4.33 所示时序线路的逻辑功能。

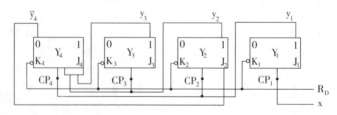

图 4.33　摩尔型脉冲异步时序线路

第一步，分析线路的组成。

本线路与例 3 线路的差别在于各触发器的 CP 端不连在同一条线上，因而各触发器的状态是异步改变的。在分析这种异步时序线路时，各触发器的 CP 端输入(CP_i)应与 J_i 和

K_i 一样看作控制函数。因此，只要把 CP_i 写入各触发器的特征表达式中，其分析方法就与例 3 完全相同。

第二步，建立触发器的次态表达式及状态转移表。

由图 4.33 可写出各触发器的控制函数如下：

$$J_4 = y_3 y_2$$
$$J_3 = K_3 = 1$$
$$J_2 = \bar{y}_4 \qquad K_2 = 1 \qquad (4.24)$$
$$J_1 = K_1 = 1$$

且

$$CP_1 = x$$
$$CP_2 = CP_4 = y_1 \bar{y}_1^{n+1} \qquad (4.25)$$
$$CP_3 = y_2 \bar{y}_2^{n+1}$$

现以 CP_3 为例说明式(4.25)是怎样确定的。前已指出，JK 触发器是在 CP 脉冲的下跳沿建立次态的。因此，当 CP 脉冲出现下跳沿时，可认为 CP = 1。根据 CP_3 的连接方式，当 Y_2 触发器由"1"变为"0"时，CP_3 才形成下跳沿。故 $CP_3 = 1$ 的条件是 Y_2 触发器的现态 $y_2 = 1$，而次态 $y_2^{n+1} = 0$，即得式(4.25)中的 CP_3 表达式。CP_2 和 CP_4 表达式可类似地确定，CP_1 就是输入脉冲信号 x。

当 CP 作为控制函数时，JK 触发器的特征表达式变为

$$Q^{n+1} = (\bar{J}\bar{Q} + \bar{K}Q)CP + Q\overline{CP} \qquad (4.26)$$

根据式(4.24)~式(4.26)，可得各触发器的次态表达式如下：

$$\begin{aligned}
y_4^{n+1} &= (J_4 \bar{y}_4 + \bar{K}_4 y_4)CP_4 + y_4 \overline{CP_4} \\
&= \bar{y}_4 y_3 y_2 (y_1 \bar{y}_1^{n+1}) + y_4 \overline{(y_1 \bar{y}_1^{n+1})} \\
y_3^{n+1} &= (J_3 \bar{y}_3 + \bar{K}_3 y_3)CP_3 + y_3 \overline{CP_3} \\
&= \bar{y}_3 (y_2 \bar{y}_2^{n+1} + y_3 \overline{(y_2 \bar{y}_2^{n+1})}) \qquad (4.27) \\
y_2^{n+1} &= (J_2 \bar{y}_2 + \bar{K}_2 y_2)CP_2 + y_2 \overline{CP_2} \\
&= \bar{y}_4 \bar{y}_2 (y_1 \bar{y}_1^{n+1}) + y_2 \overline{(y_1 \bar{y}_1^{n+1})} \\
y_1^{n+1} &= (J_1 \bar{y}_1 + \bar{K}_1 y_1)CP_1 + y_1 \overline{CP_1} \\
&= \bar{y}_1 x + y_1 \bar{x}
\end{aligned}$$

由式(4.27)可知，高位触发器的次态不仅与各触发器的现态有关，而且与低位触发器的次态有关。根据式(4.27)可列出次态转移表，如表 4.20 所示。

表 4.20　例 4 的状态转移表

输入	现　　态				次　　态			
x	y_4	y_3	y_2	y_1	y_4^{n+1}	y_3^{n+1}	y_2^{n+1}	y_1^{n+1}
1	0	0	0	0	0	0	0	1
1	0	0	0	1	0	0	1	0

输入 x	现 态				次 态			
	y_4	y_3	y_2	y_1	y_4^{n+1}	y_3^{n+1}	y_2^{n+1}	y_1^{n+1}
1	0	0	1	0	0	0	1	1
1	0	0	1	1	0	1	0	0
1	0	1	0	0	0	1	0	1
1	0	1	0	1	0	1	1	0
1	0	1	1	0	0	1	1	1
1	0	1	1	1	1	0	0	0
1	1	0	0	0	1	0	0	1
1	1	0	0	1	0	0	0	0
1	1	0	1	0	1	0	1	1
1	1	0	1	1	0	1	0	0
1	1	1	0	0	1	0	0	1
1	1	1	0	1	0	1	0	0
1	1	1	1	0	1	1	1	1
1	1	1	1	1	0	0	0	0

第三步，画状态图，说明线路的逻辑功能。

根据表 4.20 所示的状态转移表可直接画出状态图，如图 4.34 所示。由图可知，图 4.33 是一个具有自校能力的 8421 码异步计数器，计数脉冲 x 由 CP_1 输入。该计数器是一个摩尔型脉冲异步时序线路。

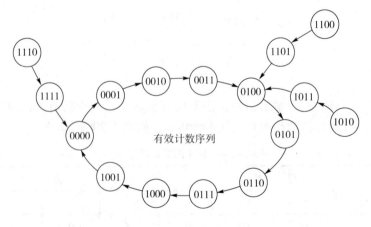

图 4.34 例 4 的状态图

由上述例 1 至例 4 可知，时序线路是由组合线路和存储元件所组成。在同步及脉冲异步时序线路中，存储元件采用的是 RS、D 或 JK 触发器等，时序线路的状态是由若干位触发器的状态编码来实现的。

在同步时序线路中，线路的现态与次态是由时钟脉冲 CP 来划分的。CP 脉冲出现前的线路状态称为现态；CP 脉冲出现时，根据当时的输入及现态将建立线路的次态。对于 D 触发器，CP 脉冲出现的瞬间（CP＝1）是指 CP 脉冲的上跳沿；对于主从式 JK 触发器则是指 CP 脉冲的下跳沿。

在脉冲异步时序线路中，由于线路中各个触发器的 CP 脉冲是不同的，故将它作为控制函数处理。线路的现态与次态是由输入脉冲的出现来划分，输入脉冲出现前的线路状态称为现态，输入脉冲的出现将使线路建立次态。

同步与脉冲异步时序线路的状态变化规律可以用状态表或状态图描述。另一种异步时序线路是电位异步时序线路，它的现态与次态是由输入电位的改变来划分的，线路状态的变化规律用总态图描述，有兴趣的读者可参阅"主要参考资料"中《数字逻辑》一书。

4.4 计算机中常用的时序线路

计算机中常用的时序线路有寄存器、计数器、节拍发生器及启停线路等，其中大多数是同步时序线路。应用上述方法，读者不难分析出这些线路的逻辑功能。因此，介绍这些线路的目的在于使读者了解它们的组成及其所实现的逻辑功能，为学习《计算机组织与结构》打下基础。此外，也可使读者知道，上面讲述的分析方法是一种系统方法，实际应用时不必死搬硬套，以至造成事倍功半。事实上，从门电路和触发器的基本功能出发，直观地分析这些线路，有时反而显得简便迅速。

下面分别介绍三种常用的时序线路，它们是寄存器，计数器及节拍发生器。

4.4.1 寄存器

寄存器是用来寄存二进制代码，并能对该代码实现移位的逻辑部件。图 4.35 给出了一个三位寄存器，它能寄存三位二进制代码，并能对它们进行左移或右移。

该图中，触发器 $C_1 \sim C_3$ 用来寄存二进制代码，与或非门 4～6 用来接收二进制代码，与非门 1～3 用来发送二进制代码。由于三个 D 触发器的 CP 端连接在同一条线上，故它们的状态是在同一个打入脉冲 m（即前述的时钟脉冲 CP）作用下改变的，因而图 4.35 是一个同步时序线路。该线路的输入和输出信号如下：

输入信号有

R_D：清除信号

W_{AC}：直送控制电位

W_R：右移控制电位

W_L：左移控制电位

W_{CB}：发送控制电位

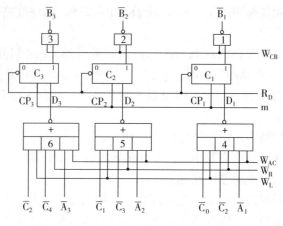

图 4.35 三位移位寄存器

$\overline{A}_1 \sim \overline{A}_3$：要寄存的二进制代码(反码形式)

输出信号有

$\overline{B}_1 \sim \overline{B}_3$：被寄存的二进制代码(反码形式)

应用图 4.23 给出的步骤，可以分析出该寄存器的逻辑功能。然而，由于该同步时序线路的输入变量较多(不算 R_D，共有 7 个)，完全按照前述步骤去做是很麻烦的。下面将以输出函数及次态表达式为基础来分析。

由图 4.35 可写出下列输出函数表达式：

$$\overline{B}_3 = \overline{\overline{C}_3 W_{CD}}, \quad \overline{B}_2 = \overline{\overline{C}_2 W_{CB}}, \quad \overline{B}_1 = \overline{\overline{C}_1 W_{CB}} \tag{4.28}$$

及控制函数表达式：

$$D_3 = \overline{\overline{A}_3 W_{AC} + \overline{C}_4 W_R + \overline{C}_2 W_L}$$
$$D_2 = \overline{\overline{A}_2 W_{AC} + \overline{C}_3 W_R + \overline{C}_1 W_L} \tag{4.29}$$
$$D_1 = \overline{\overline{A}_1 W_{AC} + \overline{C}_2 W_R + \overline{C}_0 W_L}$$

则得次态表达式为

$$D_3^{n+1} = D_3 = \overline{\overline{A}_3 \ W_{AC} + \overline{C}_4 W_R + \overline{C}_2 W_L}$$
$$D_2^{n+1} = D_2 = \overline{\overline{A}_2 \ W_{AC} + \overline{C}_3 W_R + \overline{C}_1 W_L}$$
$$D_1^{n+1} = D_1 = \overline{\overline{A}_1 W_{AC} + \overline{C}_2 W_R + \overline{C}_0 W_L} \tag{4.30}$$

对寄存器而言，某一时刻仅实现一种操作，如接收代码，或将所寄存的代码左移或右移，或将所寄存的代码发送出去。究竟实现哪一种操作完全取决于该时刻输入的控制电位。如当直送控制电位 $W_{AC} = 1$ 时，将进行接收代码的操作。这一操作是由打入脉冲(m)完成的，故打入脉冲(m)与控制电位(W_{AC}、W_R、W_L)应满足图 4.36 所示的时间关系。

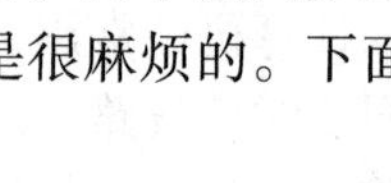

图 4.36 控制电位与打入脉冲

通常，把这样一组电位与脉冲称为节拍电位与节拍脉冲，统称一个节拍。因此，可以说寄存器的每一种操作都是在各个不同的节拍内完成的。当然，对于某些无需改变触发器状态的操作，只需提供节拍电位，而不要节拍脉冲。

下面说明寄存器的工作原理，为清楚起见，分下列几种情况加以讨论：

（1）清除代码。若要将寄存器原存的代码清除掉，最简单的方法是在 R_D 线上加上一负电位，该负电位将使所有触发器置于"000"态。此状态在 R_D 线恢复为高电位时，仍将继续保持下去。

（2）直送代码。当要将代码 $A_1 \sim A_3$ 送入寄存器时，需使直送控制电位 $W_{AC} = 1$，其他控制电位 $W_R = W_L = 0$。这样，由式（4.29）可得

$$D_3 = \overline{\overline{A_3} \cdot 1 + \overline{C_4} \cdot 0 + \overline{C_2} \cdot 0} = A_3$$
$$D_2 = \overline{\overline{A_2} \cdot 1 + \overline{C_3} \cdot 0 + \overline{C_1} \cdot 0} = A_2$$
$$D_1 = \overline{\overline{A_1} \cdot 1 + \overline{C_2} \cdot 0 + \overline{C_0} \cdot 0} = A_1$$

在打入脉冲 m 的上跳沿作用下，使

$$C_3^{n+1} = D_3 = A_3$$
$$C_2^{n+1} = D_2 = A_2$$
$$C_1^{n+1} = D_1 = A_1$$

该式表明，在 W_{AC} 和 m 的控制下，可将代码 $A_1 \sim A_3$ 送入 $C_1 \sim C_3$ 触发器。

（3）寄存代码。当寄存器接收了代码后，只要不发清除信号 R_D 及打入脉冲 m，便可使寄存器继续保持代码。

（4）右移代码。若要将所寄存的代码右移一位，则需要使右移控制电位 $W_R = 1$，且其他控制电位 $W_{AC} = W_L = 0$。这样，在打入脉冲 m 的作用下，由式（4.30）可得

$$C_3^{n+1} = \overline{\overline{A_3} \cdot 0 + \overline{C_4} \cdot 1 + \overline{C_2} \cdot 0} = C_4$$
$$C_2^{n+1} = \overline{\overline{A_2} \cdot 0 + \overline{C_3} \cdot 1 + \overline{C_1} \cdot 0} = C_3$$
$$C_1^{n+1} = \overline{\overline{A_1} \cdot 0 + \overline{C_2} \cdot 1 + \overline{C_0} \cdot 0} = C_2$$

该式表明，C_i 触发器的次态等于 C_{i+1} 触发器的现态。由于图中已约定 C_i 触发器在 C_{i+1} 触发器的右边，故实现了右移操作。

（5）左移代码。若要将所寄存的代码左移一位，则需使左移控制电位 $W_L = 1$，且其他控制电位 $W_{AC} = W_R = 0$。这样，在打入脉冲 m 的作用下，由式（4.30）可得

$$C_3^{n+1} = \overline{\overline{A_3} \cdot 0 + \overline{C_4} \cdot 0 + \overline{C_2} \cdot 1} = C_2$$
$$C_2^{n+1} = \overline{\overline{A_2} \cdot 0 + \overline{C_3} \cdot 0 + \overline{C_1} \cdot 1} = C_1$$
$$C_1^{n+1} = \overline{\overline{A_1} \cdot 0 + \overline{C_2} \cdot 0 + \overline{C_0} \cdot 1} = C_0$$

该式表明，C_i 触发器的次态等于 C_{i-1} 触发器的现态，即实现了左移操作。

（6）发送代码。当需要将寄存器所寄存的代码发送出去时，可使发送控制电位 $W_{CB} = 1$。这样，由式（4.28）可得

$$B_3 = \overline{\overline{C_3} W_{CB}} = \overline{\overline{C_3} \cdot 1} = \overline{\overline{C_3}}, \quad 即 \ B_3 = C_3$$
$$B_2 = \overline{\overline{C_2} W_{CB}} = \overline{\overline{C_2} \cdot 1} = \overline{\overline{C_2}}, \quad 即 \ B_2 = C_2$$
$$B_1 = \overline{\overline{C_1} W_{CB}} = \overline{\overline{C_1} \cdot 1} = \overline{\overline{C_1}}, \quad 即 \ B_1 = C_1$$

该式表明，寄存器的输出就是各触发器的现态，故实现了发送操作。

由上可知，在分析寄存器时，一般都不必列出状态转移表、状态表或状态图。有时甚至连控制函数及次态表达式也不列出，而是根据门电路及触发器的外特性直接推知寄存器

的工作原理。

4.4.2 计数器

计数器是一种能对输入脉冲进行计数的逻辑部件。计数器的种类很多，按计数的功能可分为累加计数器，累减计数器及可逆计数器；按计数的进位方式可分为串行计数器和并行计数器，前者又称为异步计数器或行波计数器，后者又称为同步计数器或电位计数器；按计数的数制可分为二进制计数器、十进制计数器及不规则计数器。

在4.3节曾介绍了两个二进制同步可逆计数器，见例1(米里型)和例2(摩尔型)，还介绍了一个十进制异步累加计数器，见例4，其十进制数用8421码表示。因此，应用图4.23给出的步骤，读者已不难分析任何类型的计数器。下面，再列举三个计数器，并用"直观"方法进行分析，以扩展读者的思路。

1. 二进制串行累加计数器

图4.37给出了一个三位串行累加计数器，它由三个JK触发器组成。各触发器的R_D端连接在同一条线上，因而在该条线上加一负电位便能使计数器置于"000"状态，称为清除状态。各触发器的J和K端都悬空，相当于按高电位，即$J = K = 1$。各触发器的CP端是这样连接的：最低位触发器Y_1的CP端连接要计数的输入脉冲，记为x；其他各位触发器的CP端都连接到其低一位触发器的"1"输出端。这就是说，第i位触发器的CP_i脉冲下跳沿将由第$(i-1)$位触发器的状态从1变为0来形成，即$CP_i = y_{i-1}\bar{y}_{i-1}^{n+1}$。

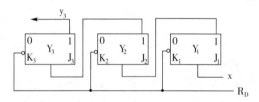

图4.37 三位串行累加计数器

对于计数器的组成做如上分析后，就不难找出各个触发器的状态变化规律。因为每个触发器的$J = K = 1$，所以只要CP端出现下跳沿，该触发器便翻转一次。这样，对Y_1触发器而言，每来一个计数脉冲x，便翻转一次；对Y_2触发器而言，当Y_1触发器由1变为0时，便翻转一次；对Y_3触发器而言，当Y_2触发器由1变为0时，便翻转一次。

找出了各个触发器的状态变化规律后，便可先对它们假定一个初始状态(如000)。从这个初始状态出发，可列出Y_1的状态变化规律，见表4.21的最右边一列。然后，从Y_1一列中找出由1变0之行并用记号"↘"标出。在该处Y_2将改变一次状态，于是求得Y_2的状态变化规律。最后，从Y_2一列中找出由1变0之行，也用记号"↘"标出。在该处Y_3将改变一次状态，于是求得Y_3的状态变化规律。至此，我们便得到计数器的状态变化表，如表4.21所示。

表 4.21　三位计数器的状态变化表

计数脉冲 x	Y_3	Y_2	Y_1
0	0	0	0
1	0	0	1
2	0	1	0
3	0	1	1
4	1	0	0
5	1	0	1
6	1	1	0
7	1	1	1
8	0	0	0

（返回初态）

由表可知，若计数器的初态为 000，则每输入一个计数脉冲 x，计数器便累加"1"。当计数器计到第 8 个脉冲时，便由 111 变为 000，并向 Y_3 的高一位产生一个进位信号，这个进位信号就是 Y_3 由 1 变 0 所产生的下跳沿。所以，图 4.37 是一个"逢八进一"的二进制累加计数器。该计数器的计数规律也可用波形图表示，如图 4.38 所示。由图明显可见，Y_1 由 x 的下跳沿触发，Y_2 由 Y_1 的下跳沿触发，Y_3 则由 Y_2 的下跳沿触发。只有在输入 8 个计数脉冲后，Y_3 才产生一个下跳沿，这就是"逢八进一"的进位信号。

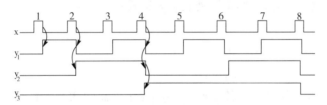

图 4.38　三位计数器的工作波形

不难看出，图 4.37 所示计数器中的触发器状态是由低位到高位逐级变化的。如当计数器由"3"计到"4"时，先是 Y_1 翻转，再是 Y_2 翻转，最后是 Y_3 翻转，才使计数器由 011 变为 100。我们知道，每个触发器翻转一次需要一定的延迟时间。因此，这种逐级改变状态的串行计数器，从出现计数脉冲到计数器的所有触发器都处于稳定状态需要较长的时间，这就限制了计数频率的提高。随着计数器级数的增加，这一问题将变得更加突出。为了提高计数器的计数频率，可将串行进位改为并行进位，这就出现了并行计数器。

2. 二进制并行累加计数器

图 4.39 给出了一个三位并行累加计数器，它由三个 D 触发器及与非门和与或非门所组成。图中，各个 D 触发器的 R_D 端连接在一条线上，以实现对计数器的清除；各个 CP 端也是连接在一条线上，用来加入计数脉冲 m。显然，该计数脉冲的功能相当于前述同步时序线路中的时钟脉冲 CP，用来同时改变各触发器的状态。

因此，完全可以用图 4.23 给出的步骤分析给定的计数器。下面，将不完全按照这一步骤去分析，而是在建立次态表达式后，通过对该表达式的分析，直接建立计数器的状态

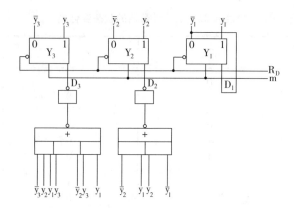

图 4.39 由 D 触发器组成的三位并行累加计数器

变化表。

由图 4.39 可写出下列控制函数表达式：

$$D_3 = \bar{y}_3 y_2 y_1 + y_3 \bar{y}_2 + y_3 \bar{y}_1 = \bar{y}_3 y_2 y_1 + y_3 \overline{y_2 y_1}$$
$$D_2 = \bar{y}_2 y_1 + y_2 \bar{y}_1$$
$$D_1 = \bar{y}_1$$

代入 D 触发器的特征表达式，则得下列次态表达式：

$$y_3^{n+1} = D_3 = \bar{y}_3 y_2 y_1 + y_3 \overline{y_2 y_1}$$
$$y_2^{n+1} = D_2 = \bar{y}_2 y_1 + y_2 \bar{y}_1 \qquad\qquad (4.31)$$
$$y_1^{n+1} = D_1 = \bar{y}_1$$

由式(4.31)可知，每来一个计数脉冲 m，各触发器的状态变化规律如下：Y_1 触发器的次态(y_1^{n+1})总等于其现态(y_1)之"非"。当 Y_2 和 Y_1 触发器的现态相异时，Y_2 触发器的次态为"1"；否则，次态为 0。当 Y_3 触发器的现态与 Y_2、Y_1 触发器的现态之"与"相异时，Y_3 触发器的次态为 1；否则，次态为 0。

根据上述分析，若计数器的初态为 000，则其计数规律如表 4.22 所示。该表与表 4.21 完全相同，只是建立的方法不同。例如，若计数器的现态为 011，即

$$y_3 = 0 \qquad y_2 = 1 \qquad y_1 = 1$$

则在下一个计数脉冲到来时，y_1^{n+1} 必为 y_1 之"非"，故 $y_1^{n+1} = 0$；由于 y_2 和 y_1 相同，故 $y_2^{n+1} = 0$；由于 y_3 与 $y_2 \cdot y_1$ 相异，故 $y_3^{n+1} = 1$。可见，所建立的次态为

$$y_3^{n+1} = 1$$
$$y_2^{n+1} = 0$$
$$y_1^{n+1} = 0$$

计数器由 011 变为 100，见表 4.22 的第"3"和第"4"行所示。类似地，表中其他各行的状态都可由其前一行状态得到。

表 4.22　三位计数器的状态变化表

计数脉冲 m	y_3	y_2	y_1
0	0	0	0
1	0	0	1
2	0	1	0
3	0	1	1
4	1	0	0
5	1	0	1
6	1	1	0
7	1	1	1
8	0	0	0

由表 4.22 可知，图 4.39 也是一个二进制累加计数器，它可由"000"计到"111"共计 8 个脉冲。只是计数器的各个触发器状态不是由低位到高位逐级改变的，而是在计数脉冲 m 的作用下同时改变的，故称为并行计数器。显然，并行计数器的计数频率要比串行计数器高，这在计数器级数增加时更为明显。

图 4.40 是由 JK 触发器组成的三位并行累加计数器，应用上述分析方法，读者不难验证其正确性。

3. 不规则计数器

上面介绍的计数器具有同一个特点，就是它们所能计的最多脉冲数(N)与其触发器的个数(n)满足下列关系：

$$N = 2^n \qquad (4.32)$$

上述计数器都由 3 个触发器组成，即 n=3，故它们最多能计 2^3 个脉冲，也称模 8 计数器。

通常，称满足式(4.32)的计数器为二进制规则计数器，不满足该式的计数器统称为不规则计数器。图 4.41 给出了一个"逢六进一"的计数器，它最多能计 6 个脉冲，却也由 3 个触发器组成。因此，该计数器显然不满足式(4.32)，故是一个不规则计数器。下面，将通过分析来验证一下图 4.41 所示线路为什么是一个"逢六进一"计数器。

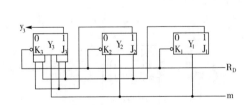

图 4.40　由 JK 触发器组成的三位并行累加计数器　　　图 4.41　模 6 计数器

由图可写出下列控制函数表达式：

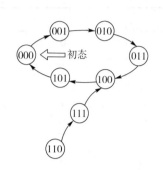

$$D_3 = y_3 \bar{y}_1 + y_2 y_1$$
$$D_2 = y_2 \bar{y}_1 + \bar{y}_3 \bar{y}_2 y_1$$
$$D_1 = \bar{y}_1$$

将该式代入 D 触发器的特征表达式，则得

$$y_3^{n+1} = D_3 = y_3 \bar{y}_1 + y_2 y_1$$
$$y_2^{n+1} = D_2 = y_2 \bar{y}_1 + \bar{y}_3 \bar{y}_2 y_1 \qquad (4.33)$$
$$y_1^{n+1} = D_1 = \bar{y}_1$$

图 4.42　模 6 计数器的状态图

由式(4.33)可得状态转移表，如表 4.23 所示。由表可画出图 4.42 所示的状态图。可见，若该线路的初态为 000，则在输入 6 个计数脉冲后，线路状态又返回到 000，且该线路具有"自校"能力。

表 4.23　图 4.41 所示线路的状态转移表

计数脉冲 m	y_3	y_2	y_1	y_3^{n+1}	y_2^{n+1}	y_1^{n+1}
0	0	0	0	0	0	1
1	0	0	1	0	1	0
2	0	1	0	0	1	1
3	0	1	1	1	0	1
4	1	0	0	1	0	1
5	1	0	1	0	0	1
6	1	1	0	1	0	1
	1	1	1	1	0	0

4.4.3　节拍发生器

节拍发生器是用来产生节拍电位和节拍脉冲，或仅产生节拍电位的逻辑部件。按其结构，节拍发生器可分为计数型及移位型两种，下面分别介绍这两种线路。

1. 计数型节拍发生器

图 4.43 是一个能产生四个节拍电位($W_0 \sim W_3$)的节拍发生器，它由两个 JK 触发器及与非门组成。由图可知，它是一个摩尔型脉冲异步时序线路，输入为主脉冲 m。因此，该线路完全可按图 4.23 给出的步骤进行分析。

由图 4.43 可写出控制函数表达式如下：

$$J_1 = K_1 = 1$$
$$J_2 = K_2 = 1$$
$$CP_1 = m$$
$$CP_2 = y_1 \bar{y}_1^{n+1}$$

将该式代入 JK 触发器的特征表达式，则得下列次态表

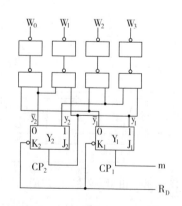

图 4.43　计数型节拍发生器

· 146 ·

达式：

$$y_2^{n+1} = (J_2\bar{y}_2 + \bar{K}_2 y_2) CP_2 + y_2 \overline{CP_2}$$
$$= \bar{y}_2 y_1 \bar{y}_1^{n+1} + y_2 \overline{(y_1 \bar{y}_1^{n+1})} \tag{4.34}$$
$$y_1^{n+1} = (J_1\bar{y}_1 + K_1 y_1) CP_1 + y_1 \overline{CP_1}$$
$$= \bar{y}_1 m + y_1 \bar{m}$$

由图 4.33 可得输出函数表达式如下：

$$W_0 = \bar{y}_2\bar{y}_1 \qquad\qquad W_1 = \bar{y}_2 y_1$$
$$W_2 = y_2\bar{y}_1 \qquad\qquad W_3 = y_2 y_1 \tag{4.35}$$

根据式(4.34)和式(4.35)可得状态转移表，如表 4.24 所示。由表可知，$W_0 \sim W_3$ 实际上是两个触发器的状态译码输出，图 4.43 中的与非门组成了一个译码器。

表 4.24　图 4.43 的状态转移表

m	y_2	y_1	y_2^{n+1}	y_1^{n+1}	W_0	W_1	W_2	W_3
1	0	0	0	1	1	0	0	0
1	0	1	1	0	0	1	0	0
1	1	0	1	1	0	0	1	0
1	1	1	0	0	0	0	0	1

由表 4.24 可直接画出图 4.44 所示的工作波形。由图可知，$W_0 \sim W_3$ 在主脉冲 m 的作用下依次出现高电位，其宽度等于主脉冲 m 的周期。对图 4.35 所示的寄存器而言，这些电位信号可根据需要，分别用作直接控制电位 W_{AC}，右移控制电位 W_R，左移控制电位 W_L，及发送控制电位 W_{CB}。并可用被 $W_0 \sim W_3$ "包住"的主动脉冲 m 作为相应的打入脉冲。至此，验证了图 4.43 所示线路是一个节拍发生器，它能产生节拍电位 $W_0 \sim W_3$。

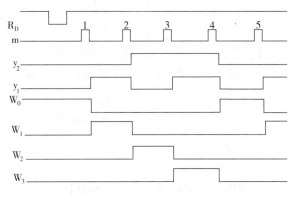

图 4.44　图 4.43 所示线路的工作波形

2. 移位型节拍发生器

图 4.45 给出了一个移位型节拍发生器，它由四个 D 触发器、两个基本触发器及与或非门所组成。它能产生两个节拍电位（W_1 和 W_2）及两个节拍脉冲（m_1 和 m_2）。由图可知

该线路是一个摩尔型同步时序线路。

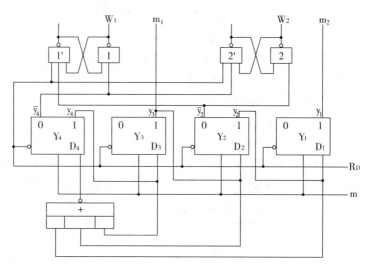

图 4.45 移位型节拍发生器

现在，从线路的连接方式出发，根据触发器和门电路的基本功能，直观地分析该线路的工作原理。下面，先找出四个 D 触发器的状态变化规律。

显而易见，若在 R_D 线上加一负电位，则四个触发器将置为"0000"状态，两个基本触发器也被清除为"0"，即

$$y_4 = y_3 = y_2 = y_1 = 0$$
$$W_1 = W_2 = 0, \ m_1 = m_2 = 0$$

由四个触发器的连接方式可知，在 m 脉冲作用下，Y_1 的次态将等于 Y_2 的现态，Y_2 的次态将等于 Y_3 的现态，Y_3 的次态将等于 Y_4 的现态，而 Y_4 的次态则由下式决定：

$$y_4^{n+1} = D_4 = \overline{y_4 + y_3 + y_2}$$
$$= \bar{y}_4 + \bar{y}_3 + \bar{y}_2 \tag{4.36}$$

由该式可知，当 Y_4，Y_3 和 Y_2 三个触发器的现态都为 0 时，Y_4 的次态才为 1。四个 D 触发器构成一个右移移位寄存器，只是 Y_4 的状态不是直接由 Y_1 移入，而是由式（4.36）确定。四个 D 触发器的状态变化规律为

$$0000 \xrightarrow{1} 1000 \xrightarrow{2} 0100 \xrightarrow{3} 0010 \xrightarrow{4} 0001$$
初态 ———— 5 ————

在搞清楚四个 D 触发器的状态变化规律之后，就不难找出 W_1、m_1，W_2 和 m_2 的变化规律，现分下列四种情况讨论：

（1）当四个 D 触发器为 1000 时，则 $y_4 = 1$、$\bar{y}_4 = 0$。$\bar{y}_4 = 0$ 使基本触发器 1 置"1"，使基本触发器 2 置"0"，故 $W_1 = 1$、$W_2 = 0$。

（2）当四个 D 触发器为 0100 时，则 $y_3 = 1$、$\bar{y}_3 = 0$。$y_3 = 1$ 使 $m_1 = 1$。此时，W_1 仍保持"1"，W_2 仍保持"0"。

（3）当四个 D 触发器为 0010 时，则 $y_2 = 1$，$\bar{y}_2 = 0$。$\bar{y}_2 = 0$ 使基本触发器 1 置"0"，使基本触发器 2 置"1"，故 $W_1 = 0$，$W_2 = 1$。

（4）当四个 D 触发器为 0001 时，则 $y_1 = 1$，$\bar{y}_1 = 0$。$y_1 = 1$ 使 $m_2 = 1$。此时，W_1 仍保持"0"，W_2 保持"1"。

综上分析结果，可画出图 4.46 所示的波形图。从图中可清楚地看出，m_1 包含于 W_1 之中，m_2 包含于 W_2 之中，故图 4.45 所示线路是一个能产生两个节拍电位与脉冲的节拍发生器。

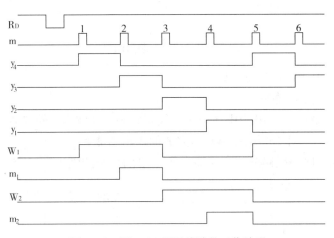

图 4.46　图 4.45 所示线路的工作波形

练习 4

1. 试述时序线路的主要特点及分析时序线路的关键。

2. 时序线路中的外部输入、内部输入、外部输出和内部输出各指什么，其中输入与输出是以什么划分的，内部与外部又是怎样划分的？

3. 什么是时序线路的现态和次态，说明现态怎样转换为次态。

4. 试用或非门组成一个双门触发器，并列出它的特征函数和特征表达式（包括约束方程）建立状态图及激励表。

5. 若把 CP 看作触发器的输入变量，试分别写出包含 CP 的 RS，D 和 JK 触发器的特征表达式。

6. 试写出图 P4.1 所示各触发器的次态表达式，指出 CP 脉冲到来时，触发器置"1"的条件。

7. 试用或非门和 D 触发器组成一个 RS 触发器。

8. 试用 T 触发器和门电路组成一个 D 触发器及一个 JK 触发器。

9. 试分析图 P4.2 所示同步时序线路，要求：

（1）列出控制函数和输出函数表达式。

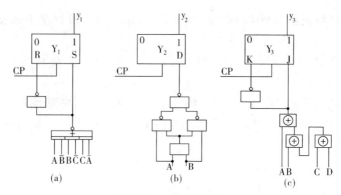

图 P4.1　第 6 题附图

（2）建立次态表达式及状态转移表。

（3）建立状态表及状态图。

（4）画出电位输入 x 为 101101 序列时，线路状态 y 及输出 z 的波形图。

（5）说明这是一个什么型的线路及所完成的逻辑功能。

10. 已知某同步时序线路的状态表如表 P4.1 所示，画出它的状态图。

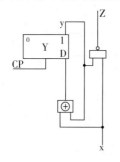

图 P4.2　第 9 题附图

表 P4.1　第 10 题附表

s \ x	0	1
a	c, 0	b, 0
b	c, 0	d, 0
c	d, 0	b, 0
d	b, 1	a, 1

11. 已知某同步时序线路的状态图如图 P4.3 所示，列出它的状态表及状态转移表，状态的二进制编码可任意指定。

12. 试分析图 P4.4 所示同步时序线路，要求：

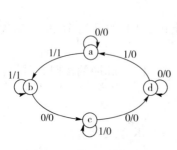

图 P4.3　第 11 题的附图

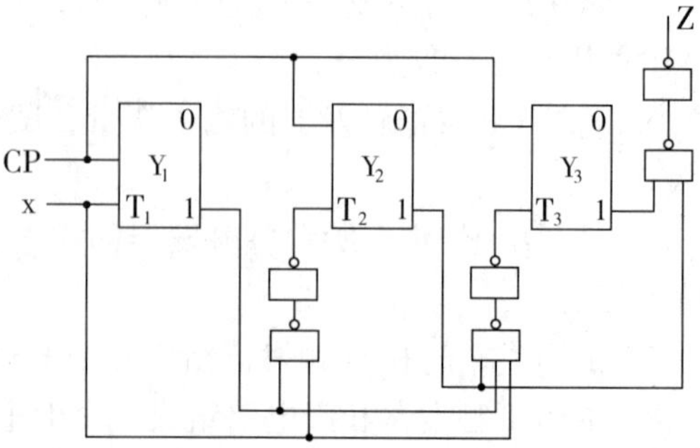

图 P4.4　第 12 题的附图

（1）建立状态转移表及状态图。

（2）画出电位输入 x 为 011101 序列时，线路状态(y_3，y_2，y_1）及输出的波形。

13. 试分析图 P4.5 所示同步时序线路，要求画出状态图，并说明其逻辑功能。

14. 已知图 P4.6 是一个三位扭环计数器，试找出它的计数规律，并说明它是否具有自校能力。

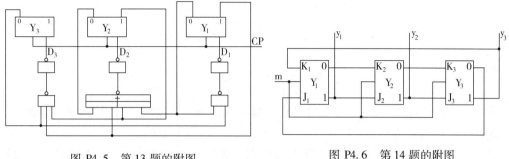

图 P4.5　第 13 题的附图　　　　　图 P4.6　第 14 题的附图

15. 试分析图 P4.7 所示脉冲异步时序线路，其中 x 为脉冲输入，M 和 N 为控制电路，要求：

（1）画出 M = 1，N = 0 时的状态图。

（2）画出 M = 0，N = 1 时的状态图。

（3）说明该线路的逻辑功能。

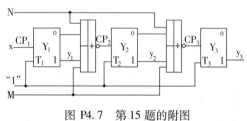

图 P4.7　第 15 题的附图

16. 已知图 P4.8 是一个"逢十三进一"（即模 13）的异步计数器，试找出它的计数规律，并说明该计数器是否具有自校能力。

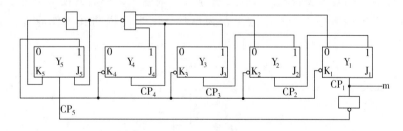

图 P4.8　第 16 题的附图

17. 已知图 P4.9 所示脉冲异步线路可做模 5 累减计数器用，试画出该线路的状态图，并确定做这一用途时的初态。

18. 已知图 P4.10 是异步十进制计数器，试先找出各个触发器的状态变化规律，再确

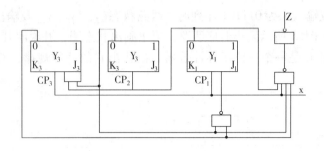

图 P4.9　第 17 题的附图

定该计数器的计数规律。设触发器的传输时延 $t_F = 50$ ns，与非门的传输时延 $t_y = 20$ ns，试计算该计数器的最高允许计数频率。

19. 已知图 P4.11 是一个计数型节拍发生器，图中 PR 为预置信号，由它设置触发器 $Y_2 Y_1$ 的初态。此后，在主脉冲 m 的作用下，$Y_2 Y_1$ 按一定的规律计数，试确定该计数规律，并画出线路状态及各输出的波形图。

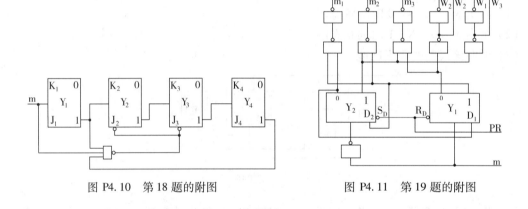

图 P4.10　第 18 题的附图　　　　　　图 P4.11　第 19 题的附图

20. 已知图 P4.12 是一个串行奇校验校验器。开始时，由 R_D 信号使 Y 触发器置"0"。此后，由 x 端串行地输入要校验的 n 位二进制数。当输入完毕后，便可根据 Y 触发器的状态确定该 n 位二进制数中"1"的个数是否为奇数。试举例说明其工作原理，并画出波形图。

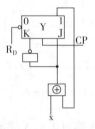

图 P4.12　第 20 题的附图

152

21. 已知图 P4.13 是一个同步二进制串行加法器。在 CP 脉冲的同步下 n 位被加数及加数分别从 A 和 B 输入端由低位到高位逐位输入，便可从输出端 Z 逐位得到由低位到高位之和。试指出图中 Y 触发器的功能，举例说明它的工作原理。

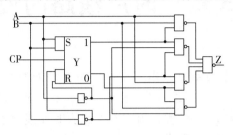

图 P4.13　第 21 题的附图

22. 已知图 P4.14 是一个二进制序列检测器，它能根据输出 Z 的值判别输入 x 是否为所需的二进制序列。该二进制序列是在 CP 脉冲同步下输入触发器 $Y_4Y_3Y_2Y_1$ 的。设其初态为 1001，并假定 $Z=0$ 为识别标志，试确定该检测器所能检测的二进制序列。

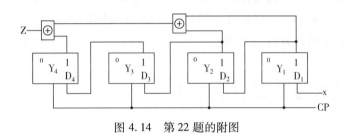

图 4.14　第 22 题的附图

第 5 章　时序线路的设计

所谓时序线路的"设计",就是画出实现给定逻辑功能的时序线路,也称时序线路的

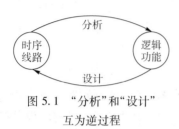

图 5.1　"分析"和"设计"
互为逆过程

"综合"。图 5.1 表示了时序线路的设计与分析是互为逆过程,由此不难想到时序线路的设计可按其分析的逆步骤进行。

如前所述,时序线路可分为同步和异步两类时序线路,异步时序线路又可分为脉冲异步时序线路和电位异步时序线路。本章将重点介绍同步时序线路的设计方法,先通过一个简单的例子说明同步时序线路设计的基本步

骤,然后对其中的某些步骤做较深入的讨论,最后举例说明如何应用这些方法完成同步时序线路的设计。在此基础上,将简要介绍脉冲异步时序线路的设计方法。对电位异步时序线路设计方法感兴趣的读者可参阅本书"主要参考资料"中的《数字逻辑》一书。

5.1　同步时序线路设计方法概述

参照图 4.23 所示的时序线路分析的一般步骤,不难理解时序线路设计的大致步骤如图 5.2 所示。下面将通过一个例子,说明如何按此步骤完成同步时序线路的设计。

设计题目:适用与非门和 JK 触发器设计一个同步时序线路,以检测输入的信号序列是否为连续的"110"。

第一步,确定所要设计线路的输入变量及输出函数,并画出框图。

由题意可知,该线路只有一个输入变量,记为 x,它是一个二进制序列。该线路也只有一个输出函数,记为 z,要求它能给出检测信号,以表明输入 x 是否为连续的"110"序列。

据以上分析,可画出所要设计的同步时序线路的框图如图 5.3 所示,图中 CP 是时钟脉冲,用来区分输入序列及改变线路状态。CP 脉冲、输入 x 序列与输出 Z 之间的关系可用图 5.4 表示,图中 x 的输入序列是任意假定的。

第二步,确定所要设计线路的内部状态,即建立原始状态表(或状态图)。

设该线路的初始状态为 a,根据题意可列出线路在不同 x 序列输入下的状态变化规律及输出 z 之值,如图 5.5 所示。

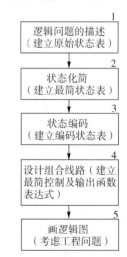

图 5.2　同步时序线路设计
的一般步骤

图中，箭头线上面的数字表示 x 的输入序列，箭头线所指的圆圈表示所建立的状态，其斜线下的数字是输出 Z 之值。例如，当线路处于初态 a 时，若输入 x 为 0，则线路进入状态 b，且输出为 0，若输入 x 为 1，则线路进入状态 c，且输出为 0。当线路处于状态 c 时，若输入 x 为 0，则线路进入状态 f，且输出为 0；若输入 x 为 1，则线路进入状态 g，且输出为 0。当线路处于 g 状态时，若输入 x 为 0，则线路进入 f 状态，且输出为 1，这是因为至此输入的 x 序列已为"110"；若输入 x 为 1，则线路进入 g 状态，且输出为 0，因为至此输入的 x 序列是"111"而不是"110"。那么，为什么在输入序列 x 为 110 后，不再假定线路进入另一个新状态，而肯定应进入已假定的 f 状态呢？这是因为对检测下一个连续输入序列"110"而言，仅前两个时刻的输入"10"有效，故用 f 状态即可"记住"。其他情况可按类似方法分析。根据图 5.5 可建立该线路的原始状态表，如表 5.1 所示。可见，该线路应具有 7 个状态。

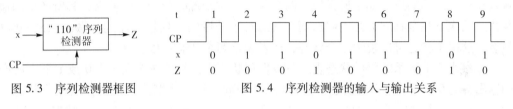

图 5.3　序列检测器框图　　　　图 5.4　序列检测器的输入与输出关系

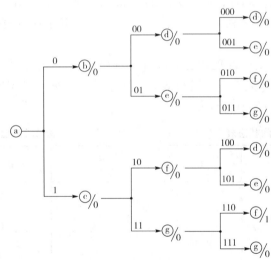

图 5.5　不同输入序列下的状态变化规律

表 5.1　原始状态表

S　　　　x	0	1
a	b, 0	c, 0
b	d, 0	e, 0
c	f, 0	g, 0

S \ x	0	1
d	d, 0	e, 0
e	f, 0	g, 0
f	d, 0	e, 0
g	f, 1	g, 0

$$S^{n+1},\ Z$$

第三步，状态化简，建立最简状态表(或状态图)。

我们知道，设置线路状态的目的在于利用这些状态记住输入的历史情况，以对其后的输入作出不同的响应。如果所设置的两个状态，对于现时刻的任何输入，其所产生的输出及建立的次态完全相同，则表明这两个状态对于其后的任何输入序列将做出相同的响应。显然，这两个状态可以视为一个状态，或者说这两个状态可以合并。

考察表5.1所示的原始状态表，可以发现状态 b、d、f 在输入 x 为 0 或 1 下，所产生的输出都为 0，且所建立的次态都为 d 或 e。因此，这三个状态可以合并为一个状态，记为 q_1，$q_1 = \{b, d, f\}$。同理，表5.1 中的状态 c、e 也可以合并为一个状态，记为 q_2，$q_2 = \{c, e\}$。若用 q_1 代替表5.1中的状态 b，d，f；用 q_2 代替表中的状态 c、e；则得表5.2 所示的状态表。

进一步考察表5.2便可发现状态 a 和 q_1 可以合并为一个状态，记为 S_1，$S_1 = \{a, q_1\}$。并把 q_2 记为 S_2，q 记为 S_3，则得表5.3 所示的状态表。表5.3 中的三个状态($S_1 \sim S_3$)已不能再合并，故为最简状态表。

表 5.2　中间状态表

S \ x	0	1
a	q_1, 0	q_2, 0
q_1	q_1, 0	q_2, 0
q_2	q_1, 0	g, 0
g	q_1, 1	g, 0

$$S^{n+1},\ Z$$

表 5.3　最简状态表

S \ x	0	1
S_1	S_1, 0	S_2, 0
S_2	S_1, 0	S_3, 0
S_3	S_1, 0	S_3, 0

$$S^{n+1},\ Z$$

由上可知，通过状态化简可将原来的 7 个状态减少到 3 个状态，从而可使所设计的线路更简单。根据表5.3可画出所要设计线路的状态图(见图5.6)，该状态图是米里型的。

第四步，状态编码，即对所确定的状态 $S_1 \sim S_3$ 指定二进制代码。

如第 4 章所述，同步时序线路的状态是通过触发器实现的。显然，要使线路具有三种状态，至少要选用两个触发器，因为两个触发器可提供四种代码组合：00，01，10，11。那么，究竟选用其中的哪三个作为状态 $S_1 \sim S_3$ 的编码呢? 这就是状态编码要解决的问题。

因为编码的选择方案不同，将直接影响所设计线路的经济性。现假定所选的状态编码如下：

触发器＼状态	S_1	S_2	S_3
y_2	0	1	1
y_1	0	0	1

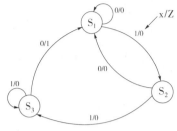

图 5.6　由表 5.3 所得的状态图

至此，可以把图 5.3 所示的框图画得更具体一些，如图 5.7 所示。图中两个触发器为 JK 触发器，这是设计题目所要求的。显而易见，下一步要做的工作就是设计图中的组合线路。

第五步，确定输出函数及控制函数。

为了确定输出函数及控制函数表达式，需先列出状态转移表。将选定的状态编码代入表 5.3 则得编码状态表，如表 5.4 所示。显然，从该表中已可求得输出函数及次态函数表达式。但对设计组合线路来说，我们需要的是控制函数（J_2，K_2，J_1，K_1）表达式。为此，可利用编码状态表给定的次态与现态的真值关系，并借助于 JK 触发器的激励表，找出输入 x、现态 y_2y_1 与 J 和 K 的真值关系，如表 5.5 所示。为便于叙述，我们把表 5.5 定名为控制及输出函数的真值表。因为它反映了控制函数（J_iK_i）、输出函数（Z）与输入（x）、现态（y_2y_1）之间的真值关系。表中最后二行的现态是不可能出现的，故为约束条件，它所对应的 J_2，K_2，J_1，K_1 及 Z 之值都为任意，填入 ϕ。

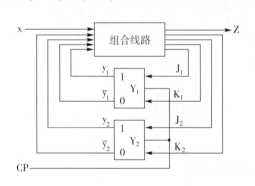

图 5.7　序列检测器的组成框图

表 5.4　编码状态表

y_2y_1＼x	0	1
0 0	0 0 , 0	1 0 , 0
1 0	0 0 , 0	1 1 , 0
1 1	0 0 , 1	1 1 , 0

$$y_2^{n+1} y_1^{n+1}，Z$$

表 5.5　控制及输出函数真值表

x	y_2	y_1	y_2^{n+1}	y_1^{n+1}	J_2	K_2	J_1	K_1	Z
0	0	0	0	0	0	ϕ	0	ϕ	0
0	1	0	0	0	ϕ	1	0	ϕ	0
0	1	1	0	0	ϕ	1	ϕ	1	1

x	y_2	y_1	y_2^{n+1}	y_1^{n+1}	J_2	K_2	J_1	K_1	Z
1	0	0	1	0	1	φ	0	φ	0
1	1	0	1	1	φ	0	1	φ	0
1	1	1	1	1	φ	0	φ	0	0
0	0	1	φ	φ	φ	φ	φ	φ	φ
1	0	1	φ	φ	φ	φ	φ	φ	φ

由表5.5可得控制函数及输出函数表达式如下：

$$J_2 = \sum(4) + \sum\phi(1,2,3,5,6,7)$$
$$K_2 = \sum(2,3) + \sum\phi(0,1,4,5)$$
$$J_1 = \sum(6) + \sum\phi(1,3,5,7)$$
$$K_1 = \sum(3) + \sum\phi(0,1,2,4,5,6)$$
$$Z = \sum(3) + \sum\phi(1,5)$$

利用卡诺图化简上述各式，见图5.8，则得化简结果如下：

$$
\begin{aligned}
J_2 &= x & K_2 &= \bar{x} \\
J_1 &= xy_2 & K_1 &= \bar{x} \\
Z &= \bar{x}y_1
\end{aligned}
\tag{5.1}
$$

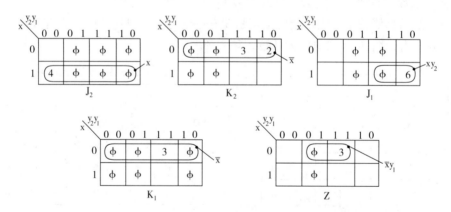

图5.8　控制函数及输出函数的化简

第六步，画逻辑图，考虑工程问题。

根据式(5.1)及图5.7，可画出由与非门及JK触发器组成的同步时序线路如图5.9所示。图中将CP脉冲加在输出门1上，使输出Z与CP脉冲同步。即 Z = 1 时有CP脉冲输出，Z = 0 时无CP脉冲输出。从逻辑设计的角度讲，画出了逻辑图就算完成了设计。然而，一个好的设计还必须考虑电路实现时可能出现的各种问题，包括门和触发器的扇入扇出系数及传输时延是否满足要求，线路的电位脉冲配合有否问题等等。

下面先讨论如何根据同步时序线路的设计要求，建立原始状态图及状态表，然后介绍

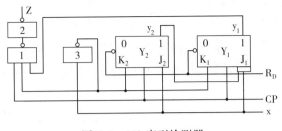

图 5.9   110 序列检测器

如何对原始状态表进行化简及对状态进行编码。解决了上述问题后，时序线路的设计问题就转化为组合线路的设计问题，这在第 3 章中已详细讲述。

5.2   构成原始状态表的方法

设计同步时序线路的第一步就是从文字描述的设计要求构划出一个原始状态表（或状态图）。这一步的工作是极其重要的，因为若建立的原始状态表不能正确反映设计要求，其后的工作都将在错误的基础上进行，最后的结果一定也是错误的。遗憾的是，至今尚没有一种建立原始状态表的系统算法，因而目前所采用的方法仍然是直观的经验方法。这些方法中常用的有：直接构图（表）法、信号序列法、正则表达式法及 SM（时序机流程）图法。尽管后两种方法有较强的规律性可循，但还得借助于设计者的技巧和经验。下面将通过例子，说明如何用直接构图法建立原始状态表。

从文字描述的设计要求建立原始状态表，无非要确定线路应具有哪些状态及怎样进行状态间的转换，才能得到所要求的输入输出时序关系。因此，再开始建立状态表时，应着眼于正确性，要尽可能不遗漏一个状态，至于所设定的状态是否存在多余重复，不必过多注意。直接构图法就是基于上述思路来建立原始状态表的。

直接构图法的基本做法是，根据文字描述的设计要求，先假定一个初态；从这个初态开始，每加入一个输入，就可确定其次态；该次态可能就是现态本身，也可能是已有的另一个状态，或是新增加的一个状态。这个过程一直继续下去，直至每一个现态向其次态的转换都已被考虑，并且不再构成新的状态。下面，举例说明这一方法的应用。

例 1   给出逢五进一的可逆二进制同步计数器的状态表。

这类同步时序线路的状态表比较容易建立，因为它是一个逢五进一的计数器，显然应具有五个状态，以分别记住迄今所输入的计数脉冲的个数。又因为它是一个可逆计数器，既可累加又可累减，故需设定一个控制输入 x ，并假定 $x = 0$ 为累加，$x = 1$ 为累减。计数脉冲做时钟 CP 输入，输出 Z 为逢五进一的进位（或借位）信号。至此，可画出该计数器的框图，如图 5.10 所示。

图 5.10   逢五进一可逆计数器框图

现在，若假定该计数器的初态为 a ，则在 $x = 0$ 时，输入一个计数脉冲后，计数器便由状态 a 转入 b ，且输出为 0；输入两个计数脉冲后，计数器便由状态 b 转入 c，且输出为 0；……依此类推，见图 5.11 所示。当输入 5 个计数脉冲后，计数器便由状态 e 返回到初态 a，并使输出为 1。类似地，当 $x = 1$ 时，计数器应按上述相反的方向改变状态，并在累减 5 个计数脉冲后，计数器便由状态 b 返回到初态 a，并使输出为 1。显而易见，图 5.11 就是本例的状态图，由该图可得表 5.6 所示的状态表。

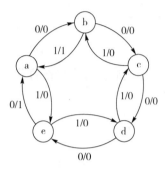

图 5.11　例 1 的状态图

表 5.6　例 1 的状态表

S＼x	0	1
a	b, 0	e, 0
b	c, 0	a, 1
c	d, 0	b, 0
d	e, 0	c, 0
e	a, 1	d, 0

$$S^{n+1},\ Z$$

例 2　给出同步二进制串行加法器的状态表。

同步二进制串行加法器的框图如图 5.12 所示。图中，x_1 与 x_2 是被加数与加数的串行输入端，Z 是两数之和的串行输出端，在 CP 脉冲的同步下，被加数(x_1)及加数(x_2)由低位到高位逐位输入串行加法器相加，其和也是由低位到高位逐位从 Z 输出，其进位将寄存

图 5.12　串行加法器框图

在串行加法器中，以便在下一个 CP 脉冲到来时与高一位的被加数及加数相加。

因此，串行加法器仅需设置两个内部状态，以分别表示无进位和有进位。设状态 a 表示无进位，状态 b 表示有进位，则根据二进制加法规则可得图 5.13 所示的状态图。若加法器已处于 a 状态，则表明低位向高位无进位，因而当下一个 CP 脉冲到来时，若 $x_1 x_2$ 为 00，则输出为 0，且其次态仍为 a；若 $x_1 x_2$ 为 01 或 10，则输出为 1，且其次态仍为 a；只有当 $x_1 x_2$ 为 11 时，低位向高位产生进位，才使加法器由现态 a 转入次态 b，且输出为 0。加法器在处于 b 状态后的工作过程可按类似方法分析。由图 5.13 可得串行加法器的状态表如表 5.7 所示。所得之状态图和状态表都是米里型的。

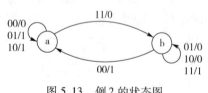

图 5.13　例 2 的状态图

表 5.7　例 2 的状态表

S＼x_1, x_2	00	01	10	11
a	a, 0	a, 1	a, 1	b, 0
b	a, 1	b, 0	b, 0	b, 1

$$S^{n+1},\ Z$$

例 3 给出设计下列引爆装置所需要的原始状态表。装置不引爆时，输入总为 0；装置引爆时，则一定连续输入四个"1"，其间肯定不再输入 0。

该装置实际上是一个四个连续"1"的检测器，只是输入序列具有下列约束条件：一旦输入为 1，就不可能再为 0；而且，一旦输入四个"1"后，输出便为 1，装置引爆并自毁，其次态无需再考虑。设输入为 x，输出为 Z，其框图如图 5.14 所示。

图 5.14 引爆装置框图

显而易见，该装置应设置四个状态，以分别记住输入"1"的个数。令 a 为装置的初态，只要输入 x 为 0，该装置将总保持在 a 状态；当输入一个"1"后，装置由 a 状态转入 b 状态；当输入两个"1"后，则由 b 状态转入 c 状态；当输入三个"1"后，则由 c 状态转入 d 状态；以上情况下，输出均为 0。只有当输入四个"1"后，输出才为 1，但因装置自毁，其次态可为任意。根据上述分析，可画出本例的状态图如图 5.15 所示。图中 φ 为任意项，斜线下的 φ 是输入 x 不可能为 0 所产生的输出任意项，箭头所指 φ 为次态任意项。根据图 5.15 可得状态表如表 5.8 所示。

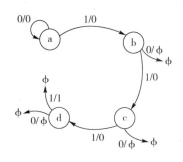

图 5.15 例 3 的状态图

表 5.8 例 3 的状态表

S \ x	0	1
a	a, 0	b, 0
b	φ, φ	c, 0
c	φ, φ	d, 0
d	φ, φ	φ, 1

S^{n+1}, Z

该状态表称为不完全定义状态表（或称不完全确定状态表），表中包含有状态及输出的任意项。反之，不包含有任意项的状态表（如例 1 和例 2）称为完全定义（或完全确定）状态表。这同第 3 章曾指出的，逻辑函数存在不完全定义函数和完全定义函数一样，状态表也有不完全定义和完全定义两种。在组合线路设计中，利用不完全定义函数中的任意项，可使组合线路设计得更简单。同样，在时序线路设计中，利用不完全定义状态表中的任意项，也可使时序线路设计得更简单。

5.3 状态表的化简

一般地说，按照 5.2 节方法所得到的原始状态表往往不是最简的，或者说该状态表存在多余或重复的状态。因此，在得到原始状态表后，必须对它进行化简，以尽量减少所需状态的个数。这一节，将介绍状态表的化简方法。先介绍状态表化简的基本原理，然后分别介绍完全定义与不完全定义两类状态表化简的具体步骤。

5.3.1 状态表化简的基本原理

前已指出，设置线路状态的目的在于利用这些状态记住输入的历史情况，以对其后的输入产生不同的输出。如果所设置的两个状态，对输入的所有序列产生的输出序列完全相同，则这两个状态可以合并为一个状态。状态表的化简就是根据这一原则进行的。下面，通过两个例子说明这一合并状态的原则，并进一步把它具体化。

例 1 化简表 5.9 所示的原始状态表。

表 5.9   例 1 的原始状态表

S \ x	0	1
a	c, 1	b, 0
b	c, 1	e, 0
c	b, 1	e, 0
d	d, 1	b, 1
e	d, 1	b, 1

$$\underbrace{\qquad\qquad\qquad\qquad}_{\delta\,(S,\ x),\ \lambda\,(S,\ x)}$$

由表可知，状态 d 和 e，在现输入 x 为 0 或为 1 的情况下，所产生的输出分别相同：

$$\lambda(d,0) = \lambda(e,0) = 1$$
$$\lambda(d,1) = \lambda(e,1) = 1$$

且所建立的次态也分别相同：

$$\delta(d,0) = \delta(e,0) = d$$
$$\delta(d,1) = \delta(e,1) = b$$

在现输入下所建立的次态相同，这意味着从现态 d 和 e 出发，对于其后的所有输入序列，所产生的输出序列一定都相同，故表中的状态 d 和 e 可以合并，记为

$$q_2 = \{d, e\} \tag{5.2}$$

再考察表中的状态 b 和 c，在现输入 x 为 0 或为 1 下，它们所产生的输出分别相同：

$$\lambda(b,0) = \lambda(c,0) = 1$$
$$\lambda(b,1) = \lambda(c,1) = 0 \tag{5.3}$$

而所建立的次态在 x = 1 时是相同的，在 x = 0 时分别等于对方的现态，即次态为现态的交错，如下式所示：

$$\delta(b,1) = \delta(c,1) = e$$
$$\begin{cases} \delta(b,0) = c \\ \delta(c,0) = b \end{cases}$$

在这种情况下，尽管 x = 0 时，现态 b 和 c 所建立的次态等于 c 和 b，但由于这两个状态在不同输入下所产生的输出分别相同，故同样满足上述合并状态的原则。设状态 b 和 c 可合并为状态 q_1，即

$$q_1 = \{b,c\} \tag{5.4}$$

将式(5.2)及式(5.4)代入表5.9则得表5.10。现在，进一步考察表5.10，由表可知，状态a和q_2不能合并，因为它们在x=1时的输出不同。同理，表中的状态q_1和q_2也不能合并。那么，表中的状态a和q_1能否合并呢？对现输入x为0或为1而言，它们所产生的现输出是相同的，但它们在x=1时所建立的次态分别为不能合并的两个状态q_1和q_2。这意味着从现态a和q_1出发，尽管在现输入下所产生的现输出相同，但在下一时刻输入下将产生不同的输出，因而不满足上述合并状态的原则。因此，状态a和q_1不能合并。综上可知，5.10就是本例的最简状态表。

例2 化简表5.11所示的原始状态表

表 5.10 例1的状态表

S \ x	0	1
a	q_1, 1	q_1, 0
q_1	q_1, 1	q_2, 0
q_2	q_2, 1	q_1, 1

$$S^{n+1}, Z$$

表 5.11 例2的原始状态表

S \ x	0	1
a	e, 0	d, 0
b	a, 1	f, 0
c	c, 0	a, 1
d	b, 0	a, 0
e	d, 1	c, 0
f	c, 0	d, 1
g	h, 1	g, 1
h	c, 1	b, 1

$$\delta\,(S,\,x),\ \lambda\,(S,\,x)$$

先考察状态c和f。由表可知，不论输入x为0或为1，它们所产生的输出分别相同。当x=0时，它们所建立的次态也相同；但当x=1时，它们所建立的次态却不相同：

$$\delta(c,1) = a \qquad \delta(f,1) = d$$

因此，状态c和f能否合并取决于状态a和d能否合并。为此，需进一步追踪a和d是否满足合并原则。由表5.11可知，不论输入x为0或为1，由现态a和d所产生的输出分别相同。当x=1时，它们所建立的次态为现态的交错；但当x=0时，它们所建立的次态却不相同：

$$\delta(a,0) = e$$
$$\delta(d,0) = b$$

因此，状态a和d能否合并取决于状态e和b能否合并。为此，需进一步追踪b和e是否满足状态合并原则。由表5.11可知，不论输入x为0或为1，由现态b和e所产生的输出分别相同。当x=0时，它们所建立的次态不同：

$$\delta(b,0) = a$$
$$\delta(e,0) = d$$

当x=1时，它们所建立的次态也不同：

$$\delta(b,1) = f$$
$$\delta(e,1) = c$$

因此，状态 b 和 e 能否合并取决于状态 a 和 d 及状态 c 和 f 能否合并。

至此，可知状态 cf、ad 及 be 能否各自合并，出现了下列的依从关系：

$$be \longrightarrow ad \longrightarrow cf \tag{5.5}$$

即，只要状态 be 能合并，则状态 ad 就能合并；只要状态 ad 能合并，则状态 cf 就能合并；而若状态 ad 及状态 cf 能分别合并，则状态 be 就能合并。这就是说，be、ad 和 cf 各状态对构成了一个封闭链，称为状态对封闭链。

显而易见，由于状态对封闭链中的各对状态，在不同的现输入下所产生的输出是分别相同的，因而从该链中的某一个状态对出发，都能保证在所有输入序列下所产生的输出序列均相同。因此，状态对封闭链中的各对状态是可以合并的。

根据式(5.5)，可令

$$q_1 = \{a,d\}$$
$$q_2 = \{b,e\}$$
$$q_3 = \{c,f\}$$

代入表 5.11，则得表 5.12。该表不能再化简，故它就是本例的最简状态表。

表 5.12 例 2 的状态表

S \quad x	0	1
q_1	q_2, 0	q_1, 0
q_2	q_1, 1	q_3, 0
q_3	q_3, 0	q_1, 1
g	h, 1	g, 1
h	q_3, 1	q_2, 1

$$S^{n+1}, Z$$

综上所述，可以把本节一开始提出的合并两个状态的原则进一步具体化为下列两个条件，现叙述如下：

若状态表中的任意两个状态 s_i 和 s_j，同时满足下列两个条件，则它们可以合并为一个状态：

（1）在所有不同的现输入下，现输出分别相同。

（2）在所有不同的现输入下，次态分别为下列情况之一：

① 两个次态完全相同。

② 两个次态为其现态本身或交错。

③ 两个次态为状态对封闭链中的一个状态对。

④ 两个次态的某一后续状态对可以合并。

显然，上述第一个条件是状态合并的必要条件，该条件不满足就无需再考虑第二个条件。因为第一个条件是用来判别现输入下所产生的输出是否相同，而第二个条件则是用来判别其后所有各次输入下所产生的输出是否分别相同。因此，第一个条件不满足的两个状态肯定不能合并；而第一个条件满足的两个状态，若第二个条件不满足，则仍然不能合并。

不难看出，从原始状态表可以容易地判别任何两个状态是否满足第一个条件，但很难判别是否满足第二个条件。下面介绍的两种状态表的化简方法，就是为解决这一难点提出的。下面将先介绍完全定义状态表的化简方法，然后再介绍不完全定义状态表的化简方法。

5.3.2 完全定义状态表的化简方法

在介绍具体方法之前，先给出下列几个定义：

等价状态　满足上述合并条件的两个状态（如 s_i 和 s_j）称为等价状态，或称等价状态对，记为 $\{s_i, s_j\}$。

等价状态的传递性　若状态 s_i 和 s_j 等价，状态 s_j 和 s_m 等价，则状态 s_i 必和 s_m 等价，称为等价状态的传递性，记为 $\{s_i, s_j\}\{s_j, s_m\} \rightarrow \{s_i, s_m\}$。

等价类　彼此等价的状态集合，称为等价类。如：若有 $\{s_i, s_j\}$ 和 $\{s_j, s_m\}$，则有等价类 $\{s_i, s_j, s_m\}$。

最大等价类　若一个等价类不包含在任何其他等价类之中，则称它为最大等价类。

显然，状态表化简的根本任务在于从原始状态表中找出最大等价类，并用一个状态代替。那么，怎样确定最大等价类呢？常用的方法有两种：k 次划分法及隐含表法。下面通过同一个例子来说明这两种方法。

1. k 次划分法

例1　用 k 次划分法化简表 5.13 所示的原始状态表。

表 5.13　原始状态表举例

S ＼ x	0	1
a	c, 0	b, 1
b	f, 0	a, 1
c	d, 0	g, 0
d	d, 1	e, 0
e	c, 0	e, 1
f	d, 0	g, 0
g	c, 1	d, 0

$$S^{n+1}, Z$$

k 次划分法的基本做法是，先从原始状态表中找出第一次输入下输出相同的状态集合，称为状态表的 1 次划分；然后从各个 1 次划分中找出第二次输入下输出相同的状态集合，称为状态表的 2 次划分；依此类推，直到求得状态表的 k 次划分，并再也不能进行 k+1 次划分为止。显然，按上述方法所得到的各个 k 次划分一定是 k 次输入下输出都相同的状态集合，因而它们是状态表的最大等价类。

用 k 次划分法化简表 5.13 的具体步骤如下：

第一步，确定状态表的 1 次划分。

由表可知，状态 a、b 和 e 在 x 为 0 或为 1 下，输出分别相同，故这三个状态可构成一个 1 次划分，记为

$$q_1 = (a,b,e) \tag{5.6}$$

同理，状态 c 和 f，以及状态 d 和 g 都可分别构成一个 1 次划分，记为

$$q_2 = (c,f) \tag{5.7}$$

$$q_3 = (d,g) \tag{5.8}$$

这样，便得到表 5.13 的三个 1 次划分。显而易见，不属于同一个 1 次划分中的状态肯定是不能合并的。如 q_1 中的状态 a 肯定不能与 q_2 中的状态 c 合并，因为它们在第一次输入下输出就不相同。那么，同一个 1 次划分中的各状态是否肯定能合并呢？回答是：不一定。因为这些状态仅保证了第一次输入下输出是相同的，但并未能保证第二次输入下输出是相同的。显然，1 次划分中，凡能使第二次输入下输出相同的各状态，它们的次态一定要属于某一个 1 次划分中。

为此，需进一步确定 1 次划分中的各状态的次态是属于哪一个 1 次划分。例如，1 次划分 q_1 中的状态 a 它所建立的次态为 c 和 b。由式 (5.6) ~ (5.8) 可知，状态 c 属于 1 次划分 q_2（记为 $c \in q_2$），状态 b 属于 1 次划分 q_1（记为 $b \in q_1$）。从而可知，状态 a 的次态分别属于 q_2 和 q_1 这两个 1 次划分，记为 a_{21}。这里，用 a 的下标表示其次态所属的 1 次划分。类似地，可确定 q_1 ~ q_3 中各状态的下标，则得

$$q_1 = (a_{21}, b_{21}, e_{21})$$

$$q_2 = (c_{33}, f_{33})$$

$$q_3 = (d_{31}, g_{23}) \tag{5.9}$$

显然，同一个 1 次划分中下标相同的状态，由于它们的次态所属的 1 次划分相同，因而可使第二次输入下的输出相同，如式 (5.9) 中的 q_1 和 q_2。同一个 1 次划分中下标不同的状态，由于它们的次态所属的 1 次划分不同，因而在第二次输入下将产生不同的输出，如式 (5.9) 中的 q_3。为此，需确定状态表的 2 次划分。

第二步，确定状态表的 2 次划分。

将第二次输入下输出仍相同的状态归为一组，也就是将式 (5.9) 中下标相同的状态归为一组，则得下列四个 2 次划分：

$$q_1 = (a,b,e)$$

$$q_2 = (c,f)$$

$$q_3 = (d)$$

$$q_4 = (g) \tag{5.10}$$

根据该式及表 5.13，重新标上 2 次划分中各状态的下标，如下所示：

$$q_1 = (a_{21}, b_{21}, e_{21})$$
$$q_2 = (c_{34}, f_{34})$$
$$q_3 = (d_{31})$$
$$q_4 = (g_{23})$$

(5.11)

以式(5.10)中 q_2 的状态 c 为例，说明其下标是怎样确定的。由表 5.13 可知，状态 c 在输入为 0 和为 1 下所建立的次态为 d 和 g；由式(5.10)可知，状态 d 属于 2 次划分 q_3，状态 g 属于 2 次划分 q_4，故可确定 c 的下标为"34"，即得 q_{34}。式(5.11)中的其他状态的下标可按同一方法确定，不一一列举。

由式(5.11)可知，各个 2 次划分中的状态下标都已相同，表明各划分中的诸状态在所有输入序列下所产生的输出序列都分别相同。所得之划分就是原始状态表的几个最大等价类，如下所示：

$$q_1 = \{\, a, b, e\}$$
$$q_2 = \{c, f\}$$
$$q_3 = \{d\}$$
$$q_4 = \{g\}$$

(5.12)

这四个最大等价类包含了原始状态表中的所有状态，故它们是具有覆盖性的最大等价类集合，或称最小覆盖集，可记为

$$S = \{\, q_1, q_2, q_3, q_4\}$$

第三步，建立最简状态表。

将式(5.12)代入表 5.13，则得表 5.14 所示的最简状态表。

表 5.14　表 5.13 的化简结果

S ＼ x	0	1
q_1	q_2, 0	q_1, 1
q_2	q_3, 0	q_4, 0
q_3	q_3, 1	q_1, 0
q_4	q_2, 1	q_3, 0

$$S^{n+1}, Z$$

2. 隐含表法

例 2　用隐含表法化简表 5.13 所示的原始状态表。

隐含表法的基本做法是，在一个隐含表(见图 5.16)上，先对原始状态表中的所有状态两两进行比较，以找出能合并、不能合并及能否合并待定的状态对。然后对能否合并待定的状态对进行追踪，直至确定它们能合并或不能合并。这样，便找到了原始状态表的所有等价状态对。最后从这些等价状态对中确定最大等价类，以求得原始状态表的最小覆盖集，便可建立最简状态表。

用隐含表法化简表5.13的具体步骤如下：

第一步，作隐含表。

根据表5.13可作出隐含表如图5.16所示，它是一个斜边为阶梯形的直角三角形图。其中垂直方向的直角边分为6格（格数等于原始状态数7减1），且由上至下顺序标上 bcdefg（缺"头"a）；水平方向的直角边也分为6格，且由左至右顺序标上 abcdef（缺"尾"g）。

构成这种表格图形的目的，在于方便对原始状态表中各状态之间的比较。例如，左侧第一列便可完成表5.13中状态 a 对其他各状态(b～g)的比较，并把比较结果填入相应的小方格内。由表5.16可知，状态 a 和 b 能否合并还取决于状态 c 和 f 能否合并，故在 a 和 b 相交的小方格内填入"cf"；状态 a 和 c 不能合并，故在 a 和 c 相交的小方格内填入"×"号；状态 c 和 f 能够合并，故在 c 和 f 相交的小方格内填入"√"号，见图5.16所示。

第二步，顺序比较与追踪。

在隐含表上自左至右逐列对表5.13中的各状态进行比较，并用上面约定的符号把比较结果填入相应的小方格内，见图5.17所示。这一比较过程是按列（或行）进行的，故称顺序比较。

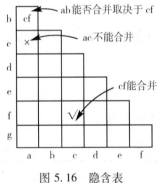

图5.16　隐含表

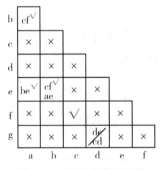

图5.17　顺序比较与追踪

顺序比较后，尚有某些状态对不能肯定是否能合并，如状态对 ab、ae、be、dg。为此，需对它们进行追踪。由图5.17可知，要使 ab 合并，则必 cf 能合并。现由图上查得 cf 能合并，故追踪出 ab 能合并，可在其对应小方格的右上角加一个"√"号。由图还可追踪出状态对 ae 和 be 构成一个封闭链，如下所示：

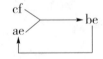

该链中 cf 虽不封闭，但已知它可以合并，故 ae 和 be 均能分别合并，在它们的对应小方格的右上角都加一个"√"号。最后，对状态对 dg 进行追踪。由图可知，要使 dg 合并，则必 de 和 cd 能分别合并。但由图查得 de、cd 均不能合并，故追踪出 dg 不能合并，在其对应的小方格上加一斜杠。

至此，我们完成了对所有原始状态的两两比较。

第三步，确定原始状态表的最大等价类。

从隐含表的右端开始，逐列检查各小方格内的记号，凡有"√"者均为等价状态对。由图5.17可得下列等价状态对：

$$\{c,f\}, \{b,e\}, \{a,b\}, \{a,e\}$$

彼此等价的诸状态可构成一个等价类，故由上式可得下列两个最大等价类：

$$\{c,f\}, \{a,b,e\}$$

第四步，建立最简状态表。

为构成原始状态表的最小覆盖集，最大等价类是必选的，故令

$$q_1 = \{a,b,e\} \tag{5.13}$$
$$q_2 = \{c,f\}$$

选取 q_1 和 q_2 后，尚有原始状态 d 和 g 未被覆盖，故令

$$q_3 = \{d\} \tag{5.14}$$
$$q_4 = \{g\}$$

于是求得原始状态表的最小覆盖集为

$$S = \{q_1, q_2, q_3, q_4\}$$

将式(5.13)和式(5.14)代入表5.13，即可得到如表5.14所示的最简状态表。可见，用隐含表法所得的结果与用 K 次划分法相同。

*5.3.3 不完全定义状态表的化简方法

在化简不完全定义状态表时，利用任意项可使状态表化得更简单一些。例如，设有一个不完全定义的状态表如表5.15所示，若不利用任意项，则该表已为最简；若利用任意项，则可使状态 a 和 b 合并。因为对状态 a 和 b 而言，若指定现态 a 在输入 $x=0$ 时的输出为 0，并指定现态 b 在输入 $x=1$ 时的次态为 b，则 a 和 b 便满足合并条件，故可合并为一个状态。这就是化简不完全定义状态表时，所要考虑的如何利用任意项的问题。

表 5.15 不完全定义的状态表

S　　　　x	0	1
a	a, φ	b, 0
b	a, 0	φ, 0
c	φ, 1	b, 0
d	φ, 1	a, 0

$$S^{n+1}, Z$$

下面，将举例说明用隐含表法化简不完全定义状态表的具体步骤。为便于讨论，先给出几个有关的定义。这些定义与5.3.2节给出的定义相类似，但提醒读者特别要注意它们之间的差别。

相容状态 在不完全定义状态表中，输出与次态的确定部分满足前述合并条件的两个状态，称为相容状态，或称相容状态对。如表5.15中，状态 a 和 b 为相容状态，记为(a, b)。同理，状态 a 和 c 也是相容状态，b 和 c 就不是相容状态。

相容状态无传递性 若状态 s_i 和 s_j 相容，状态 s_j 和 s_m 相容，则状态 s_i 和 s_m 不一定相容，称为相容状态无传递性。如表 5.15 中，a 和 b 相容，且 a 和 c 相容，但 b 和 c 却不相容。

相容类 两两相容的状态集合，称为相容类。例如，若有 (s_i, s_j)，(s_j, s_m) 和 (s_i, s_m)，则有相容类 (s_i, s_j, s_m)。

最大相容类 若一个相容类不包含在任何其他相容类之中，则称它为最大相容类。

在化简不完全定义状态表时，首先要找出最大相容类。然后从最大相容类及一般相容类中确定原始状态表的最小闭覆盖集，以求得最简状态表。由 5.3.2 节可知，化简完全定义状态表的最终目的是确定原始状态表的最小覆盖集。这里多了一个要求，即所谓"闭合性"，其含义将在下面具体例子中说明。

例 用隐含表法化简表 5.16 所示原始状态表。

用隐含表法化简不完全定义状态表的过程与化简完全定义状态表的过程大致相仿，如下所述。

第一步，作隐含表，并进行顺利比较和追踪，以确定原始状态表的所有相容状态对。

根据表 5.16 可作出隐含表如图 5.18 所示。图中标记为"√"的状态对是在顺序比较时确定的相容状态对，标记为"×"的状态对是不相容的。图中填有次态字母的状态对 ab，ac 及 ce 是在追踪时确定的相容状态队，de 则是在追踪时确定的不相容状态对。

表 5.16 原始状态表

S ＼ x	0	1
a	a, φ	φ, φ
b	c, 1	b, 0
c	d, 0	φ, 1
d	φ, φ	b, φ
e	a, 0	c, 1

S^{n+1}, Z

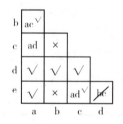

图 5.18 由表 5.16 所得的隐含表

由图 5.18 的自左至右各列，可得到下列相容状态对：

$$(a,b), (a,c), (a,d), (a,e) \tag{5.15}$$
$$(b,d)$$
$$(c,d), (c,e)$$

第二步，从相容状态对中找出最大相容类。

从式(5.15)中确定最大相容类的方法有两种，一种是直观法，另一种是合并图法。

所谓直观法，就是从最大相容类的定义出发，从式(5.15)中找出两两相容的各状态对，如下所示：

$$(a, b), (a, d), (b, d) \rightarrow (a, b, d)$$
$$(a, c), (a, d), (c, d) \rightarrow (a, c, d)$$

$$(a, c), (a, e), (c, e) \rightarrow (a, c, e)$$

可得三个最大相容类：abd、acd、ace。

所谓合并图法，就是通过作合并图找出最大相容类。合并图是这样构成的：先将原始状态表中的诸状态以"点"的形式分布在一个圆周上，然后根据式(5.15)将相容状态的两个"点"用直线连接起来，那么所得之各"点"间都有连线的"多边形"就是一个最大相容类。按此方法可得本例的合并图如图5.19所示，图中构成了三个各点间都有连线的"多边形"，则得下列三个最大相容类：

$$(a, b, d), (a, c, d), (a, c, e) \tag{5.16}$$

该结果与直观法所得的结果完全相同。

比较上述两种方法可知。当原始状态较多且它们所构成的相容状态对较多时，采用合并图法较好，因为这种方法不易遗漏掉最大相容类。

第三步，确定原始状态表的最小闭覆盖集。

至此，我们已找到了表5.16的所有相容状态对（相容类）及最大相容类，如式(5.15)和式(5.16)所示，它们都是可能合并的状态集合。现在的任务是从这些集合中挑选出能覆盖全部原始状态的最少个数的相容类（或最大相容类），而且在用一个状态代替一个相容类（或最大相容类）后，所得简化状态表中的次态一定都是已设定的

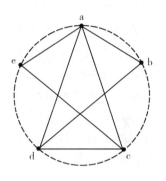

图 5.19　合并图

状态。按照上述要求所选定的相容类（或最大相容类）的集合，就是原始状态表的最小闭覆盖集。为便于读者理解，我们把最小闭覆盖集所要满足的三个要求再分述如下：

（1）该集应能覆盖全部原始状态，不得遗漏。这就是说，原始状态表中的每一个状态至少包含于该集的一个相容类（或最大相容类）之中。满足这一要求，称该集具有覆盖性。

（2）该集内的任一个相容类（或最大相容类），在任何输入下所产生的次态应属于该集内的某一个相容类（或最大相容类）。满足这一要求，称该集具有闭合性。

（3）在满足上述两个要求的前提下，该集内的相容类（或最大相容类）的个数应为最少。满足这一要求，称该集具有最小性。

因此，化简原始状态表的根本任务是确定它的最小闭覆盖集，下面介绍用闭合覆盖表来确定最小闭覆盖集的方法。见表5.17所示。

表 5.17　例 1 的闭合覆盖表

相容类	覆盖性					闭合性	
	a	b	c	d	e	x = 0	x = 1
abd	✓	✓		✓		ac	b
acd	✓		✓	✓		ad	b
ace	✓		✓		✓	ad	c
ab	✓	✓				ac	b

· 171 ·

相容类	覆盖性					闭合性	
	a	b	c	d	e	x = 0	x = 1
ac	√		√			ad	b
ad	√			√		a	b
ae	√				√	a	c
bd		√		√		c	b
cd			√	√		d	b
ce			√		√	ad	c

该表的左起第一列是式(5.15)和式(5.16)给出的相容类和最大相容类，中间标有"√"号的五列表示了各相容类对原始状态的覆盖情况。表的最右边两列填入各行相容类中的诸状态在不同输入下的次态，如对第一行的相容类 abd 而言，由于 x = 0 时，现态 a 和 b 的次态为 a 和 c，现态 d 的次态为任意项 φ，故在该行的 x = 0 一列下填入"ac"。同理，在该行的 x = 1 一列下填入由表 5.16 查得的次态"b"。

在说明了表 5.17 是怎样构成的以后，我们就不难从该表上找出最小闭覆盖集。首先，为使该集具有覆盖性，其可选方案很多，如：

$$\{abd, ace\} \text{ 或 } \{abd, ce\}$$
$$\text{或 } \{acd, ab, ae\} \text{ 或……}$$

为使该集具有最小性，应从中选取相容类(或最大相容类)个数最少的集合，则可选取

$$\{abd, ace\} \text{ 或 } \{abd, ce\} \text{ 或 } \{ace, bd\}$$

它们都由两个相容类(或最大相容类)构成，这意味着表 5.16 将可简化为两个状态。最后，需检查这三个集合是否满足闭合性。

先讨论最小覆盖集 {abd, ace} 的闭合性。由表 5.17 可知，相容类 abd 的次态为 ac 和 b，它们分别属于该集内的相容类 ace 和 abd，或者说 ac 和 b 是相容类 ace 和 abd 的子集；另一个相容类 ace 的次态为 ad 和 c，它们分别也是该集内的相容类 abd 和 ace 的子集。因此，最小覆盖集 {abd, ace} 是满足闭合性的，它是一个最小闭覆盖集。

现在来讨论最小覆盖集(abd, ce)的闭合性。由表 5.17 可知，相容类 abd 的次态为 ac 和 b，但 ac 既不属于该集内的相容类 abd，也不属于另一个相容类 ce，故最小覆盖集 {abd, ce} 不满足闭合性。因此，它不可能是表 5.16 的最小闭覆盖集。同理，可确定最小覆盖集 {ace, bd} 也不满足闭合性。

这样，可确定表 5.16 的最小闭覆盖集为

$$\{abd, ace\}$$

或表示为

$$\{(a,b,d), (a,c,e)\}$$

第四步，建立最简状态表。

设

$$q_1 = (a,b,d) \qquad q_2 = (a,c,e)$$

将它们代入表 5.16，则得最简状态表如表 5.18 所示。

表 5.18　最简状态表

S　　　　x	0	1
q_1	q_2, 1	q_1, 0
q_2	q_1, 0	q_2, 1

$$S^{n+1}, Z$$

在结束本节讨论之前，还须指出两点：

（1）在不完全定义状态表中，两状态的相容只对允许输入序列有效，而不是对所有输入序列有效。所谓某状态(q_i)的允许输入序列是指：以 q_i 为初态，若该输入序列中的每一个输入所建立的次态都是确定的（最后一个次态除外），则该输入序列是状态 q_i 的允许输入序列。例如，在表 5.16 中，对于状态 b，输入序列 0010 是允许序列；但输入序列 0001 是不允许序列，因为

输入序列　　　0 0 1 0　　　　0 0 0 1
次　　态　　b c d b c　　　b c d φ
　　　　　　　确定　　　　　　不确定

（2）完全定义状态表的最小覆盖集一定满足闭合性，不完全定义状态表中却不一定。注意到这两者的差别后，它们的隐含表化简法是完全一致的。因此，在某些参考书中这两种状态表的隐含表化简法作为一种方法介绍，本书分开讲述只是为了便于读者理解。

5.4　状态编码

在求得最简状态表之后，需对状态表中用字母表示的各个状态指定一个二进制代码，该代码就是若干位触发器的状态组合。这一过程，称为状态编码，或称状态分配、状态指派和状态赋值。下面，先说明状态编码所要解决的一般问题。然后介绍一种常用的经验编码方法。

5.4.1　状态编码的一般问题

对状态表中的状态进行编码，无非要解决两个问题：一是根据所要求的状态数，确定触发器的个数。另一是指定每个状态的二进制代码，以使所设计的线路为最简单。这里讨论的是单码状态分配，即每个状态只有一个相应的编码。另一种称为多码分配，它允许每个状态有多个编码。但无论如何决不能把一个编码同时分配给几个状态。

怎样根据状态数确定触发器的个数呢？设线路所需的状态数为 N，需用 K 个触发器来实现，则 K 与 N 应满足下列关系：

$$2^k \geqslant N \geqslant 2^{k-1}$$

或写成

$$k = \lceil \log_2 N \rceil \tag{5.17}$$

式中「$\log_2 N$」为不小于 $\log_2 N$ 的最小整数。

采用同样"数量"的触发器，若选用的状态编码不同，将导致所设计线路的复杂程度不同。为了说明这个问题，我们先来看一个简单例子。设某同步时序线路的最简状态表如表 5.19 所示，显然它需用两个触发器组成，记为 Y_2 和 Y_1。

表 5.19　某同步时序线路的状态表

S ＼ $x_1 x_2$	0 0	0 1	1 1	1 0	Z
a	a	b	d	c	1
b	c	d	b	a	1
c	b	a	c	d	0
d	d	c	a	b	0

S^{n+1}

若采用表 5.20 所给的状态编码，则得图 5.20 所示的时序线路；若采用表 5.21 所给的状态编码，则得图 5.21 所示的时序线路，显然，后一方案的线路较简单，其原因是采用表 5.21 所给的状态编码，将得到更简单的次态函数及输出函数表达式。

表 5.20　状态编码之一

状态 ＼ 编码	y_2	y_1
a	0	0
b	0	1
c	1	1
d	1	0

表 5.21　状态编码之二

状态 ＼ 编码	y_2	y_1
a	0	0
b	1	0
c	0	1
d	1	1

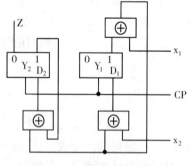

图 5.20　采用表 5.20 状态编码
所得的线路

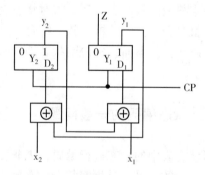

图 5.21　采用表 5.21 状态编码
所得的线路

状态编码要解决的根本问题，就是根据状态表中给定的现态与次态、输出的关系，确定一组使次态函数（或控制函数）和输出函数尽可能简单的状态编码，称为最佳状态编码。从理论上讲，有可能找到一种确定最佳状态编码的算法，然而至今尚未获得满意而又实用的结果。目前常用的方法有直观比较法、次佳编码法、最小轨迹法、减少相关法和状态划分法等。直观比较法就是给出状态的所有可能编码方案，逐一列出它们的编码状态表，并进而推得它们的控制函数及输出函数表达式，从中选取最简单的结果。这一方法肯定能找到最佳状态编码，但当状态数超过4个时由于编码方案的数目剧烈增加，致使工作量极大，如表5.22所示。下面仅对次佳编码法做一介绍。

表 5.22 状态编码的数目

N	K	编码方案数
2	1	1
3	2	3
4	2	3
5	3	140
6	3	420
7	3	840
9	4	10810800

*5.4.2 次佳编码法

次佳编码法是一种经验方法，它基于如下思想：在选择状态编码时，尽可能地使次态和输出函数在卡诺图上"1"单元的分布为相邻，以便形成更大的圈。次佳编码法的主要规则如下：

（1）对于状态表中同一输入下的相同次态所对应的现态，应给予相邻编码。所谓相邻编码，就是指各二进制代码中只有一位码不同。为方便起见，我们把这条规则简称为"次态相同，现态编码应相邻"。

（2）对于状态表中同一现态在不同输入下的次态，应给予相邻编码。该规则可简称为"同一现态，次态编码应相邻"。

（3）对于状态表中输出完全相同的现态，应给予相邻编码。该规则可简称为"输出相同，现态编码应相邻"。

下面，举例说明上述规则的具体应用。设有表5.23所示的状态表，其状态 a~d 的编码确定过程如下：

根据规则（1），状态 a 和 b、a 和 c 应分别取相邻编码。

根据规则（2），状态 c 和 d、c 和 a、b 和 d、a 和 b 应分别取相邻编码。

根据规则（3），状态 a，b 和 c 应分别取相邻编码。

表 5.23 用于编码举例的状态表

S \\ x	0	1
a	c, 0	d, 0
b	c, 0	a, 0
c	b, 0	d, 0
d	a, 1	b, 1

$$S^{n+1}, Z$$

综上所述，状态 a 和 b、a 和 c 一定要取相邻编码，因为这是三条规则都要求的。这样，便确定了 a~d 的编码方案如图 5.22 所示。令 a = 00，则 b = 01，c = 10，而 d = 11。

图 5.23 给出了另一种编码方案，其中状态 a 和 b、a 和 d 分别相邻，但 a 和 c 不相邻。读者不难验证，按图 5.22 编码所设计的线路一定比图 5.23 简单。

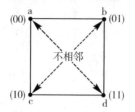

图 5.22　相邻编码方案之一

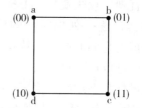

图 5.23　相邻编码方案之二

一般说，上述三条规则在大多数情况下是有效的。因为其中第一条规则力图使次态函数卡诺图上的列向"1"按相邻分布，第二条规则力图使次态函数卡诺图上的行向"1"按相邻分布，第三条规则力图使输出函数卡诺图上的"1"按相邻分布，从而可形成尽可能大的"1"圈。

然而必须指出，由于次佳编码法的三条规则是分别实施的，未能从总体加以考虑。因此，所得到的编码往往不是最佳的，故命名它为"次佳"。在个别情况下，甚至会得出很不满意的结果，这是实际使用中要注意的。此外，对于某些状态表，往往会出现不能同时满足上述三条规则的现象。此时，应尽量满足第一条规则，其次是第二条，再次是第三条。尽管如此，由于次佳编码法比较简单，而且一般情况下能够获得较好的结果，故仍不失为一种实用的方法。

*5.5　脉冲异步时序线路的设计方法

如第 5 章所述，脉冲异步时序线路的分析方法与同步时序线路基本相同。只是在脉冲异步时序线路中各触发器的 CP 脉冲不再是同一个时钟脉冲，因而各 CP 脉冲必须如同触发器的其他输入端(D 或 J、K)一样，作为控制函数来考虑。明确了这一差别，就可完全按照图 5.2 所示的设计步骤，来完成脉冲异步时序线路的设计工作。下面举例说明脉冲异步时序线路的设计方法。

例　试用 D 触发器及门电路，设计一个 x_1-x_2-x_2 脉冲序列检测器，其中 x_1 和 x_2 为不同时出现的脉冲，且脉冲间隔为任意。但最小间隔应保证线路稳定工作。

第一步，建立原始状态表。

根据题意，可得该检测器的框图如图 5.24 所示。它有两个脉冲序列输入端 x_1 和 x_2，当 x_1 先输入一个脉冲，紧接着 x_2 输入两个脉冲时，输出 Z 便在第二个 x_2 脉冲出现时刻产生一个脉冲。这一输入、输出关系可用图 5.25 所示的波形图说明。

图 5.24　x_1-x_2-x_2 序列检测器框图

为实现这一输入、输出关系，检测器内应设置几个状态呢？由题意可直接列出使 Z = 1 的信号序列如下：

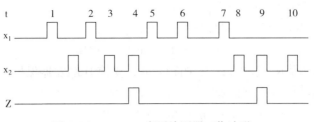

图 5.25　x_1-x_2-x_2 序列检测器工作波形

$$x_1 x_2 / Z: \qquad 10/0 \rightarrow 01/0 \rightarrow 01/1$$

由于 $x_1 x_2 = 00$（即 x_1 和 x_2 都无脉冲输入）时，线路将不发生状态转换，而 $x_1 x_2 = 11$（既 x_1 和 x_2 同时有脉冲输入）是不会出现的，故上述信号序列中的每个信号只有两个转移方向。如对于第一个信号 10/0，它的两个后续信号为 01/0 和 10/0，可表示为

$$x_1 x_2 / Z:$$

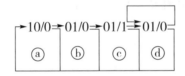

与此同理，可列出检测器的完整信号序列如下：

$$x_1 x_2 / Z:$$

对式中各信号指定状态 a ~ d，则得表 5.24 所示的原始状态表。

第二步，建立最简状态表。

由表 5.24 明显可见，状态 c 和 d 可以合并，则得最简状态表如表 5.25 所示。

表 5.24　原始状态表

S \ $x_1 x_2$	10	01
a	a, 0	b, 0
b	a, 0	c, 1
c	a, 0	d, 0
d	a, 0	d, 0

S^{n+1}, Z

表 5.25　最简状态表

S \ $x_1 x_2$	10	01
a	a, 0	b, 0
b	a, 0	c, 1
c	a, 0	c, 0

S^{n+1}, Z

第三步，对状态进行编码，并建立编码状态表。

检测器共有 3 个状态，需选用 2 个 D 触发器。应用次佳编码法的三条规则，取 a 和 b、a 和 c 为相邻编码，如下所示：

$$a = 00 \qquad b = 01 \qquad c = 10$$

代入表 5.25，则得表 5.26 所示的编码状态表。

第四步，建立最简控制函数及输出函数表达式。

把 CP 视为控制函数后，D 触发器的特征表达式为

$$Q^{n+1} = D \cdot CP + Q \cdot \overline{CP} \tag{5.18}$$

其激励表如表 5.27 所示。表中第一、四行表明，要使 D 触发器保持原状态不变，只需使 CP = 0，而 D 输入端可为任意；表中第二、三行表明，要使 D 触发器由 0(或 1)状态变为 1(或 0)状态，则 CP 必为 1，且 D 输入端应为 1(或 0)。

表 5.26　编码状态表

$y_2 y_1$ ＼ $x_1 x_2$	10	01
0 0	00, 0	01, 0
0 1	00, 0	10, 1
1 0	00, 0	10, 0

$y_2^{n+1} y_1^{n+1}$, Z

表 5.27　D 触发器的激励表

Q	Q^{n+1}	CP	D
0	0	0	φ
0	1	1	1
1	0	1	0
1	1	0	φ

根据表 5.26 及表 5.27，可作出控制及输出函数真值表如表 5.28 所示。表中加入了 $x_1 x_2 = 00$ 和 11，以及 $y_1 y_2 = 11$ 时，各函数应取之值。由表 5.28 可得控制函数及输出函数的卡诺图，见图 5.26 所示。由图求得下列表达式：

$$
\begin{aligned}
CP_2 &= x_2 y_1 + x_1 y_2 \\
D_2 &= \overline{y_2} \\
CP_1 &= x_2 \overline{y_2} + x_1 y_1 \\
D_1 &= \overline{y_1} \\
Z &= x_2 y_1
\end{aligned}
\tag{5.19}
$$

须指出，表 5.28 无需一定要列，因为根据表 5.26 及表 5.27 可以直接得到卡诺图。

表 5.28　控制及输出函数的真值表

$x_1 x_2$		y_1	y_2	y_2^{n+1}	y_1^{n+1}	CP_2	D_2	CP_1	D_1	Z
1	0	0	0	0	0	0	φ	0	φ	0
		0	1	0	0	0	φ	1	0	0
		1	0	0	0	1	0	0	φ	0
		1	1	φ	φ	φ	φ	φ	φ	φ
0	1	0	0	0	1	0	φ	1	1	0
		0	1	1	0	1	1	1	0	1
		1	0	1	0	0	φ	0	0	0
		1	1	φ	φ	φ	φ	φ	φ	φ
0	0	0	0	0	0	0	φ	0	φ	0
		0	1	0	1	0	φ	0	φ	0
		1	0	1	0	0	φ	0	φ	0
		1	1	φ	φ	φ	φ	φ	φ	φ
1	1	0	0	φ	φ	φ	φ	φ	φ	φ
		0	1	φ	φ	φ	φ	φ	φ	φ
		1	0	φ	φ	φ	φ	φ	φ	φ
		1	1	φ	φ	φ	φ	φ	φ	φ

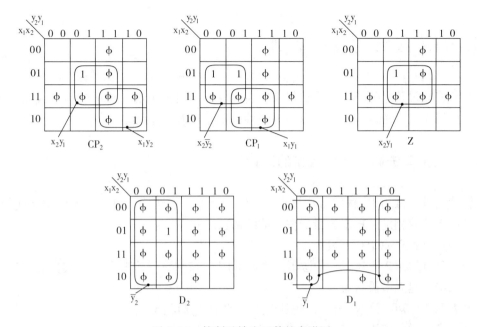

图 5.26　控制及输出函数的卡诺图

第五步，画逻辑图。

根据式(5.19)可画出检测器的逻辑图如图 5.27 所示，图中 CP_2 和 CP_1 是按照下式构成的：

$$CP_2 = \overline{x_2 y_1 + x_1 y_2}$$

$$CP_1 = \overline{x_2 \bar{y}_2 + x_1 y_1}$$

(5.20)

此外，图中还增加了一条初态设置线 PS，用来设置检测器的初态 10，以保证能正确地检测出第一个输入的 $x_1 - x_2 - x_2$ 脉冲序列。

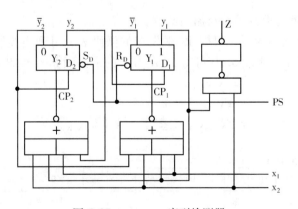

图 5.27　$x_1 - x_2 - x_2$ 序列检测器

5.6 时序线路的设计举例

本节将通过几个例子，说明如何应用前面各节所讲的方法完成同步时序线路的设计，以及如何用 MSI 功能块构成一个含有时序线路的小型数字系统。

5.6.1 同步二进制串行加法器的设计

设计题目：试用 JK 触发器及与非门设计一个串行加法器，以实现最低位在前的两个串行二进制整数相加，输出为最低位在前的两数之和。

第一步，建立原始状态表。

如 5.2 节的例 2 所述，该加法器的框图如图 5.12 所示，其原始状态表见表 5.7。

第二步，建立最简状态表。

由表 5.7 可知，该状态表已不能再化简，即为最简状态表。

第三步，对状态进行编码，并建立编码状态表。

已知状态表 N = 2，故取一个触发器即可。设状态 a 和 b 的编码为

$$a = 0 \quad b = 1$$

代入表 5.7，则得表 5.29 所示的编码状态表。

表 5.29 串行加法器的编码状态表

y \ $x_1 x_2$	0 0	0 1	1 1	1 0
0	0, 0	0, 1	1, 0	0, 1
1	0, 1	1, 0	1, 1	1, 0

$$y^{n+1}, \ Z$$

第四步，建立最简控制函数及输出函数表达式。

设选定的 JK 触发器为 Y，根据 JK 触发器的激励表，可列出控制函数及输出函数的真值表如表 5.30 所示。由表 5.30 可得 J，K 与 Z 的卡诺图如图 5.28 所示，由图得

$$\begin{aligned} J &= x_1 x_2 \\ K &= \bar{x}_1 \bar{x}_2 \\ Z &= \bar{x}_1 \bar{x}_2 y + \bar{x}_1 x_2 \bar{y} + x_1 \bar{x}_2 \bar{y} + x_1 x_2 y \end{aligned} \qquad (5.21)$$

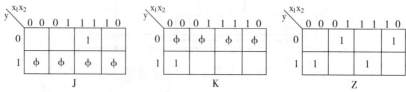

图 5.28 控制函数的卡诺图

表 5.30　控制及输出函数真值表

x_1	x_2	y	y^{n+1}	J	K	Z
0	0	0	0	0	ϕ	0
0	1	0	0	0	ϕ	1
1	1	0	1	1	ϕ	0
1	0	0	0	0	ϕ	1
0	0	1	0	ϕ	1	1
0	1	1	1	ϕ	0	0
1	1	1	1	ϕ	0	1
1	0	1	1	ϕ	0	0

第五步，画逻辑图。

根据式(5.21)，可用与非门及 JK 触发器组成如图 5.29 所示的串行加法器，其中 CP 脉冲是同步信号。

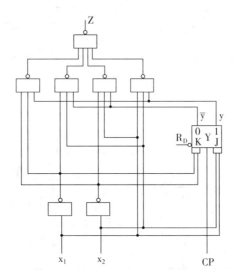

图 5.29　串行二进制加法器

*5.6.2　串行 8421 码检测器的设计

设计题目：试用与非门、与或非门及 JK 触发器设计一个串行 8421 码检测器，串行输入的形式为

$$1,\ 0001[0\cdots0]\ 1,\ 1110[0\cdots0]\ 1,\ 1010[0\cdots0]\ \cdots$$

逗号前的一个"1"表示开始信号；其后四位是要检测的 8421 码，且先出现的是低位；括号中的零表示两个 8421 码之间的间隔。因此，上述串行输入的三个 8421 码是 875。

第一步，建立原始状态表。

设输入为 x，输出为检测信号 Z，其框图如图 5.30 所示。当输入 x 为非 8421 码（即 1010 ~ 1111）时，输出 Z = 1；否则，Z = 0。这样，根据 Z 的值便可检测出输入 x 是否为 8421 码。

图 5.30　串行 8421 码
检测器框图

由上述串行输入形式可知，该线路应有一个初始状态，以表征它正等待输入。一旦输入一个"开始信号"（即逗号前的一个"1"），线路便从初态转入另一状态，以表征它可以接收四位串行输入的 8421 码。在此接收过程中，应设置若干个线路状态，以记忆输入的四位代码。接收完毕，线路又进入初始状态，以等待下一次的输入。根据以上分析，可用直接构图法画出所要设计线路的状态图，见图 5.31 所示。图中状态 a 为初始状态，b 为输入"开始信号"后的状态，c ~ r 为接收四位 8421 码过程中的状态。由图 5.31 可得原始状态表如表 5.31 所示，表中共有 16 个状态。

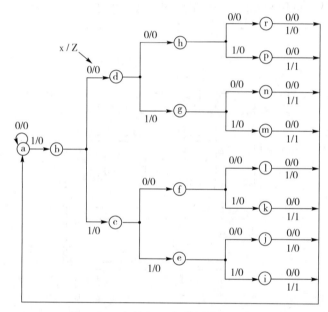

图 5.31　串行 8421 码检测器的状态图

第二步，建立最简状态表。

由表 5.31 明显可见，状态 i、j、k、m、n、p 可合并为一个状态，记为 p；状态 l 与 r 可合并为一个状态，记为 r；则得表 5.32。

用隐含表法化简表 5.32，作出隐含表如图 5.32 所示。由图可得下列等价状态对：

$$\{c, d\}, \quad \{e, g\}, \quad \{f, h\}$$
$$q_1 = \{a\} \qquad q_2 = \{b\}$$
$$q_3 = \{c, d\} \qquad q_4 = \{e, g\}$$
$$q_5 = \{f, h\} \qquad q_6 = \{p\}$$
$$q_7 = \{r\}$$

表 5.31　原始状态表

S＼x	0	1
a	a, 0	b, 0
b	d, 0	c, 0
c	f, 0	e, 0
d	h, 0	g, 0
e	j, 0	i, 0
f	l, 0	k, 0
g	n, 0	m, 0
h	r, 0	p, 0
i	a, 0	a, 1
j	a, 0	a, 1
k	a, 0	a, 1
l	a, 0	a, 0
m	a, 0	a, 1
n	a, 0	a, 1
p	a, 0	a, 1
r	a, 0	a, 0

$$S^{n+1},\ Z$$

表 5.32　表 5.31 的化简

S＼x	0	1
a	a, 0	b, 0
b	d, 0	c, 0
c	f, 0	e, 0
d	h, 0	g, 0
e	p, 0	p, 0
f	r, 0	p, 0
g	p, 0	p, 0
h	r, 0	p, 0
p	a, 0	a, 1
r	a, 0	a, 0

$$S^{n+1},\ Z$$

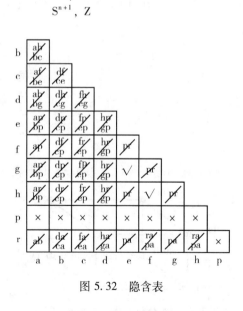

图 5.32　隐含表

代入表 5.32 则得最简状态表如表 5.33 所示。由该表可画出简化后的状态图，见图 5.33 所示。

表 5.33 最简状态表

S \ x	0	1
q_1	q_1 , 0	q_2 , 0
q_2	q_3 , 0	q_3 , 0
q_3	q_5 , 0	q_4 , 0
q_4	q_6 , 0	q_6 , 0
q_5	q_7 , 0	q_6 , 0
q_6	q_1 , 0	q_1 , 1
q_7	q_1 , 0	q_1 , 0

$$S^{n+1} , Z$$

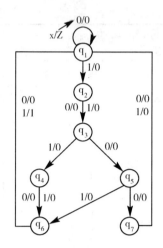

图 5.33 化简后的状态图

第三步，对状态进行编码，并建立编码状态表。

由表 5.33 可知，本检测器至少设置 7 个状态，故需用 3 个触发器，记为 $Y_3 Y_2 Y_1$。

对表 5.33 应用次佳编码法的三条规则，可得下列结论：

根据规则(1)，要求状态 $q_1 q_6 q_7$、$q_4 q_5$ 及 $q_6 q_7$ 分别为相邻编码。

根据规则(2)，要求状态 $q_1 q_2$、$q_4 q_5$ 及 $q_6 q_7$ 分别为相邻编码。

根据规则(3)，要求状态 $q_1 \sim q_5$ 和 q_7 为相邻编码。

综上要求，选择状态编码的方案如图 5.34 所示。这一方案中，保证了 $q_1 q_7$、$q_1 q_2$、$q_4 q_5$ 及 $q_6 q_7$ 各状态对分别为相邻编码。若指定 q_1 的编码为 0000，则其他各状态的编码如下：

状态	编码
q_2	001
q_3	011
q_4	010
q_5	110
q_6	101
q_7	100

将上述状态编码代入表 5.33 则得表 5.34 所示的编码状态表。

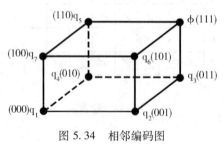

图 5.34 相邻编码图

表 5.34 编码状态表

$y_3 y_2 y_1$ \ x	0	1
0 0 0	000 , 0	001 , 0
0 0 1	011 , 0	011 , 0
0 1 1	110 , 0	010 , 0
0 1 0	101 , 0	101 , 0
1 1 0	100 , 0	101 , 0
1 0 1	000 , 0	000 , 1
1 0 0	000 , 0	000 , 0

$$y_3^{n+1} y_2^{n+1} y_1^{n+1} , Z$$

第四步，建立最简控制函数及输出函数表达式。

根据表 5.34 可直接得到输出函数卡诺图，见图 5.35 所示。该卡诺图采用的是变形卡诺图形式，以使它与编码状态表相似。该卡诺图中的 $y_3 y_2 y_1 = 111$ 一行全部填入 ϕ，这是因为该编码未被选用，在所设计的线路中不会出现，故 $y_3 y_2 y_1 \bar{x}$ 及 $y_3 y_2 y_1 x$ 为任意项。由图可得输出函数 Z 的最简式为

$$Z = y_3 y_1 x \qquad (5.22)$$

同理，借助于 JK 触发器的激励表，可由表 5.34 得到控制函数的卡诺图，见图 5.36 所示。由图求得它们的最简式为

$$J_3 = y_2 \bar{y}_1 + y_2 \bar{x}, \qquad K_3 = \bar{y}_2$$
$$J_2 = \bar{y}_3 y_1, \qquad K_2 = \bar{y}_1 \qquad (5.23)$$
$$J_1 = \bar{y}_3 x + y_2 x + \bar{y}_3 y_2$$
$$K_1 = y_3 + y_2$$

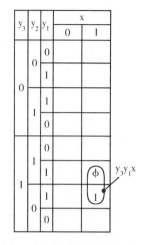

图 5.35 输出函数的卡诺图

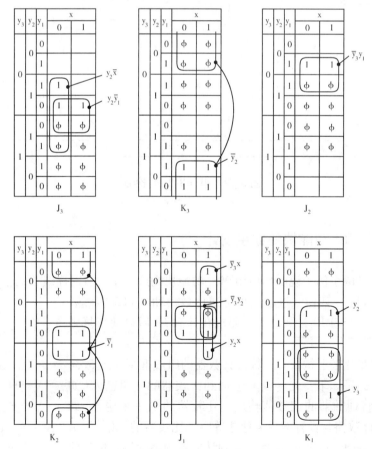

图 5.36 控制函数的卡诺图

第五步，画逻辑图。

由于给定的门电路类型是与非门和与或非门，故需将式(5.22)及式(5.23)变换为"与非"或"与或非"形式，如下所示：

$$Z = \overline{\overline{y_3 y_1} \overline{x}}$$

$$J_3 = \overline{\overline{y_2 \overline{y_1}} + y_2 \overline{x}} \qquad K_3 = \overline{y_2}$$

$$J_2 = \overline{\overline{y_3} y_1} \qquad K_2 = \overline{y_1} \qquad\qquad (5.24)$$

$$J_1 = \overline{\overline{\overline{y_3} x} + y_2 x + \overline{y_3} y_2}$$

$$K_1 = \overline{y_3 + y_2} = \overline{y_3} \cdot \overline{y_2}$$

根据上式，可画出串行 8421 码检测器的逻辑图，见图 5.37 所示。

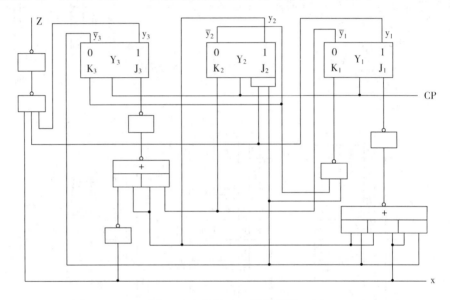

图 5.37　串行 8421 码检测器

5.6.3　应用 MSI 功能块的数字设计

本节将通过两个例子说明如何用 MSI 功能块构成一个含有时序线路的小型数字系统。

例 1　用 T1193 四位二进制同步可逆计数器和 T1085 四位数码比较器构成一个模 10 计数器，并要求在计满 10 后自动恢复到 0。

用计数器和比较器构成任意模 n 计数器的组成框图如图 5.38 所示，其基本原理如下：先将模 n 值加到比较器的一组输入（如 $A_0 \sim A_3$），再将计数器的记数值输出到比较器的另一组输入（如 $B_0 \sim B_3$）。当计数值与预置的模 n 值相等时，比较器的"相等"（A=B）输出端就输出一信号。该信号加到计数器的消除端，使计数器复位到 0。

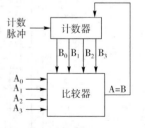

图 5.38　模 n 计数器的组成框图

在说明如何用 T 1193 和 T1085 构成模 10 计数器之前，先对这两个 MSI 功能块的外特性作一简要说明。T1193 是一个四位二进制同步可逆计数器，它能对输入脉冲进行累加或累减计数，它的外引线及各引线的功能如图 5.39 所示：当 C_r 为高电平时，计数器将被清除为"0"；当 L_D 为低电平时，计数器将被预置为由 ABCD 端输入的值；若计数脉冲由 CP_+ 端加入，则计数器进行累加计数；若计数脉冲由 CP_- 端加入，则计数器进行累减计数。计数器的上述功能可概括为表 5.35 所示。

	引线名称	功用
输入	C_r L_D DCBA CP+ CP-	清除 预置控制 预置初始值 累加计数脉冲 累减计数脉冲
输出	$Q_D \sim Q_A$ Q_B Q_C	计数值 借位 进位

(a) 外引线排列   (b) 各引线的功能

图 5.39　T1193 的外引线及其功用

表 5.35　T1193 的功能表

C_r	L_D	D	C	B	A	CP_+	CP_-	Q_D	Q_C	Q_B	Q_A
1	φ	φ	φ	φ	φ	φ	φ	0	0	0	0
0	0	d	c	b	a	φ	φ	d	c	b	a
0	1	φ	φ	φ	φ	1	1	累加计数			
0	1	φ	φ	φ	φ	1	1	累减计数			
0	1	φ	φ	φ	φ	1	1	保　持			

注：1 表示计数

φ 表示无关项(可为 0 或 1)

T1085 是一个四位数码比较器，它能判别两个四位二进制数是否相等、是大于还是小于。T1085 的外引线及各引线的功用如图 5.40 所示。要比较的两个数分别从 $A_3 \sim A_0$ 和 $B_3 \sim B_0$ 输入，若要判别这两个数是否相等，则需将级联输入 A＝B 接高电平，A＞B 和 A＜B 接低电平或任意。此时，若输出 $Q_{A=B}$ 为高电平，则表明 $A_3 \sim A_0 = B_3 \sim B_0$，表 5.36 给出了 T1085 的全部功能。

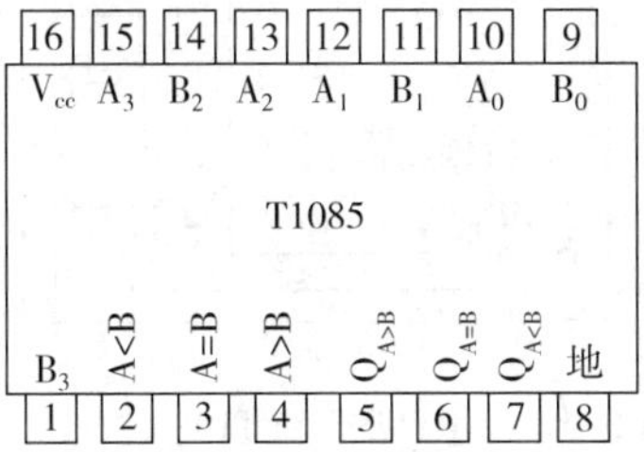

	引线名称	功用
输入	$A_3 \sim A_0$ $B_3 \sim B_0$ A＜B A＝B A＞B	要比较的一个四位数 要比较的另一个四位数 高位 A 小于 B ⎫ 高位 A 等于 B ⎬ 级联输入 高位 A 大于 B ⎭
输出	$Q_{A<B}$ $Q_{A=B}$ $Q_{A>B}$	A＜B 时为"1" A＝B 时为"1" A＞B 时为"1"

(a) 外引线的排列   (b) 各引线的功用

图 5.40　T1085 的外引线及其功用

表 5.36　T1085 的功能表

A_3B_3	A_2B_2	A_1B_1	A_0B_0	$A>B$	$A<B$	$A=B$	$Q_{A>B}$	$Q_{A<B}$	$Q_{A=B}$
$A_3>B_3$	ϕ	ϕ	ϕ	ϕ	ϕ	ϕ	1	0	0
$A_3<B_3$	ϕ	ϕ	ϕ	ϕ	ϕ	ϕ	0	1	0
$A_3=B_3$	$A_2>B_2$	ϕ	ϕ	ϕ	ϕ	ϕ	1	0	0
$A_3=B_3$	$A_2<B_2$	ϕ	ϕ	ϕ	ϕ	ϕ	0	1	0
$A_3=B_3$	$A_2=B_2$	$A_1>B_1$	ϕ	ϕ	ϕ	ϕ	1	0	0
$A_3=B_3$	$A_2=B_2$	$A_1<B_1$	ϕ	ϕ	ϕ	ϕ	0	1	0
$A_3=B_3$	$A_2=B_2$	$A_1=B_1$	$A_0>B_0$	ϕ	ϕ	ϕ	1	0	0
$A_3=B_3$	$A_2=B_2$	$A_1=B_1$	$A_0<B_0$	ϕ	ϕ	ϕ	0	1	0
$A_3=B_3$	$A_2=B_2$	$A_1=B_1$	$A_0=B_0$	1	0	0	1	0	0
$A_3=B_3$	$A_2=B_2$	$A_1=B_1$	$A_0=B_0$	0	1	0	0	1	0
$A_3=B_3$	$A_2=B_2$	$A_1=B_1$	$A_0=B_0$	0	0	1	0	0	1
$A_3=B_3$	$A_2=B_2$	$A_1=B_1$	$A_0=B_0$	ϕ	ϕ	1	0	0	1
$A_3=B_3$	$A_2=B_2$	$A_1=B_1$	$A_0=B_0$	1	1	0	0	0	0
$A_3=B_3$	$A_2=B_2$	$A_1=B_1$	$A_0=B_0$	0	0	0	1	1	0

在掌握了 T1193 和 T1085 的外特性之后，可按图 5.38 的方案画出模 10 计数器，如图 5.41 所示。图中 T1085 比较器的两组输入是 $A_3 \sim A_0 = 1010$（模 10）和 $B_3 \sim B_0 = Q_D \sim Q_A$（计数值）。

例 2　用 MSI 功能块构成一个模 12 计数器，并用七段显示器显示出它的十进制计数值。

按题意要求，该数字系统可用图 5.42 所示方案实现。如果选定模 12 计数器用 T1193 计数器实现，二进制到 8421 码变换器采用 T1185A，8421 码至七段译码器采用 T1048，则可画出实现该方案的 MSI 功能块的连接图如图 5.43 所示。为便于读者理解该数字系统的工作原理，先对 T1185A 和 T1048 功能块的外特性作一简要说明，T1193 的外特性已在上例中说明。

T1185A 是一代码变换器，它能将二进制码转换为 8421 码，其外引线排列图如图 5.44 所示。图中 G 是选通输入端，当 G＝0 时，芯片工作，即进行代码变换；当 G＝1

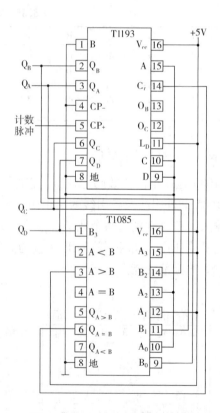

图 5.41　用 T1193 和 T1085 构成的模 10 计数器

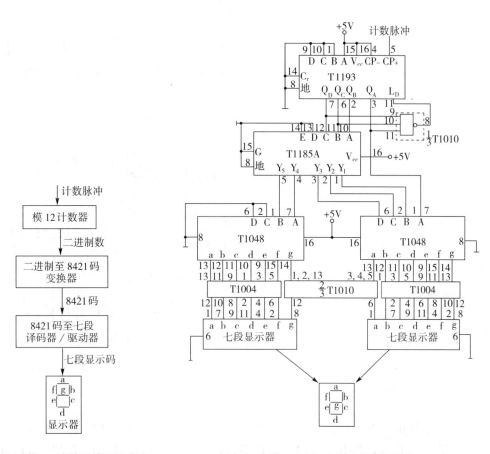

图 5.42　模 12 计数及其显示方案　　　　　图 5.43　模 12 计数及其两位十进制数显示

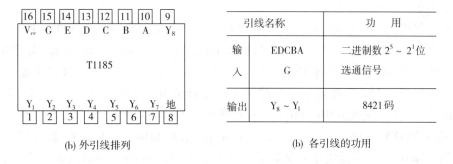

(b) 外引线排列

引线名称		功　用
输入	EDCBA	二进制数 $2^5 \sim 2^1$ 位
	G	选通信号
输出	$Y_8 \sim Y_1$	8421 码

(b) 各引线的功用

图 5.44　T1185A 的外引线及其功用

时，芯片不工作，$Y_8 \sim Y_1$ 均为高电平。T1185A 实现 6 位二进制码到 8421 码的转换时，其连接图如图 5.45 所示。

　　T1048 是一译码器，它能将 8421 码译为供七段显示器用的笔划，以显示出等值的十进制数字。T1048 的外引线排列及部分译码功能如图 5.46 所示。

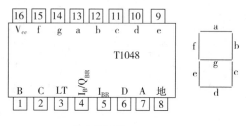

(a) 外引线排列

输入						I_B/Q_{BR}	输出							字形
LT	I_{BR}	D	C	B	A		a	b	c	d	e	f	g	
1	1	0	0	0	0	1	1	1	1	1	1	1	0	0
1	φ	0	0	0	1	1	0	1	1	0	0	0	0	1
1	φ	0	0	1	0	1	1	1	0	1	1	0	1	2
1	φ	0	0	1	1	1	1	1	1	1	0	0	1	3
1	φ	0	1	0	0	1	0	1	1	0	0	1	1	4
1	φ	0	1	0	1	1	1	0	1	1	0	1	1	5
1	φ	0	1	1	0	1	0	0	1	1	1	1	1	6
1	φ	0	1	1	1	1	1	1	1	0	0	0	0	7
1	φ	1	0	0	0	1	1	1	1	1	1	1	1	8
1	φ	1	0	0	1	1	1	1	1	0	0	1	1	9

(b) 部分译码功能

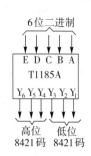

图 5.45　用 T1185A 实现 6 位
二进制—8421 码转换

图 5.46　T1048 的外引线及其部分译码功能

　　除上述 MSI 功能块外，图 5.43 中还用了小规模集成电路 T1010 和 T1004。T1010 是三个 3 输入与非门。其中一个用作译码器，以使 T1193 计数器在计第 13 个脉冲时置为 0001，即下一个循环的第一个计数脉冲。另两个用作反相器。T1004 是六非门，用来对七段译码信号进行反相。

　　现在，简要说明图 5.43 所示数字系统的工作原理：计数脉冲由 T1193 的 CP_+ 端输入，计数值由其 $Q_D \sim Q_A$ 端输出。由于预置端 DCBA 接为 0001 输入，故当 L_D 为低电平时，T1193 将被置为 0001。L_D 只有在输出 $Q_D \sim Q_A$ 为 1101 时才为低电平，这意味着一个新循环的第一个计数脉冲（或者说原循环的第十三个计数脉冲）到来时，T1193 将强迫置于 0001。此后，T1193 又按 0010、0011……的顺序输入脉冲进行计数。计数器的输出 Q_D、Q_C、Q_B 送至 T1185A 的 C、B、A 输入端，输出 Q_A 送至 T1048 的 A 输入端。由于 T1185A 的选通信号输入端 G 接低电平，故该芯片工作，它将输入的二进制数转变为两位 8421 码，并由 $Y_5 Y_4$ 和 $Y_3 Y_2 Y_1$ 端输出。两块 T1048 的功能就是分别将十位和个位 8421 码转换为七段码，并通过反相器来驱动七段显示器，以显示出十进制的计数值。

　　由上可知，用 MSI 功能块进行数字设计时，首先要确定所设计的系统的可能组成框图，然后选取适用的 MSI 功能块。为了将这些功能块按设计要求正确地连接起来，还需了解它们的外特性及各外引线的含义。必要时还需查阅它们的内部逻辑结构。因此可以说，用 MSI 功能块进行数字设计与用 SSI 无原则区别，只是由于 MSI 提供了功能更强的逻辑部件，使系统设计变得更为简便。

练习 5

1. 试用与非门和 JK 触发器设计一个同步模 5 计数器，其计数规律为

$$000 \rightarrow 001 \rightarrow 010 \rightarrow 011$$
$$\uparrow \underline{\quad\quad\quad 100 \quad\quad\quad} \downarrow$$

2. 试给出"101"序列检测器的原始状态表。

3. 试给出串行二进制减法器的原始状态表。

4. 今要设计一个具有下列特点的计数器，试建立该计数器的原始状态表：

（1）该计数器有两个控制输入端 x_1 和 x_2，x_1 用来控制计数器的模数，x_2 用来控制计数器的增减。

（2）若 $x_1 = 0$，则按模 3 计数；若 $x_1 = 1$，则按模 4 计数。

（3）若 $x_2 = 0$，则按增 1 计数；若 $x_2 = 1$，则按减 1 计数。

5. 试用 k 次划分法化简表 P5.1 ~ P5.4 所示的状态表。

表 P5.1

S \ x	0	1
a	a, 0	b, 1
b	b, 1	d, 0
c	c, 0	b, 0
d	b, 1	c, 1

表 P5.2

S \ x	0	1
a	b, 0	e, 1
b	c, 1	d, 0
c	a, 1	d, 1
d	d, 1	a, 1
e	e, 0	c, 0

表 P5.3

S \ x	0	1
a	c, 1	d, 1
b	b, 0	c, 1
c	c, 1	a, 0
d	d, 0	c, 0
e	e, 0	c, 0
f	f, 0	c, 1

表 P5.4

S \ x	0	1
a	a, 0	g, 1
b	b, 0	d, 0
c	d, 1	e, 0
d	g, 1	e, 1
e	e, 0	g, 1
f	f, 0	d, 0
g	c, 0	f, 1

6. 试用隐含表法化简表 P5.5 ~ P5.8 所示的状态表。

<table>
<thead>
<tr><th colspan="3">表 P5.5</th></tr>
<tr><th>S \ x</th><th>0</th><th>1</th></tr>
</thead>
<tbody>
<tr><td>a</td><td>b, 0</td><td>a, 0</td></tr>
<tr><td>b</td><td>c, 0</td><td>a, 0</td></tr>
<tr><td>c</td><td>c, 0</td><td>b, 0</td></tr>
<tr><td>d</td><td>e, 0</td><td>d, 1</td></tr>
<tr><td>e</td><td>c, 0</td><td>d, 0</td></tr>
</tbody>
</table>

<table>
<thead>
<tr><th colspan="5">表 P5.6</th></tr>
<tr><th>S \ $x_1 x_2$</th><th>00</th><th>01</th><th>11</th><th>10</th></tr>
</thead>
<tbody>
<tr><td>a</td><td>b, 0</td><td>c, 0</td><td>b, 1</td><td>a, 0</td></tr>
<tr><td>b</td><td>e, 0</td><td>c, 0</td><td>b, 1</td><td>d, 1</td></tr>
<tr><td>c</td><td>a, 0</td><td>b, 0</td><td>c, 1</td><td>d, 1</td></tr>
<tr><td>d</td><td>c, 1</td><td>d, 0</td><td>a, 1</td><td>b, 0</td></tr>
<tr><td>e</td><td>c, 0</td><td>c, 0</td><td>c, 1</td><td>e, 0</td></tr>
</tbody>
</table>

<table>
<thead>
<tr><th colspan="3">表 P5.7</th></tr>
<tr><th>S \ x</th><th>0</th><th>1</th></tr>
</thead>
<tbody>
<tr><td>a</td><td>a, 0</td><td>e, 1</td></tr>
<tr><td>b</td><td>e, 1</td><td>c, 0</td></tr>
<tr><td>c</td><td>a, 1</td><td>d, 1</td></tr>
<tr><td>d</td><td>f, 0</td><td>g, 1</td></tr>
<tr><td>e</td><td>b, 1</td><td>c, 0</td></tr>
<tr><td>f</td><td>f, 0</td><td>e, 1</td></tr>
<tr><td>g</td><td>a, 1</td><td>d, 1</td></tr>
</tbody>
</table>

<table>
<thead>
<tr><th colspan="3">表 P5.8</th></tr>
<tr><th>S \ x</th><th>0</th><th>1</th></tr>
</thead>
<tbody>
<tr><td>a</td><td>h, 0</td><td>g, 1</td></tr>
<tr><td>b</td><td>c, 0</td><td>e, 0</td></tr>
<tr><td>c</td><td>b, 0</td><td>a, 0</td></tr>
<tr><td>d</td><td>e, 1</td><td>h, 0</td></tr>
<tr><td>e</td><td>h, 0</td><td>d, 1</td></tr>
<tr><td>f</td><td>e, 1</td><td>c, 0</td></tr>
<tr><td>g</td><td>a, 1</td><td>h, 0</td></tr>
<tr><td>h</td><td>d, 0</td><td>f, 1</td></tr>
</tbody>
</table>

7. 试用隐含表法化简表 P5.9 ~ P5.12 所示的不完全定义状态表。

<table>
<thead>
<tr><th colspan="4">表 P5.9</th></tr>
<tr><th>S \ x</th><th>0</th><th>1</th><th>Z</th></tr>
</thead>
<tbody>
<tr><td>a</td><td>c</td><td>φ</td><td>1</td></tr>
<tr><td>b</td><td>φ</td><td>c</td><td>φ</td></tr>
<tr><td>c</td><td>φ</td><td>b</td><td>φ</td></tr>
<tr><td>d</td><td>d</td><td>φ</td><td>0</td></tr>
<tr><td>e</td><td>e</td><td>d</td><td>φ</td></tr>
</tbody>
</table>

<table>
<thead>
<tr><th colspan="3">表 P5.10</th></tr>
<tr><th>S \ x</th><th>0</th><th>1</th></tr>
</thead>
<tbody>
<tr><td>a</td><td>a, 0</td><td>d, φ</td></tr>
<tr><td>b</td><td>c, φ</td><td>e, 1</td></tr>
<tr><td>c</td><td>a, φ</td><td>b, 0</td></tr>
<tr><td>d</td><td>d, 1</td><td>a, 0</td></tr>
<tr><td>e</td><td>b, φ</td><td>b, 0</td></tr>
</tbody>
</table>

<table>
<tr><th colspan="3" align="center">表 P5.11</th></tr>
</table>

S \ x	0	1
a	φ, 0	b, 0
b	a, 1	φ, φ
c	f, φ	a, 1
d	φ, 1	e, 1
e	c, 0	d, φ
f	d, φ	c, 1

表 P5.12

S \ x_1x_2	00	01	11	10
a	e, 0	d, φ	d, φ	φ, φ
b	d, 1	c, 1	φ, φ	a, φ
c	a, φ	c, 0	φ, φ	φ, φ
d	b, φ	φ, φ	c, φ	e, φ
e	b, φ	e, φ	c, φ	a, φ

8. 试用次佳编码规则，确定表 P5.13 ~ P5.14 所示状态表的编码方案。

表 P5.13

S \ x	0	1
a	b, 0	c, 0
b	d, 0	e, 0
c	e, 0	d, 0
d	f, 0	g, 0
e	g, 0	f, 0
f	a, 1	a, 0
g	a, 0	a, 1

表 P5.14

S \ x_1x_2	00	01	11	10	Z_1	Z_2	Z_3
a	c	c	d	b	0	0	0
b	a	e	d	b	0	0	0
c	d	d	e	e	0	1	0
d	e	e	e	e	1	1	1
e	d	a	a	c	0	1	1

9. 试用门电路及 JK 触发器设计一个常数乘法器，其输入 x 为一串行二进制数，输出 Z 值等于 3x 的串行二进制数，且低位先相乘。

10. 试用 JK 触发器及门电路设计一个满足表 P5.15 所要求的同步可控计数器。

11. 已知图 P5.1 所示的同步时序线路中，组合线路的输出表达为

表 P5.15

控制信号 x_1 x_2	操作
0 0	不计数
0 1	按模 2 计数
1 0	按模 4 计数
1 1	按模 8 计数

$$D_2 = \bar{x}y_2 + x\bar{y_1}y_2$$
$$D_1 = \bar{x}y_2 + \bar{y_1}y_2 + xy_1\bar{y_2}$$
$$Z = y_2$$

试将图中的 D 触发器改为 JK 触发器，要求线路为最简且功能不变。

12. 设有一个特征表达式如下的触发器：
$$Q^{n+1} = x_1 \oplus x_2 \oplus Q$$
其中 x_1 和 x_2 为输入，符号见图 P5.2。试完成：

（1）用 JK 触发器和门电路构成该触发器。

（2）用 D 触发器和门电路构成该触发器。

（3）用所得之触发器组成一个模 4 同步计数器。

13. 已知某同步时续线路的框图如图 P5.3 所示，输入与输出的关系如下：若两个 x_1 脉冲之间出现了两个 x_2 脉冲，则输出 $Z=1$；否则，输出 $Z=0$。一旦 Z 变为 1，则只有当输入 x_2 脉冲后 Z 才变为 0。约定 x_1 和 x_2 脉冲不会同时出现。试用门电路及 JK 触发器组成该同步时序线路。

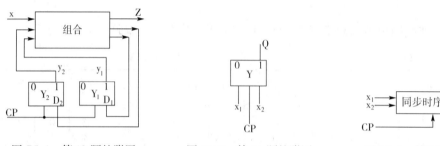

图 P5.1　第 10 题的附图　　　图 P5.2　第 11 题的附图　　　图 P5.3　第 12 题的附图

14. 试用门电路及 D 触发器设计一个保险箱暗码锁的控制线路，其要求如下：

（1）只有依次按下 K_1、K_2、K_3、K_4 四个按钮时，保险箱才被打开，且线路恢复初态。

（2）若所按的按钮不符合上述要求，则保险箱进入死锁状态，并向警卫室发出警报。

（3）当由警卫室按下总清按钮 R 时，保险箱解除死锁状态，线路恢复初态。

15. 简述脉冲异步时序线路和同步时序线路设计方法的差别。

16. 试用与非门及 JK 触发器设计一个 x_1-x_2-x_3 脉冲序列检测器。其中 x_1、x_2 和 x_3 为不同时出现的三个脉冲，要求设计为异步脉冲时序线路。

17. 用图 5.38 所示方案设计一个模 60 累加计数器。

18. 试用两个模 60 计数器和一个模 12 计数器画出 12 小时数字钟的组成框图，要求具有秒、分和小时的七段显示（可参考图 5.42 和图 5.43）。

第6章 可编程逻辑器件

随着微电子技术的不断发展，单个芯片上的集成度越来越高，出现了中、大规模和超大规模集成电路，其产品的种类也越来越多，大致可分为三大类：标准中小规模集成电路产品、微处理器产品及面向特定用途集成电路 ASIC(Application Specific IC)产品。可编程逻辑器件 PLD(Programmable Logic Devices)是 ASIC 产品中的一个重要分支，它允许用户在相应的软硬件平台的支持下，通过编程开发出自己的芯片，并对其功能(芯片的编程内容)进行一次或多次现场更改。因此，可编程逻辑器件具有很强的逻辑设计灵活性，它所能实现的逻辑功能大的是中小规模集成电路的几倍到十几倍，高密度的 PLD 甚至能达千倍以上。用可编程逻辑器件实现前述各章所介绍的组合逻辑和时序逻辑线路，甚至一个数字系统是当前数字设计的方向，PLD 的应用将更加广泛。

本章将讲述常用的几种可编程逻辑器件(PROM、PLA、PAL、GAL 和 FPGA 等)的基本组成及应用，先简要说明可编程逻辑器件的共性问题，如它们的逻辑符号，基本结构及编程的基本原理等。

6.1 可编程逻辑器件 PLD 概述

6.1.1 PLD 的基本结构

前已指出，任何一个逻辑函数都可展开为最小项表达式，并经化简使它变为最简与或表达式。这些逻辑表达式可用与门、或门两极门电路实现，例如，下列两个最小项表达式可用图 6.1 所示的组合逻辑线路实现。

$$F_1 = A\bar{B} + \bar{A}B \tag{6.1}$$
$$F_2 = \bar{A}\bar{B} + AB$$

若将图中的 4 个与门用二极管与门阵列实现，图中的 2 个或门用二极管或门阵列实现，则可画出图 6.2 所示的与 – 或门阵列。图 6.2 中的与门阵列可产生 A、B 两个变量的 4 个最小项。

$$m_0 = \bar{A}\bar{B} \qquad m_1 = \bar{A}B$$
$$m_2 = A\bar{B} \qquad m_3 = AB$$

或门阵列则是根据式(6.1)的要求产生 2 个输出函数 F_1 和 F_2。也就是说，图 6.2 的与-或门阵列中，与门阵列中的二极管的连接位置是固定的，而或门阵列中的二极管的连接位置是根据要实现的逻辑函数选定的。

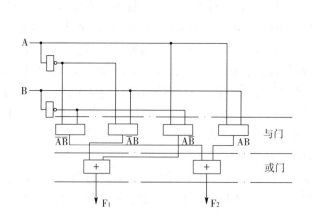

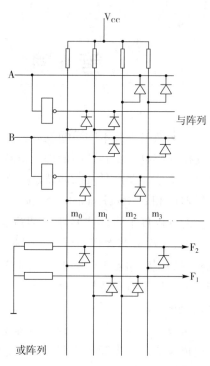

图 6.1　式(6.1)的两极与－门实现　　　　图 6.2　实现式(6.1)的与－门阵列

从图 6.2 还可看出，与－门阵列中的行线与列线的交叉处上具有下列三种连接方式：

（1）固定连接，如图 6.2 中的与门阵列。固定连接的交叉点用圆点（·）表示，称该交叉点为固定编程单元。

（2）可选连接，如图 6.2 中的或门阵列。可选连接的交叉点用叉号（×）表示，称该交叉点为可编程单元。

（3）不连接，如图 6.2 中无二极管的行、列线交叉点，该交叉点称为断开单元，不用任何标记。

按上述约定，并引入图 6.3 所示的 PLD 中采用的与门和或门逻辑符号，则可将图 6.2 改画为图 6.4 所示的与－或阵列符号。这是 PLD 中所采用的与－或阵列逻辑符号，也称与－或阵列的码点图。

由第 4 章可知，任何时序线路是由组合线路加上存储元件（触发器）构成的，因而在与－或阵列的基础上加入触发器组便可实现时序线路。这样，可实现组合逻辑线路和时序逻辑线路的可编程逻辑器件 PLD 的基本结构如图 6.5 所示。

图中输入电路可适应各种输入情况。每一个输入信号都配有一缓冲电路，使其具有足够大的驱动能力，同时产生原变量和反变量输出，形成互补信号阵列输入（如图 6.4 中的 A 和 $\bar{A}$，B 和 $\bar{B}$）。输入电路还可将输出电路的输出作为反馈信号输入。输出电路有多种输出方式：可以是或阵列的直接输出，构成组合逻辑线路；也可以通过触发器输出，构成时序逻辑线路。在不同的可编程逻辑器件中，与－或阵列都是主体，输入电路差异不

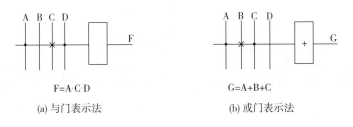

$F=A \cdot C \cdot D$

(a) 与门表示法

$G=A+B+C$

(b) 或门表示法

图 6.3　PLD 中采用的与门和或门逻辑符号

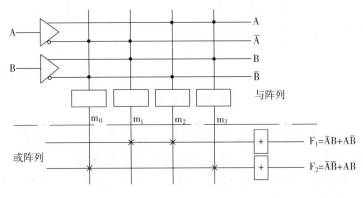

图 6.4　实现式(6.1)的 PLD 阵列符号

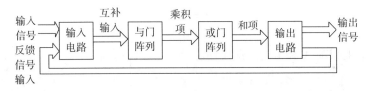

图 6.5　PLD 的基本结构

大，但输出电路将有较大的差别。

6.1.2　PLD 的分类

以与－或阵列为主体的 PLD，根据与阵列和或阵列是否可编程，分为下列三种基本类型：

（1）与阵列固定、或阵列可编程。20 世纪 70 年代初期出现的可编程只读存储器（PROM）及可擦除可编程只读存储器（EPROM）属于这一类 PLD。其与门阵列是固定的（相关编程单元标记·），用来产生输入变量的全部最小项，而不管这些最小项是否会被使用。其或门阵列是可编程的（该阵列的所有编程单元都标记×），可根据所要实现的逻辑函数对相关编程单元进行编程。图 6.6 表示了这一类 PLD 的阵列结构，其中图(a)表示 4(与门)×3(或门)的阵列，图(b)表示用该阵列实现逻辑函数 $F = A\overline{B} + \overline{A}B + AB$ 的逻辑符号。

（2）与阵列和或阵列均可编程。20 世纪 70 年代出现的可编程逻辑阵列（PLA）器件属

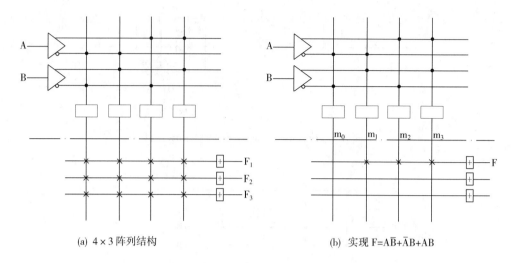

(a) 4×3 阵列结构　　　　　　　　(b) 实现 F=AB̄+ĀB+AB

图 6.6　PROM 阵列结构举例

于这一类 PLD,其与门阵列和或门阵列都是可编程的。图 6.7 表示了这一类 PLD 的阵列结构,其中图(a)表示 4(与门)×3(或门)的阵列,它们的编程单元都标记 ×号,表明这些编程单元都可根据要实现的逻辑函数进行编程。图(b)表示了用该阵列实现逻辑函数 F = AB̄ + ĀB + AB 的实际编程情况,因为

$$\begin{aligned} F &= A\bar{B} + \bar{A}B + AB \\ &= A + \bar{A}B \\ &= A + B \end{aligned}$$　　　　　　(6.2)

该式由两个乘积项 A 和 B 之"或"组成。

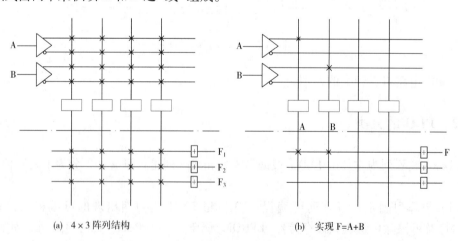

(a) 4×3 阵列结构　　　　　　　　(b) 实现 F=A+B

图 6.7　PLA 阵列结构举例

(3) 与阵列可编程、或阵列固定。20 世纪 70 年代末期出现的可编程阵列逻辑(PAL)器件及 80 年代中期出现的通用阵列逻辑(GAL)器件都属于这一类 PLD,其与门阵列是可编程的,而或门阵列是固定的。图 6.8 表示了这一类 PLD 的阵列结构。其中图(a)表示了

4(与门)×3(或门)的阵列,与门阵列的编程单元用×号标记,表明它们是可选的;或门阵列的编程单元用·号标记,表明它们是固定连接的。图(b)表示了用该阵列实现逻辑函数 $F = A\bar{B} + \bar{A}B + AB$ 的实际编程情况。

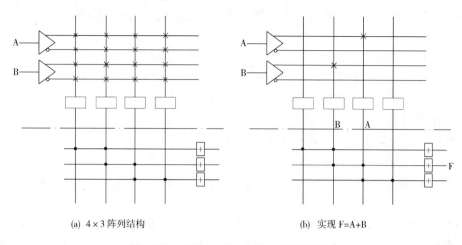

(a) 4×3 阵列结构   (b) 实现 F=A+B

图 6.8   PAL 和 GAL 的阵列结构举例

除上述三类 PLD 外,目前常用的 PLD 还有高密度可编程逻辑器件 HDPLD 及现场可编程门阵列 FPGA。

还需指出的是,图 6.6~6.8 是 PLD 阵列结构的规范画法,为了简化这一画法,常把这些图中的与门及或门逻辑符号省略,如图 6.9 所示。其中图(a)将与阵列画在上面,或阵列画在下面,它是图 6.6(b)省略了与门及或门逻辑符号后的简便画法。图 6.9(b)则是将与阵列画在左侧,或阵列画在右侧的图 6.6(b)的简便画法。

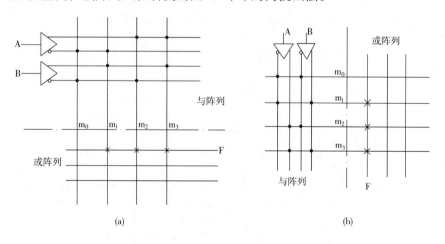

(a)   (b)

图 6.9   图 6.6(b)的简便画法

6.1.3　PLD 的编程单元

　　前已指出，PLD 的与－或阵列中行线与列线的交叉处有三种连接方式，它们可通过交叉处的编程单元的工作状态来设定。编程单元可以是一个简单的二极管或三极管，也可以是较为复杂的触发器。编程单元的工作状态(存储信息 1、0，或断开)可在制造芯片时装定，也可由用户通过"编程"装定。图 6.10 表示了一个熔丝式编程单元，它由一个双极型晶体管 T 及连接在发射极上的一条熔丝所组成。当熔丝上通以足够大的电流脉冲时，熔丝将被烧断。所谓编程就是根据需要将相应行列交叉处的编程单元中的熔丝烧断，利用熔丝的断与不断，便可存储信息"0"或"1"。

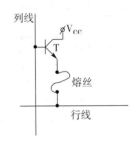

图 6.10　熔丝式编程单元

　　图 6.11 示出了用熔丝式编程单元构成的图 6.6 中的或阵列。出厂时，该芯片的与阵列已固定编程，产生 4 个最小项；该芯片的或阵列可由用户自己编程。例如，要实现下列三个逻辑函数：

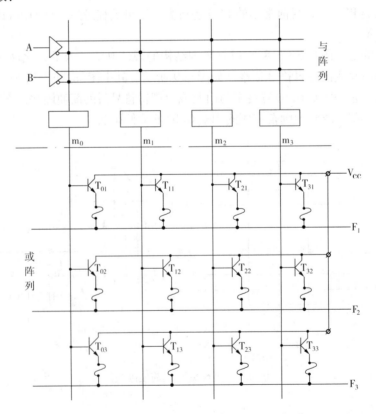

图 6.11　用熔丝式编程单元组成的或阵列

$$F_1 = \overline{A}B + A\overline{B} = \sum(1,2)$$
$$F_2 = \overline{A}\,\overline{B} + AB = \sum(0,3) \qquad\qquad (6.3)$$
$$F_3 = \overline{A}B + A\overline{B} + AB = \sum(1,2,3)$$

则可将 T_{01}、T_{31}、T_{12}、T_{22}、T_{03} 等管子的发射极上的熔丝烧断，其他的熔丝保留，如图 6.12 所示。由图 6.12 可知，当输入变量 $A=1$、$B=1$ 时，$m_0 = m_1 = m_2 = 0$，$m_3 = 1$ 使 T_{31}、T_{32}、T_{33} 管子导通，其他管子截止，由于 T_{31} 的熔丝已断，故高电位 V_{CC} 无法传输到 F_1，而 T_{32}、T_{33} 的熔丝未断，故高电位 V_{CC} 可传输到 F_2 和 F_3。这样，当输入 AB 为 11 时，输出 $F_1 = 0$、$F_2 = 1$、$F_3 = 1$，实现了式(6.3)的要求。

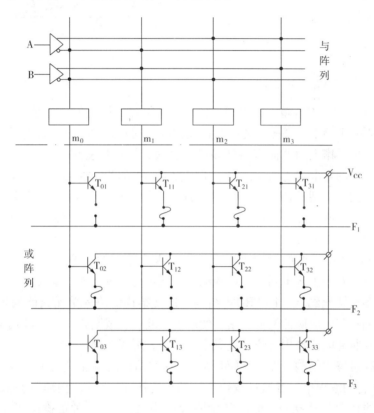

图 6.12　用图 6.11 实现式(6.3)的编程结果

显然，图 6.10 所示的熔丝式编程单元只能让用户编程一次，因为熔丝在编程时一旦烧断再也不能连接起来。用浮栅 MOS 管(FAMOS)和 PMOS 管串接构成的编程单元如图 6.13 所示，其中 PMOS 管的功能类似于图 6.10 中的双极型晶体管，作存储信息用；而浮栅 MOS 管的功能相当于图 6.10 中的熔丝，不过这一"熔丝"在"烧断"后可以重新"修复"故可多次编程，称为可擦除可编程单元。

浮栅 MOS 管作为"熔丝"可重新"修复"的原理如下：浮栅 MOS 管的结构如图 6.14 所示，其浮栅置于绝缘的 S_iO_2 层中，它与四周无电气接触。出厂时，浮栅上没有电荷，因而在它下面不形成导电沟道，源极(S)与漏极(D)之间是断开的。用户进行编程时，可通过专门的写入设备在浮栅 MOS 管的源–漏极之间加上–30V 电压，漏区 PN 结就发生雪崩击穿，热电子穿过薄氧化层注入到浮栅上，使浮栅带电。这样，当外加负脉冲电压去除后，因浮栅的四周绝缘，无放电回路，使浮栅积聚电荷，该电荷使源–漏极之间感应出一条导电沟道。该导电沟道在图 6.13 的编程单元中起到"熔丝"作用，使存储信息的 MOS 管具有接地的通路。

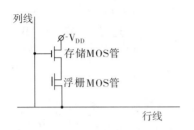

图 6.13　可多次编程的编程单元

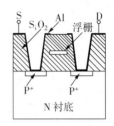

图 6.14　浮栅 MOS 管的结构

据资料介绍，在 70℃环境下，浮栅上的电荷可保存一年之久，电荷全部放完需要 100 年，但直接在阳光下照射，浮栅上的电荷仅能保存一周左右的时间。若用紫外线照射，则形成光电电流，把浮栅上的电荷带回到多晶硅衬底，浮栅恢复到不带电状态，浮栅 MOS 管的源–漏极之间的导电沟道消失，相当于编程单元中的"熔丝"被"烧断"。

由上可知，图 6.13 所示的编程单元在出厂时浮栅 MOS 管是"断开"的，用户可通过"编程"使其成为"连通"。再次需要"断开"时，用户只需用紫外线照射浮栅 MOS 管便可实现，从而实现了多次编程。

为了说明 PLD 中的"编程"基本原理，上面简要介绍了两种编程单元。根据 PLD 所使用的半导体集成电路的工艺不同，PLD 的编程单元可分多种类型，主要有：

（1）熔丝和反熔丝结构，即 PROM 结构，这类结构的编程单元只能编程一次。熔丝式编程单元在编程产生的脉冲电流作用下使熔丝烧断，形成断路。反熔丝式编程单元与此相反，它在编程脉冲电流作用下使连接点电阻变小，形成短路。

（2）可擦除可编程结构，即 EPROM 结构，这类结构的编程单元允许多次编程。上述采用浮栅 MOS 管的编程单元可通过编程产生的负电压使连接点"接通"（形成导电沟道），也可通过紫外线照射使连接点"断开"（消除导电沟道）。另一种可擦除可编程结构称为EEPROM，它是一种采用电擦除的可编程单元。

（3）静态随机存储器（SRAM）结构，这类结构的编程单元采用可随机读写的触发器，可根据需要使其置"1"或置"0"。与前述两类编辑单元相比，SRAM 在掉电后将丢失所存储的信息，称为易失性编程单元，而前两类（PROM 和 EPROM）则是非易失性编程单元，它们在掉电后不会丢失所存储的信息。

6.1.4　用 PLD 实现数字设计的基本过程

用 PLD 实现数字设计的基本过程如图 6.15 所示，与传统的采用中小规模集成电路实现数字设计的方法相比主要区别是需要用 PLD 开发软件对所设计的线路进行编程，并在相应的编程器中实施对所选芯片的"编程"。也就是说,用 PLD 实现数字设计需要借助于相应的开发软件平台和编程器。当前,可编程逻辑器件的开发软件及相应的编程器种类繁多,其中一些较高级的软件平台具有很强的功能,一个系统除了方案设计和源文件输入外,都可用编程软件自动完成。

图 6.15　用 PLD 实现数字设计的基本过程

以下各节将分别介绍常用可编程逻辑器件 RAM、PROM、PLA、PAL、GAL 及 FPGA 的基本组成以及使用这些器件实现数字设计的基本原理。

6.2　应用存储器(RAM/PROM)的数字设计

本节将先简要说明存储器的基本组成,然后介绍用随机存取存储器(RAM)和可编程只读存储器(PROM)进行数字设计的基本方法。

6.2.1　存储器的组成与分类

存储器是一种能够实现按地址存取数据的装置。为了实现按地址存取数据,存储器至少由存储体、地址缓冲和译码器、读写数据缓冲器等组成,如图 6.16 所示。

存储体是存储器的核心,它由许多存储单元组成,每个单元又由若干个可记忆 0 或 1 的存储元件组成。因此,每个存储单元可存放若干位二进制数,称为一个字。而且,每个存储单元按其空间位置都有一个固定的编号,称为存储单元的地址,简称地址。图 6.16 的存储体共有 16 个存储单元,每个单元有 4 个存储元件,可存放 4 位二进制数。或者说,该存储体的容量为 16 字 ×4 位。由图可知,各个存储单元的地址自上至下顺序为 0、1、2 …、15。

地址缓冲和译码器用来接收外部送来的地址码(见图 6.16 中的 $D \sim A$),并对它们进行译码,输出译码信号(见图 6.16 中的 $x_0 \sim x_{15}$)。该译码信号选中相应的存储单元,使该单元中的数据读出或写入。

读写数据缓冲器是用来传输读出或写入数据的。当从存储体读出数据时,先经读数据缓冲器,再传送到外部(见图 6.16 中的 $S_4 \sim S_1$)。当向存储体写入数据时,外部数据(见图中 $D_4 \sim D_1$)先经写数据缓冲器,再写入存储单元。

显而易见,地址缓冲和译码器的位数与存储体的存储单元总数(即总字数)应满足下列关系:

$$N \leqslant 2^m$$

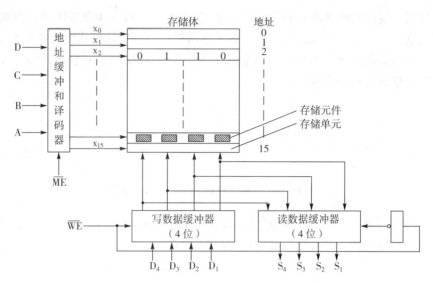

图 6.16　随机存取存储器(RAM)的组成框图

式中，N 是存储单元的总数，m 是地址缓冲和译码器的位数。而读、写数据缓冲器的位数应等于存储单元中的存储元件的个数(即一个字的长度)。

这样，对于图 6.16 所示的存储器，存储容量为 16 字 ×4 位，所以地址缓冲和译码器应是 4 位(16 = 2^4)，读、写数据缓冲器也是 4 位(字长)。下面简要说明该存储器的读、写过程：当向存储器写入数据时，首先将要写入数据的地址 DCBA(设为 0010)送入地址缓冲和译码器，然后将要写入的数据 $D_3 \sim D_0$(设为 0110)送入写数据缓冲器。由于该芯片工作于"写入"状态，所以使片选信号 $\overline{ME} = 0$，写选通信号 $\overline{WE} = 0$。前一条件使地址译码器进行译码，x_2 输出为高电平，从而选中了第 2 号地址的存储单元。后一条件使写数据缓冲器选通，从而将数据(0110)写入被选中的第 2 号单元中。

当从存储器读出数据时，可先将要读出数据的地址 DCBA(设为 0010)送入地址译码器，然后使 $\overline{ME} = 0$，地址译码器的 x_2 输出为高电平，从而选中了第 2 号存储单元。由于芯片工作于"读出状态" $\overline{WE} = 1$，从而关闭了写数据缓冲器，并选通读数据缓冲器，使第 2 号单元中的数据(0110)从读数据缓冲器的输出端 $S_4 \sim S_1$ 读出。

中、大规模集成电路的存储器芯片，按制造工艺可分为双极型和 MOS 型两类，按功能可分为随机存取存储器 RAM 和只读存储器(ROM)两类。

随机存取存储器是一种在运行过程中可随时写入或读出数据的存储器。按存储元件所用的存储数据的方式不同，随机存取存储器又可分为静态 RAM 和动态 RAM 两种。在静态 RAM 中，存储元件就是一个触发器，利用它的两种稳定状态来存储数据 0 或 1。在动态 RAM 中，存储元件实际上是一个电容，利用它所充的电荷来储存数据"0"(不充电)或"1"(充电)。由于电容上的电荷会慢慢地漏掉，故需在时钟的控制下重复地充电才能保存原数据，这一充电过程称为刷新。

只读存储器(ROM)与随机存取存储器极为相似，只是它所存储的数据是"事先"写入的，而在运行过程中只能读出原数据，不能再写入新的数据。只读存储器通常分为掩膜式只读存储器（ROM）、可一次编程只读存储器（PROM）可多次编程只读存储器（EPROM）。这三者的差别是：ROM 所存储的数据是在厂家制作芯片时写入的，用户只能按厂家生产的规格选用，或由用户提供数据请厂家在制作芯片时写入。因此对用户而言，ROM 也可称为不可编程的只读存储器。PROM 所存储的数据可由用户自己写入，但只能写入一次。PROM 也常称为可编程只读存储器。EPROM 所存储的数据可由用户多次写入，即当用户不需要原先写入的数据时，可用紫外线或 X 射线照射而抹去，然后再写入新的数据。因此，EPROM 也常称为可擦除可编程序只读存储器。至此，需强调指出两点，一是对用户而言，上述三种只读存储器的差别仅在于是否可由用户自行写入数据，只允许一次写入还是可多次写入。二是只要它们已用于某一个数字系统，那么在该系统运行期间三种只读存储器都只能读出数据，不能写入数据。

6.2.2 用 RAM 和 PROM 实现数字设计

用作可编程逻辑器件的存储器主要是静态 RAM 和三种只读存储器（掩膜式 ROM，可编程 PROM，可擦除可编程 EPROM 或 EEPROM ），不论其中哪一类存储器都是由地址译码器和存储体所组成。从存储器的角度看，地址译码器实现了对存取数据的地址的译码，以选中存储体中的某一单元；存储体则是通过存储元件来存储数据的。然而，从逻辑功能的角度看，地址译码器产生了几个输入变量（即输入存储器的地址码）的 2^n 个最小项，因此该译码器是一个固定连接的与阵列；存储体的每个存储元件相当于一个个编程单元，在静态 RAM 中采用触发器作编程单元，而在 ROM 中采用熔丝式或可擦除可编程的编程单元，这些编程单元所存储的数据都可由用户设定，并根据输入变量（地址码）的取值读出这些编程单元中的数据，或读出另一些编程单元中的数据，构成一个可编程的或阵列。由上分析可知，静态 RAM 及只读存储器是一种与阵列固定、或阵列可编程的 PLD，其阵列结构可用图 6.6 表示。下面通过例子说明如何用 RAM 和 PROM 实现组合逻辑线路和时序逻辑线路。

例 1 用 PROM 实现四位二进制码到格雷码的转换。

首先列出四位二进制码转换为格雷码的真值表，如表 6.1 所示。由表可写出下列最小项表达式：

$$G_3 = \sum(8,9,10,11,12,13,14,15)$$
$$G_2 = \sum(4,5,6,7,8,9,10,11)$$
$$G_1 = \sum(2,3,4,5,10,11,12,13) \tag{6.4}$$
$$G_0 = \sum(1,2,5,6,9,10,13,14)$$

根据上式，可画出四位二进制码——格雷码转换器的 PROM 阵列图如图 6.17 所示。

如果用 T883 32×8 PROM 来实现上述代码转换器，可先通过专用写入设备将表 6.1 所示的程序写入 PROM。T883 的组成框图及外引线排列如图 6.18 所示，只要使片选信号 $\overline{CE} = 0$，输入 $A_4 = 0$，$A_3 \sim A_0 = B_3 \sim B_0$（要转换的二进制码），输出 $F_3 \sim F_0$ 便是格雷码 $G_3 \sim G_0$（转换结果）。

表 6.1　四位二进制码转换为格雷码的真值表

二进制数（存储地址）				格雷码（存放数据）			
B_3	B_2	B_1	B_0	G_3	G_2	G_1	G_0
0	0	0	0	0	0	0	0
0	0	0	1	0	0	0	1
0	0	1	0	0	0	1	1
0	0	1	1	0	0	1	0
0	1	0	0	0	1	1	0
0	1	0	1	0	1	1	1
0	1	1	0	0	1	0	1
0	1	1	1	0	1	0	0
1	0	0	0	1	1	0	0
1	0	0	1	1	1	0	1
1	0	1	0	1	1	1	1
1	0	1	1	1	1	1	0
1	1	0	0	1	0	1	0
1	1	0	1	1	0	1	1
1	1	1	0	1	0	0	1
1	1	1	1	1	0	0	0

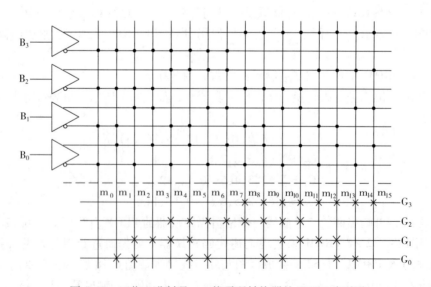

图 6.17　四位二进制码——格雷码转换器的 PROM 阵列图

例 2　用 PROM 实现字符发生器。

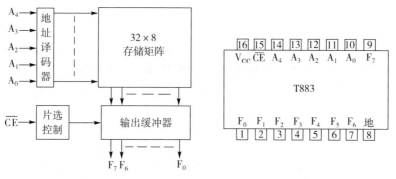

图 6.18 T883 32×8 PROM

用 PROM 实现字符发生器的基本原理是：将字符的点阵预先存储在 PROM 中，然后顺序地给出地址码，从存储矩阵中逐行读出字符的点阵，并送入光栅显示器即可显示出字符。

常用的字符发生器的字形规格有 9×7、7×7 和 7×5 三种。图 6.19 给出了用 7×5 字符发生器存储字符 E 的原理。该存储矩阵有 7 行 5 列，或者说该 PROM 芯片有 7 个存储单元，每个单元有 5 个存储元件，用户可根据字符的形状在某些存储元件中存入"1"，在另一些存储元件中存入"0"。

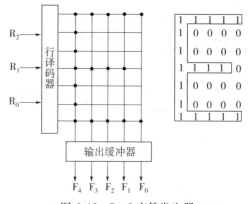

图 6.19 7×5 字符发生器

图 6.20 示出了 DG0016 64 字字符发生器(字形 7×5)的组成框图及外引线排列。它可存储 64 个字符，每个字符由 7×5 点阵组成。64 个字符由字符地址 $A_5 \sim A_0$ 选取，被选中的某一个字符用行地址 $R_2 \sim R_0$ 读出。每次读出一行(即一个存储单元)的内容，顺序地读出 7 行便可显示出一个字符。读出操作是在 $\overline{CE}$ 信号控制下实现的，当 $\overline{CE} = 0$ 时，便按地址读出数据；当 $\overline{CE} = 1$ 时输出均为低电平。

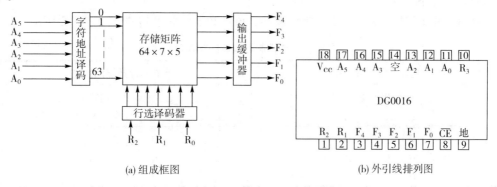

(a) 组成框图　　　　　　　　　　　(b) 外引线排列图

图 6.20 DG 0016 64 字字符发生器

例 3 用 PROM 实现序列信号发生器。

设要实现图 6.21 所示的四个序列信号。

按给定序列信号的变化特征,将它分为 8 个周期,如图 6.21 中的 0~7 所示。如果把每个周期内四个序列信号的高、低电平用"1"和"0"表示,便得每列的数据。将各列数据按地址顺序写入 PROM,就可获得所要求的序列信号发生器。根据图 6.21 可得 PROM 的阵列图如图 6.22 所示。

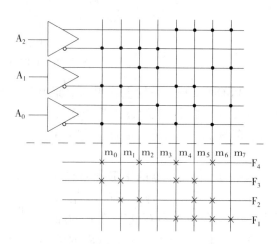

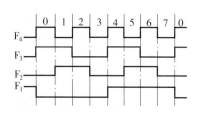

图 6.21 序列信号举例   图 6.22 序列信号发生器的 PROM 阵列图

为了获得一定频率的序列信号,可用三位计数器来提供 PROM 的地址。改变该计数器的计数脉冲频率,便可获得不同频率的图 6.21 所示的序列信号。

从上述例子可以看出,用 PROM 实现组合逻辑具有设计规整和便于编程的优点,因为它是按逻辑函数的真值表直接实现的,而不进行任何简化。当然,这样做会造成半导体芯片面积利用上的不经济。用 RAM 实现组合逻辑的方法与上述基本相同,只是因为 RAM 和 ROM 的或阵列(存储体)的编程单元(存储体中的每一个存储元件)不同,编程方法不同而已。在 RAM 中采用触发器做编程单元,故可通过按地址写入数据的方法来设定编程单元所存储的信息(1 或 0)。下面将通过一个例子,说明如何用 RAM 并配上相应的功能芯片实现时序逻辑的方法。

例 4 用 PAM 实现一个十进制计数器,该计数器的状态转移表如表 6.2 所示。

表 6.2   十进制计数器的状态转移表

十进制计数器的现态				十进制计数器的次态			
存储单元地址				存储单元内容			
D	C	B	A	S_4	S_3	S_2	S_1
0	0	0	0	0	0	0	1
0	0	0	1	0	0	1	0
0	0	1	0	0	0	1	1

十进制计数器的现态				十进制计数器的次态			
存储单元地址				存储单元内容			
D	C	B	A	S_4	S_3	S_2	S_1
0	0	1	1	0	1	0	0
0	1	0	0	0	1	0	1
0	1	0	1	0	1	1	0
0	1	1	0	0	1	1	1
0	1	1	1	1	0	0	0
1	0	0	0	1	0	0	1
1	0	0	1	0	0	0	0
1	0	1	0	0	0	0	0
$\vdots$				$\vdots$			
1	1	1	1	0	0	0	0

用 RAM 实现十进制计数器的组成框图如图 6.23 所示,它由下列三个芯片组成:

- 随机存取存储器 SRAM:DG7489 16×4
- 四组二选一数据选择器:T1157
- 四位双向移位寄存器:T1095

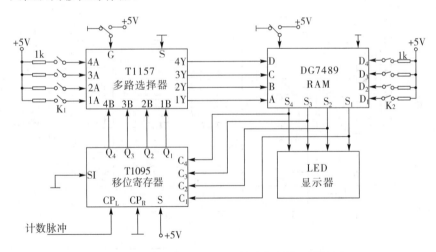

图 6.23 用 RAM 实现十进制计数器的组成框图

下面先对上述三个组件的内部逻辑结构、外部引线及外特性作一下简要说明。

DG7489 RAM 组件的逻辑图、外引线排列及功能表如图 6.24 所示,它的组成框图即为图 6.16。图 6.24(a)的右上角画出了一个存储元件的电路图,它是一个由多发射极管组成的双稳态触发器。整个存储体由 64 个这样的触发器组成,形成一个 16 字×4 位的矩阵。所有存储元件的位线 Q 并联起来接到存储元件偏置电路上,它是一个简单的稳压电路,用来提供 1.4~1.7V 的参考电平。图中 DCBA 是地址码输入端(D 为最高位,A 为最低位），$D_4 \sim D_1$ 为数据输入端，$S_4 \sim S_1$ 为数据输出端，$\overline{ME}$ 为片选信号，$\overline{WE}$ 为写选通信号。片选信号$\overline{ME}$是通过缓冲器加入的，并与地址码 A 进行"线与"得到MEA 和$\overline{MEA}$，再加到译码器，这样可减少译码门的扇入系数。

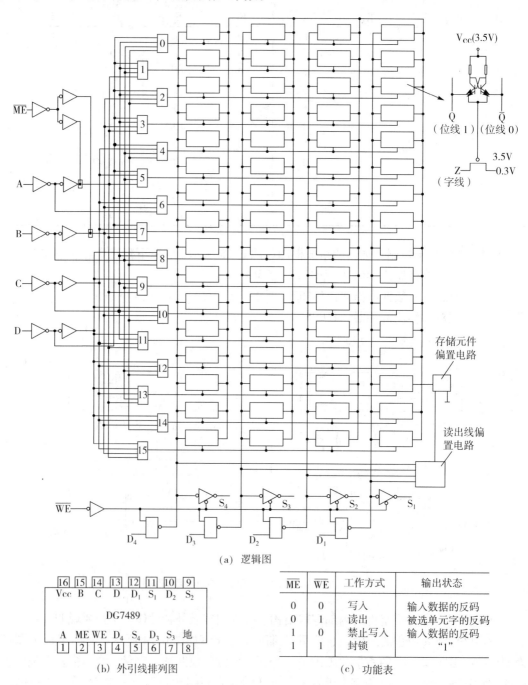

（a）逻辑图

16	15	14	13	12	11	10	9
Vcc	B	C	D	D_1	S_1	D_2	S_2
			DG7489				
A	ME	WE	D_4	S_4	D_3	S_3	地
1	2	3	4	5	6	7	8

（b）外引线排列图

$\overline{ME}$	$\overline{WE}$	工作方式	输出状态
0	0	写入	输入数据的反码
0	1	读出	被选单元字的反码
1	0	禁止写入	输入数据的反码
1	1	封锁	"1"

（c）功能表

图 6.24　DG7489 型 16 × 4 TTL-RAM

图 6.24(c) 的功能表指出，该 RAM 有四种工作方式，常用的是"写入"和"读出"两种方式。当 $\overline{ME}=0$，$\overline{WE}=0$ 时，RAM 工作于"写入"方式，即按 DCBA 提供的地址码，将输入数据 $D_4 \sim D_1$ 写入相应的存储单元中。当 $\overline{ME}=0$，$\overline{WE}=1$ 时，RAM 工作于"读出"方式，即按 DCBA 提供的地址码，从相应的存储单元中读出数据，送到数据输出端 $S_4 \sim S_1$。

T1157 四组二选一数据选择器的逻辑图及外引线排列图如图 6.25 所示。由图可知，当选通信号 S＝0 时，该芯片工作。若选择信号 G＝1 时，则输出 $4Y \sim 1Y = 4B \sim 1B$；若 G＝0，则 $4Y \sim 1Y = 4A \sim 1A$；从而选择了不同的输入通路。

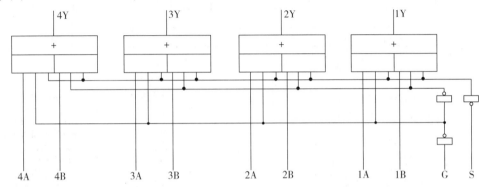

(a) 逻辑图

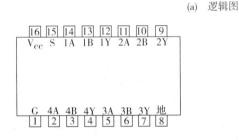

(b) 外引线排列图

引线名称	引线功用
S	芯片选通信号
G	分组选择信号
4A ～ 1A	A 组输入
4B ～ 1B	B 组输入
4Y ～ 1Y	输出

(c) 各引线的功用

图 6.25 T1157 四组二选一数据选择器

T1095 四位双向移位寄存器的逻辑图及外引线排列图如图 6.26 所示。由图可知，若使 S＝1，SI＝0，$CP_R = 0$，则当 CP_L 端加一左移脉冲时，便可在该脉冲的下跳沿时刻将输入端 $C_4 \sim C_1$ 的数据打入寄存器。

现在结合图 6.23 所示的十进制计数器的组成框图分别从"编程"和"运行"两种状态说明它的工作原理：

在编程状态下，完成向 RAM 写入表 6.2 所示的程序，该程序是由十进制计数器的状态转移表所构成。按此表要求，需在 RAM 的第 0 号存储单元中写入 0001；第 1 号存储单元中写入 0010；……；第 9 号存储单元中写入 0000。为了使计数器在出现任何错误状态（1010～1111）时能自动复位，在第 10～15 号存储单元中都写入 0000。为使系统进入编程状态，应使 DG7489 RAM 处于"写入"工作方式（$\overline{ME}=0$，$\overline{WE}=0$）；使 T1157 多路选择器处于接通 A 组输入状态（S＝0，G＝0）。通过开关 K_1 设置存储单元的地址，通过开关 K_2

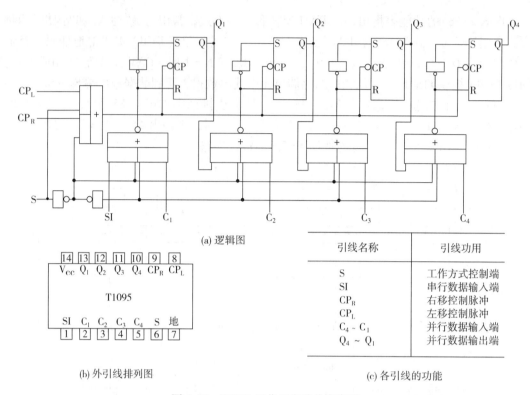

(a) 逻辑图

引线名称	引线功用
S	工作方式控制端
SI	串行数据输入端
CP_R	右移控制脉冲
CP_L	左移控制脉冲
$C_4 \sim C_1$	并行数据输入端
$Q_4 \sim Q_1$	并行数据输出端

(b) 外引线排列图

(c) 各引线的功能

图 6.26　T1095 四位双向移位寄存器

设置存储单元的内容，并逐条将表 6.2 所示的程序写入 RAM 中。在该状态下，T1095 移位寄存器不参与工作。

在运行状态下，完成十进制计数器的功能。此时，要求 RAM 处于"读出"工作方式（$\overline{ME}=0$，$\overline{WE}=1$）；多路选择器处于接通 B 组输入状态（$S=0$，$G=1$）；移位寄存器处于接收输入数据 $C_4 \sim C_1$ 状态，这一接收是在外加计数脉冲的触发下完成的。为此，使 T1095 移位寄存器的 $SI=0$，$CP_R=0$，$S=1$，并在 CP_L 端加入计数脉冲 。

运行开始前，置移位寄存器的输入 $C_4 \sim C_1$ 为 0000。运行一开始，从 CP_L 端输入第一个计数脉冲，该脉冲的下跳沿将 $C_4 \sim C_1$ 的状态 0000 打入寄存器，使其输出 $Q_4 \sim Q_1$ 为 0000。该输出经多路选择器使 RAM 的地址输入 D～A 为 0000，于是从 RAM 的 0 号单元中读出 0001。该读出数据一方面送至显示器进行显示，另一方面送至寄存器的输入端 $C_4 \sim C_1$。至此，完成对第一个输入脉冲的计数。当第二个计数脉冲到来时，输入数据 $C_4 \sim C_1$（0001）被打入寄存器，经与上述相同的路径，从 RAM 的 1 号单元中读出 0010，即完成第二个输入脉冲的计数。依此类推，便实现了十进制计数器的功能。

根据上述分析结果，可以画出由 T1157、T1095 和 DG7489 所组成的十进制计数器的详细连接图，见图 6.27 所示。图中编程/运行开关用来选择该线路的两种工作状态之一，地址设置开关和数据设置开关用来提供要写入的存储单元的地址和内容，其他连接与图 6.23 相似。

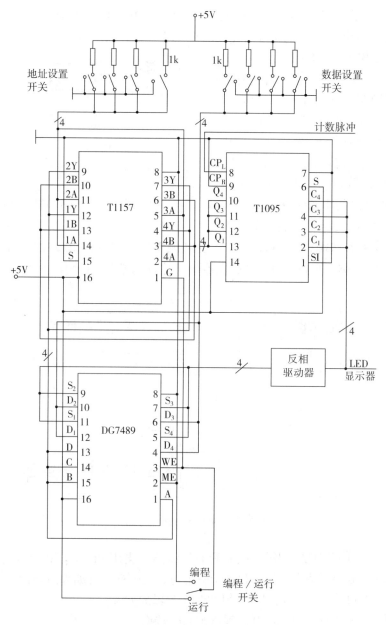

图 6.27 用 RAM 实现十进制计数器的连接图

6.3 应用可编程逻辑阵列(PLA)的数字设计

前已指出,用 ROM 进行组合逻辑设计时,不对逻辑函数作任何化简。这意味着 ROM 的与阵列必须产生全部 n 个变量的 2^n 个最小项,而不管所要实现的函数是否真正包含这些最小项,这样做势必多占 ROM 芯片的面积。为了克服这一缺点,采用函数的最简"与

－或"表达式中的乘积项来构成与阵列，然后再用乘积项之"或"来构成或阵列。这样，与阵列不再是 2^n 个最小项，而是经过化简的乘积项，我们称这种与阵列是可编程的。

可编程逻辑阵列 PLA 就是一种与、或阵列均可"编程"的，包含有记忆元件(触发器网络)的大规模集成电路。它既能实现组合逻辑又能实现时序逻辑，其组成框图如图 6.28 所示。图中 x_1、x_2、…、x_n 为输入变量；Z_1、Z_2、…、Z_m 为输出函数；P_0、P_1、…、P_{k-1} 是组成输出函数的 k 个乘积项，W_1、W_2、…、W_s 为触发器的控制函数，由

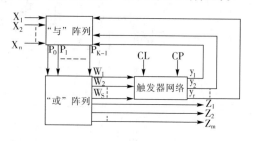

图 6.28　PLA 的组成框图

它来建立触发器的次态；y_1、y_2、…、y_r 为各触发器的现态输出。PLA TMS 2000 的内部结构如图 6.29 所示，它包含有 8 个触发器、17 个输入端和 18 个输出端。

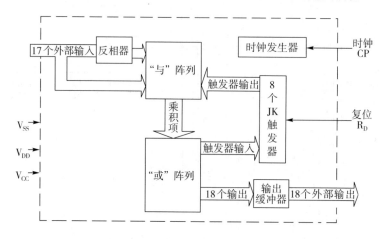

图 6.29　PLA TMS 2000 的内部结构

利用 PLA，可方便地实现组合线路和时序线路。当用 PLA 实现组合逻辑时，其触发器网络的输入、输出端均不连接，相当于一个与、或阵列均可编程的 PROM。

下面举例说明用 PLA 实现组合逻辑和时序逻辑的方法。

例 1　用 PLA 实现四位二进制码到格雷码的转换。

用卡诺图对式(6.4)进行化简，如图 6.30 所示，则得

$$
\begin{aligned}
G_3 &= B_3 \\
G_2 &= \bar{B}_3 B_2 + B_3 \bar{B}_2 \\
G_1 &= \bar{B}_2 B_1 + B_2 \bar{B}_1 \\
G_0 &= \bar{B}_1 B_0 + B_1 \bar{B}_0
\end{aligned}
\tag{6.5}
$$

式(6.5)中共有七个乘积项，它们是

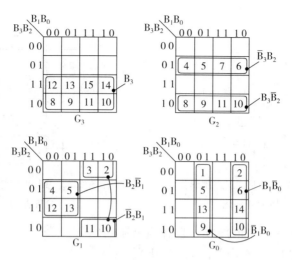

图 6.30 化简式(6.4)的卡诺图

$$P_0 = B_3 \qquad P_1 = \bar{B}_3 B_2 \qquad P_2 = B_3 \bar{B}_2$$
$$P_3 = \bar{B}_2 B_1 \qquad P_4 = B_2 \bar{B}_1 \qquad\qquad (6.6)$$
$$P_5 = \bar{B}_1 B_0 \qquad P_6 = B_1 \bar{B}_0$$

将这些乘积项代入式(6.5)，可得

$$G_3 = P_0$$
$$G_2 = P_1 + P_2$$
$$G_1 = P_3 + P_4 \qquad\qquad (6.7)$$
$$G_0 = P_5 + P_6$$

根据式(6.6)和(6.7)可画出 PLA 的阵列结构如图 6.31 所示。将该图与图 6.17 比较可知，组合 PLA 所要求的存储容量为 $7 \times 12 = 84$ 位，PROM 则要求 $16 \times 12 = 192$ 位。

例 2 用 PLA 实现一位二进制全加器。

由前可知，全加器的最简逻辑表达式为

$$S = \bar{A}\bar{B}C_{i-1} + \bar{A}B\bar{C}_{i-1} + A\bar{B}\bar{C}_{i-1} + ABC_{i-1} \qquad\qquad (6.8)$$
$$C_i = AB + AC_{i-1} + BC_{i-1}$$

该式中共有七个乘积项，它们是

$$P_0 = \bar{A}\bar{B}C_{i-1} \qquad P_1 = \bar{A}B\bar{C}_{i-1} \qquad P_2 = A\bar{B}\bar{C}_{i-1}$$
$$P_3 = ABC_{i-1} \qquad P_4 = AB \qquad P_5 = AC_{i-1} \qquad\qquad (6.9)$$
$$P_6 = BC_{i-1}$$

用这些乘积项组成的 S 和 Ci 表达式如下：

$$S = P_0 + P_1 + P_2 + P_3$$
$$C_i = P_4 + P_5 + P_6 \qquad\qquad (6.10)$$

根据式(6.9)和(6.10)，可画出 PLA 全加器的阵列结构如图 6.32 所示。

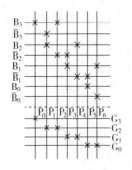

图 6.31 用 PLA 实现四位二进制码到格雷码转换的阵列图

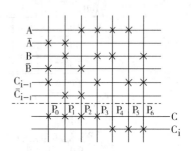

图 6.32 用 PLA 实现一位二进制全加器的阵列图

例 3 用 PLA 设计一个时序锁，它有两个输入（x_1，x_2）、一个输出（Z）和四种状态（R，B，C，E）。

当输入 $x_1 x_2$ 为 00 – 01 – 11 序列时，该锁将由状态 R →B→C，并使输出 Z = 1（开锁）。当输入 $x_1 x_2$ 不为上述开锁序列时，该锁将进入状态 E（出错）。不管时序锁处于什么状态，只要输入 $x_1 x_2$ 为 00，该锁都返回到状态 R（复位）。

按题意要求，可画出时序锁的状态图如图 6.33 所示。

根据图 6.33，列出时序锁的状态表，见表 6.3。若设表中的四个状态的编码为

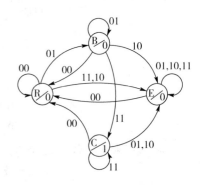

图 6.33 时序锁的状态图

R—00　　　　B—01

C—11　　　　E—10

表 6.3　时序锁的状态表

S \ $x_1 x_2$	0 0	0 1	1 1	1 0	Z
R	R	B	E	E	0
B	R	B	C	E	0
C	R	E	C	E	1
E	R	E	E	E	0

则得表 6.4 所示的编码状态表。

表 6.4　时序锁的编码状态表

$y_1 y_2$ \ $x_1 x_2$	0 0	0 1	1 1	1 0	Z
0 0	0 0	0 1	1 0	1 0	0
0 1	0 0	0 1	1 1	1 0	0
1 1	0 0	1 0	1 1	1 0	1
1 0	0 0	1 0	1 0	1 0	0

由编码状态表可得控制函数的卡诺图如图 6.34 所示，其化简结果为

$$J_1 = x_1$$
$$K_1 = \bar{x}_1 \bar{x}_2$$
$$J_2 = \bar{y}_1 \bar{x}_1 x_2 \qquad\qquad (6.11)$$
$$K_2 = \bar{x}_2 + y_1 \bar{x}_1$$

由表 6.4 可得

$$Z = y_1 y_2 \qquad\qquad (6.12)$$

根据式(6.11)和(6.12)可画出摩尔型时序锁的 PLA 阵列结构如图 6.35 所示。

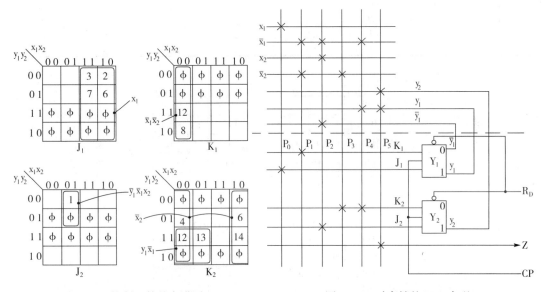

图 6.34　控制函数的卡诺图　　　　　　图 6.35　时序锁的 PLA 实现

例 4　用 PLA 实现具有七段显示输出的模 12 计数器，即从 $(00)_{10} \sim (11)_{10}$。

模 12 计数器的状态转移表如表 6.5 所示。由表可得四个 JK 触发器的控制函数卡诺图如图 6.36 所示，

其化简结果为

$$
\begin{aligned}
J_4 &= y_3 y_2 y_1 &\qquad K_4 &= y_3 + y_2 y_1 \\
J_3 &= \bar{y}_4 y_2 y_1 &\qquad K_3 &= y_4 + y_2 y_1 \\
J_2 &= \bar{y}_4 y_1 + \bar{y}_3 y_1 &\qquad K_2 &= y_1 + y_4 y_3 \\
J_1 &= \bar{y}_4 + \bar{y}_3 &\qquad K_1 &= 1
\end{aligned}
\qquad (6.13)
$$

表 6.5　模 12 计数器的状态转移表

y_4	y_3	y_2	y_1	Y_4	Y_3	Y_2	Y_1
0	0	0	0	0	0	0	1
0	0	0	1	0	0	1	0
0	0	1	0	0	0	1	1

y_4	y_3	y_2	y_1	Y_4	Y_3	Y_2	Y_1
0	0	1	1	0	1	0	0
0	1	0	0	0	1	0	1
0	1	0	1	0	1	1	0
0	1	1	0	0	1	1	1
0	1	1	1	1	0	0	0
1	0	0	0	1	0	0	1
1	0	0	1	1	0	1	0
1	0	1	0	1	0	1	1
1	0	1	1	0	0	0	0
1	1	0	0	ϕ	ϕ	ϕ	ϕ
1	1	0	1	ϕ	ϕ	ϕ	ϕ
1	1	1	0	ϕ	ϕ	ϕ	ϕ
1	1	1	1	ϕ	ϕ	ϕ	ϕ

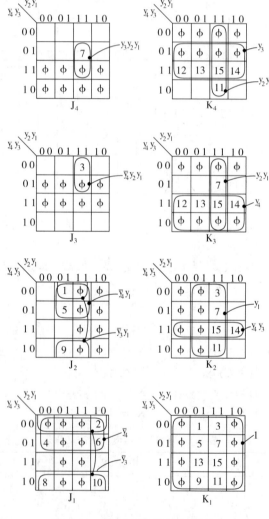

图 6.36 模 12 计数器的卡诺图

对模 12 计数器而言，其输出为 0000 ~ 1011 时，应显示的两位十进制数为 00 ~ 11，这两位十进制数的七段译码如表 6.6 所示。

表 6.6 模 12 计数器的七段译码

计数器输出	十位数	a	b	c	d	e	f	g	个位数	a	b	c	d	e	f	g
0000	0	1	1	1	1	1	1	0	0	1	1	1	1	1	1	0
0001	0	1	1	1	1	1	1	0	1	0	1	1	0	0	0	0
0010	0	1	1	1	1	1	1	0	2	1	1	0	1	1	0	1
0011	0	1	1	1	1	1	1	0	3	1	1	1	1	0	0	1
0100	0	1	1	1	1	1	1	0	4	0	1	1	0	0	1	1
0101	0	1	1	1	1	1	1	0	5	1	0	1	1	0	1	1
0110	0	1	1	1	1	1	1	0	6	0	0	1	1	1	1	1
0111	0	1	1	1	1	1	1	0	7	1	1	1	0	0	0	0
1000	0	1	1	1	1	1	1	0	8	1	1	1	1	1	1	1
1001	0	1	1	1	1	1	1	0	9	1	1	1	0	0	1	1
1010	1	0	1	1	0	0	0	0	0	1	1	1	1	1	1	0
1011	1	0	1	1	0	0	0	0	1	0	1	1	0	0	0	0

由表 6.6 可得十位数的七段 (a ~ g) 表达式如下：

$$a = \sum(0,1,2,3,4,5,6,7,8,9)$$
$$b = \sum(0 \sim 9,10,11)$$
$$c = \sum(0 \sim 9,10,11)$$
$$d = \sum(0 \sim 9)$$
$$e = \sum(0 \sim 9)$$
$$f = \sum(0 \sim 9)$$
$$g = \sum(0 \sim 9)$$

(6.14)

由表 6.6 可得个位数的七段 (a ~ g) 表达式如下：

$$a = \sum(0,2,3,5,7,8,9,10)$$
$$b = \sum(0 \sim 4,7 \sim 11)$$
$$c = \sum(0,1,3 \sim 11)$$
$$d = \sum(0,2,3,5,6,8,10)$$
$$e = \sum(0,2,6,8,10)$$
$$f = \sum(0,4 \sim 6,8 \sim 10)$$
$$g = \sum(2 \sim 6,8,9)$$

(6.15)

根据式 (6.13) ~ (6.15) 可画出本例所要求的 PLA 阵列结构，见图 6.37。

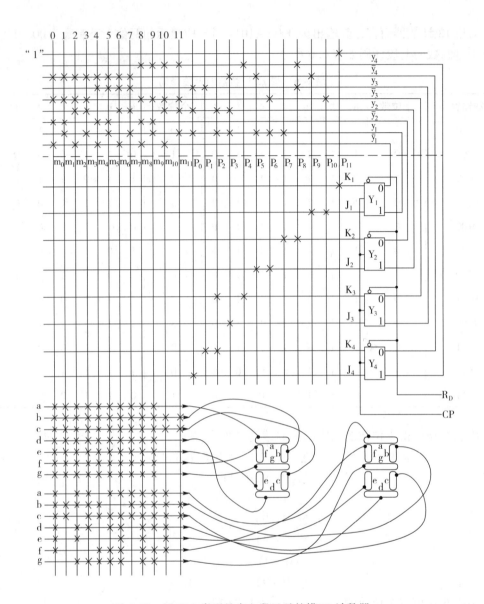

图 6.37 用 PLA 实现具有七段显示的模 12 计数器

6.4 应用可编程阵列逻辑和通用阵列逻辑的数字设计

前已指出，PAL 和 GAL 是一种与阵列可编程、或阵列固定的可编程逻辑器件，其基本的阵列结构如图 6.8 所示。实际的 PAL 和 GAL 产品都具有不同的输入、输出结构，它们在结构上的差别见图 6.38 所示。图中虚线框内表示了 PAL 和 GAL 的差异。上面虚线框内是 PAL 的或阵列和输出电路，输出电路的结构是随着芯片的选定而确定；下面虚线框内是 GAL 的输出逻辑宏单元，它包括或阵列和输出电路的结构，输出电路的结构类型由编程确定。下面先简要说明 PAL 和 GAL 的输出结构，然后举例说明它们用于数字设计的基本原理。

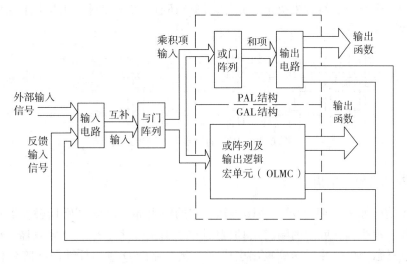

图 6.38　PAL 和 GAL 的基本结构

6.4.1　可编程阵列逻辑(PAL)

PAL 器件的型号很多，典型输出结构主要有四种，在这四种结构基础上可构成其他类型的输出结构。下面介绍这四种输出结构。

1. 专用输出结构

该输出结构如图 6.39 所示。由图可知，它的输出部分由或非门构成，输出为低电平有效。图中表示出了一个输入(I)、一个输出(F)和四个乘积项(见图中四个与门符号)。专用输出结构的 PAL 的特点是与阵列编程之后，输出只由输入来决定，适用于组合逻辑，故也称为基本组合输出结构。

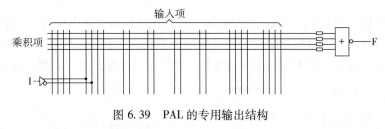

图 6.39　PAL 的专用输出结构

2. 异步 I/O 输出结构

该输出结构如图 6.40 所示。由图可知，它的输出部分由或门及三态反相缓冲器构成。图中最上面的一个与门产生三态反相缓冲器的使能端信号 EN，当 EN = 0 时，三态缓冲器输出 I/O 为高阻抗，此时 I/O 端可用作外部输入；当 EN = 1 时，三态缓冲器导通，此时 I/O 端用作输出，并可将该输出反馈到与阵列作为输入。I/O 端的上述两种工作状态由图中最上面的一个与门的编程来决定。此外，图中还有一个外部输入 I 及七个乘积项。

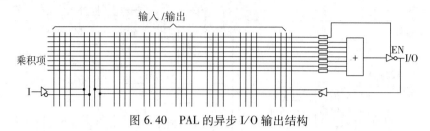

图 6.40 PAL 的异步 I/O 输出结构

3. 寄存器型输出结构

该输出结构如图 6.41 所示。由图可知，它的输出部分由或门及 D 触发器构成。或门的输入是 8 个乘积项，或门的输出在 CP 脉冲的上升沿作用下打入 D 触发器。D 触发器的 Q 输出通过三态反相缓冲器送到输出引脚 X，触发器的 Q 输出反馈回与阵列作为输入信号。图中时钟 CP 和使能信号 EN 是 PAL 器件的公共端。不同型号的 PAL 所带的 D 触发器的个数不同，例如 PAL16R8 有 8 个 D 触发器，各个触发器受同一个 CP 控制。各个触发器所接的三态反相缓冲器受同一个 EN 控制。该输出结构的 PAL 带有触发器，故具有记忆原状态的功能，可满足设计时序线路的要求。

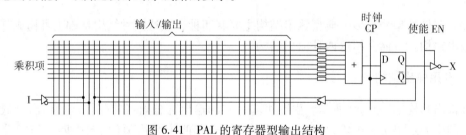

图 6.41 PAL 的寄存器型输出结构

4. 带异或门的寄存器型输出结构

该输出结构如图 6.42 所示。由图可知，它是在寄存器型输出结构(见图 6.41)基础上增加一个异或门成的。该输出结构中将乘积项分割成两个和项，这两个和项先进行异或运算，然后输入到触发器的 D 输入端，在 CP 脉冲作用下该输入被存入触发器内。

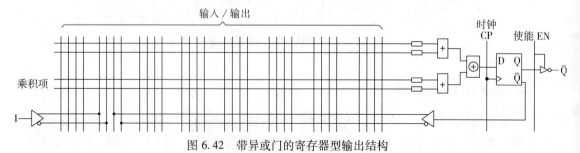

图 6.42 带异或门的寄存器型输出结构

下面将以 PAL 16L8 为例，说明用 PAL 实现组合逻辑的基本原理。PAL 16L8 的逻辑结构如图 6.43 所示，它由 6 个图 6.40 所示的异步 I/O 输出结构和 2 个不带反馈的异步 I/O 输出结构组成，属于组合型 PAL。它有 16 个输入缓冲器，产生 32 条列线作为输入信号。阵列中每一条行线对应一个与门，代表一个乘积项。该阵列共有 64 个乘积项，分成 8 组，各组通过一个固定为 7 输入的或门形成输出函数。这些输出函数经三态反相缓冲器输出，故该 PAL 共有 8 个输出端，且低电平有效。

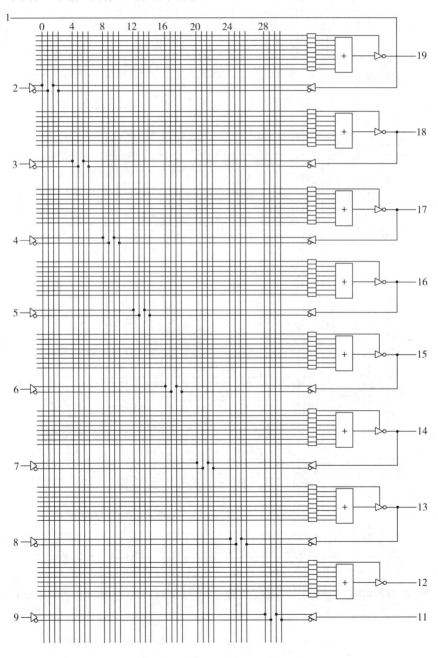

图 6.43　PAL 16L8 阵列结构图

用 PAL 实现组合逻辑的方法与 PLA 相似。例如，用 PAL 16L8 实现 4 位二进制码到格雷码的转换时，可用式(6.5)给定的乘积项 B_3、$\overline{B}_3 B_2$、$B_3 \overline{B}_2$、$\overline{B}_2 B_1$、$B_2 \overline{B}_1$、$\overline{B}_1 B_0$、$B_1 \overline{B}_0$ 对 PAL 16L8 进行编程，见图 6.44 所示。图中引脚 1、2、3、4 和 5 分别作为二进制码的输

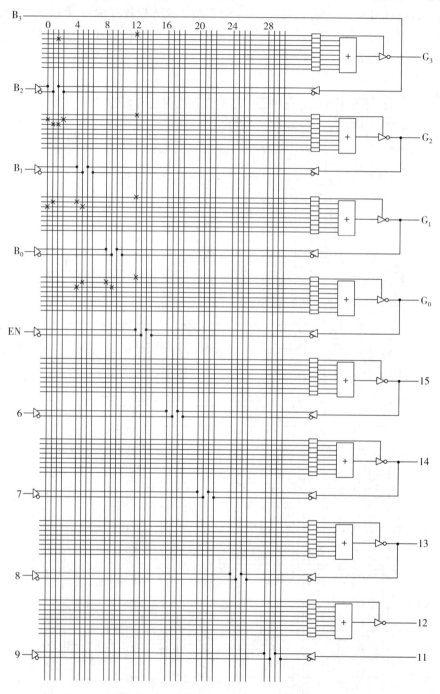

图 6.44 用 PAL 16L8 实现 4 位二进制码到格雷码转换的阵列图

入信号 B_3、B_2、B_1、B_0 和使能信号 EN，引脚 19、18、17 和 16 分别作为格雷码的输出信号 G_3、G_2、G_1 和 G_0。注意，在编程的或门中还有不用的与门，应将它们关断。

6.4.2 通用阵列逻辑(GAL)

通用阵列逻辑 GAL 是在 PAL 基础上发展起来的一种新型可编程逻辑器件，它具有灵活的输出结构及电擦写反复编程的特点。如图 6.38 所示，与 PAL 相比，GAL 的输出结构配置了可以任意组态的输出逻辑宏单元 OLMC(Output Logic Macro Cell)。通过对输出逻辑宏单元的编程，GAL 在功能上可以代替 PAL 的四种输出类型及其派生的其他类型。下面以 GAL 16V8 芯片为例，说明 GAL 器件的基本结构、输出逻辑宏单元 OLMC 的组成及组态，以及用 GAL 实现数字设计的基本原理。

1. GAL 16V8 的基本结构

GAL 16V8 的片内逻辑阵列如图 6.45 所示。图中左侧(引脚 2 ~ 9)是 8 个输入缓冲器，引入 8 个固定输入，通过 8 个缓冲器形成 16 条互补输入。图中右侧(引脚 12 ~ 19)是 8 个三态反相输出缓冲器，作为 8 个固定输出，并有 8 个输出逻辑宏单元 OLMC(该单元中包含有或门阵列)。与 OLMC 相连的有 8 个输出反馈/输入缓冲器，使引脚 12 ~ 19 既可设置为输入引脚又可设置为输出引脚。这样，GAL 16V8 最多可有 16 个输入量，并形成 32 条互补输入线，见图中垂直线所示(编号为 0 ~ 31)。图中与门阵列由 8 × 8 个与门组成，共形成 64 个乘积项，见图中水平线所示。这样，32 条互补垂直输入线与 64 条水平乘积项线构成了 32 × 64 矩阵，即有 2048 个可编程单元。此外，图中引脚 1 既可作为输入又可作为芯片的时钟，引脚 11 既可作为输入又可作为芯片的使能信号。

2. 输出逻辑宏单元 OLMC 的组成及其组态

输出逻辑宏单元的内部结构如图 6.46 所示，它由或门、异或门、D 触发器、4 个多路选择器(MUX)、时钟(CK)控制、使能(OE)控制及编程信号 XOR(n)、AC_0、AC_1(n) 位等组成。

图中有一个 9 输入的或门，每个输入对应一个乘积项，其中 8 个乘积项直接连到或门输入端，第一个乘积项先送入乘积项多路选择器 PTMUX，其输出再连到或门的第一个输入端。或门的输出和编程信号 XOR(n)加到异或门，通过编程使 XOR(n)为 1 或为 0，即可使异或门的输出为或门输出的反相或同相。异或门的输出加到 D 触发器的 D 输入端，在时钟脉冲 CK 的作用下可存入触发器内，使 OLMC 可实现时序逻辑线路。

每个 OLMC 中有 4 个多路选择器：乘积项多路选择器 PTMUX 用于控制第一乘积项；三态多路选择器 TSMUX 用于选择三态反相输出缓冲器的选通信号，也称为选通信号多路选择器；反馈多路选择器 FMUX 用于确定反馈输入信号的来源；输出多路选择器 OMUX 用于选择输出信号来自组合电路(异或门)输出，还是来自 D 触发器的输出。上述多路选

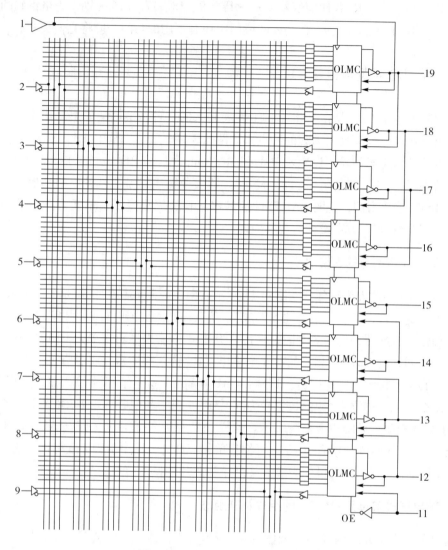

图 6.45　GAL 16V8 逻辑阵列图

择器的工作状态取决于编程信号 AC_0 和 $AC_1(n)$ 的值(但图 6.45 中的 OLMC(19) 和 OLMC(12)除外)。例如，若 $AC_0 = 1$、$AC_1(n) = 1$，则由图 6.46 可知，PTMUX 选择"0"作为输出，或门的第一个乘积项输入为 0，9 输入或门此时只有 8 个乘积项输入；TSMUX 选择"11"端的输入作为输出，此时三态反相输出缓冲器的选通信号来自第一乘积项；FMUX选择"11"端的输入作为输出，此时将本级 OLMC 的输出作为反馈输入加到与阵列中；OMUX 选择"0"端的输入作为输出，此时三态反相输出缓冲器的输入来自异或门的输出，可实现组合逻辑。表 6.7 列出了不同编程信号下 OLMC 的输出配置状态(也称组态)，这些编程信号可由用户通过结构控制字来设定，从而确定 OLMC 的组态。

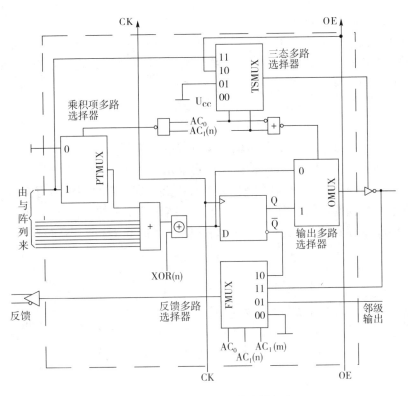

图 6.46　GAL 的 OLMC 的内部结构

表 6.7　OLMC 的输出配置状态

SYN	AC$_0$	AC$_1$ (n)	XOR	OLMC 的组态	XOR 输出极性
1	0	1		专用输入	
1	0	0	0	专用组合输出	低有效
1	0	0	1		高有效
1	1	1	0	复合输入/输出	低有效
1	1	1	1		高有效
0	1	1	0	寄存器组合	低有效
0	1	1	1	输入/输出	高有效
0	1	0	0	寄存器输出	低有效
0	1	0	1		高有效

GAL 16V8 的结构控制字格式如下：

0 ~ 31	32 ~ 35	36	37 ~ 44	45	46 ~ 49	50 ~ 81
乘积项禁止	XOR(n)	SYN	AC$_1$(n)	AC$_0$	XOR(n)	乘积项禁止
32 位	4 位	1 位	8 位	1 位	4 位	32 位

该控制字由 82 位组成，包括：

- 乘积项禁止位：共有 64 位，每位对应一个乘积项（一个与门）。当某个禁止位被编程为 0 时，与该禁止位相对应的乘积项取值必为 0，该功能可方便地屏蔽某些不用的乘积项。
- XOR(n)位：共有 8 位，每个输出逻辑宏单元一个。
- AC_0 位：只有 1 位，8 个输出逻辑宏单元共用。
- $AC_1(n)$位：共有 8 位，每个输出逻辑宏单元一个。
- SYN(同步)位：1 位，8 个输出逻辑宏单元共用。

图 6.47(a)~(e)是表 6.7 中 OLMC 的五种组态，现以寄存器输出组态(图 6.47(e))为例，说明它是如何确定的。由表 6.7 可知，当结构控制字的 SYN = 0，AC_0 = 1 AC_1(n) = 0 时，便构成寄存器输出组态，即图 6.46 简化为图 6.47(e)。在该编程信号下，图

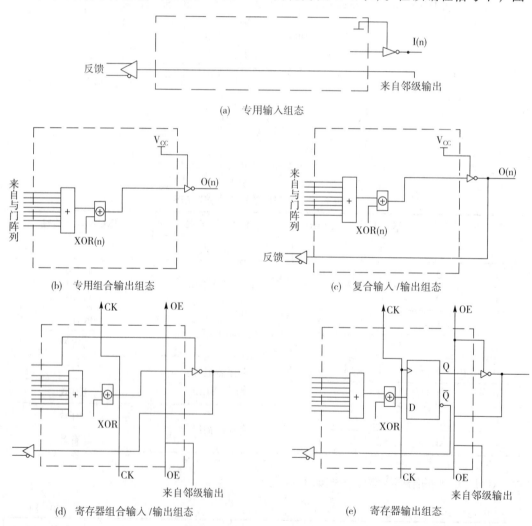

(a) 专用输入组态

(b) 专用组合输出组态

(c) 复合输入/输出组态

(d) 寄存器组合输入/输出组态

(e) 寄存器输出组态

图 6.47　OLMC 的五种组态

6.46 中的 OMUX 选中触发器的 Q 输出作为输出信号；TSMUX 选中 OE 作为三态反相输出缓冲器作为使能信号；FMUX 选中 D 触发器的 $\overline{Q}$ 输出作为反馈输入信号；PTMUX 选中第一乘积项作为输出，使或门的输入有 9 个乘积项。在这种组态下，时钟 CK 和使能信号 OE 是数个逻辑宏单元共用的。这一组态适用于时序逻辑线路的设计，如计数器、移位寄存器等。

3. GAL 编程的基本原理及应用举例

借助于 GAL 的开发软件和硬件(编程器)以及计算机对 GAL 进行编程，才能使 GAL 芯片具有期望的逻辑功能。这一编辑包括对 GAL 中的与阵列、结构控制字、用户标签阵列、加密位、整体擦除位等进行编程，它是通过向 GAL 的行地址图写入编程信息实现的。

图 6.48 示出了 GAL 16V8 的行地址图，该图表明了 GAL 16V8 的存储单元结构，它与其他存储器的结构不同，每一个单元地址(又称行地址)所对应的存储数据是不等长的。行地址图中共有 64 个行地址 (ROW0 ~ ROW63)。其中 ROW0 ~ ROW31 这 32 行对应与阵列，每行包含 64 位，每一位分别对应 GAL 16V8 逻辑阵列图(图 6.45)中的 32 条垂直线(输入)同 64 条水平线(乘积项)交叉点处的 64 个编程元件。这就是说，若将 ROW0 ~ ROW31 这 32 行的存储单元(每个单元 64 位)旋转 90°，便与图 6.45 的 GAL 阵列图对应起来。具体地说，行地址图中的第 0 行(ROW0)的第 0 位到第 31 行(ROW31)的第 0 位对应的是与阵列的第 63 个乘积项 PT63，第 0 行的第 63 位到第 31 行的 63 位对应的是与阵列的第 0 个乘积项 PT0，其余依此类推。

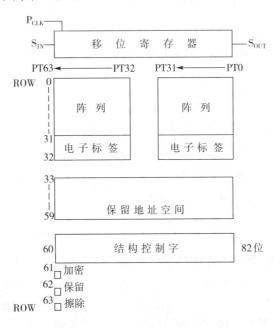

图 6.48　GAL 16V8 的行地址图

行地址图中第 32 行(ROW32)是电子标签字，共 64 位，可存储用户定义的有关信息，包括器件实现的电路功能、编程日期、编程者姓名等。这些信息不受芯片保密位控制，随时可以读出。

第 33 行至第 59 行（ROW33～ROW59）是制造商保留的地址空间，供制造商使用，用户只能读出其中存放的信息，不能改写。第 60 行（ROW60）是结构控制字，共 82 位，用来存放 OLMC 的编程信息（见前面介绍的结构控制字格式）。第 61 行（ROW61）是加密位，只有一位，该位被编程后，与阵列和结构控制字即被加密，禁止读出上述单元中的数据。第 62 行（ROW62）是一位空位，由制造商保留。第 63 行（ROW63）是整体擦除位，只有一位，该位编程后可用于整体擦除，它能擦除与阵列、电子标签、结构控制字、加密位等信息，但不能擦除保留空间的某些内容。

行地址图的顶部有一个 82 位的移位寄存器，用来将编程数据写入 GAL 的某一行内。编程数据从 S_{IN} 串行移入移位寄存器，在编程命令的控制下再将数据并行写入被选中的某一行单元中。在对与阵列编程时，最先串行输入的数据是 PT0 信息，最后输入的数据是 PT63。GAL 的编程是按地址图中被选中的行号逐行进行的。

GAL 的编程工具包括编程器和编程软件。编程器分两类，一类是脱机式编程器，另一类是扩展卡式编程器。GAL 的编程软件常用的有 FM（FAST MAP）、PALASM2、ABEL 等，其中 FM 的功能稍弱，ABEL 的功能较强，它们都是一种编译软件，用来编写用户的源文件。需指出，不同的编译软件，用户源文件的建立规范不同，其明显的区别是所用的逻辑运算符不同，ABEL 软件的逻辑运算符及其意义的约定如表 6.8 所示。

表 6.8　ABEL 软件的逻辑运算符及其意义

运算符	运算符意义	优先级
！	NOT（非）或低有效	最高（　）
&	AND	高！
#	OR	中 &
$	EXOR（异或）	低#
=	输入和输出为组合	最低 $
:=	输入和输出为时序	
（　）	控制算符分组和组合	
！$	异或非	

用 ABEL 软件对 GAL 进行编程包括下列三步：建立用户源文件；对该用户源文件进行编译；向 GAL 芯片写入编程数据。ABEL 软件由六部分组成，如图 6.49 所示。由图可知，用 ABEL 语言编写的用户源程序经编译可生成熔丝图文件（JEDEC 文件），编程器将此文件写入选定的 GAL 器件，便可实现设计要求规定的逻辑功能。

下面举例说明根据逻辑设计要求建立 ABEL 源文件的方法。

例 1　用 GAL 16V8 实现下列 6 个逻辑门电路。

6 个逻辑门电路的逻辑表达式为

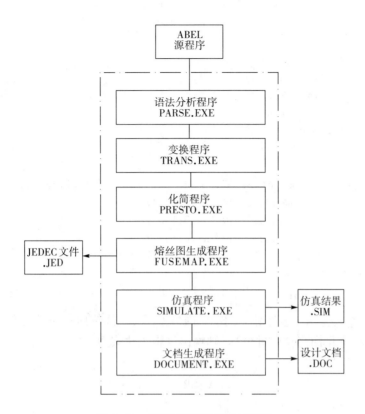

图 6.49 ABEL 源程序编译示意图

与门: $\qquad F_1 = A_1 B_1$

或门: $\qquad F_2 = A_2 + B_2$

与非门: $\qquad F_3 = \overline{A_3 B_3}$

或非门: $\qquad F_4 = \overline{A_4 + B_4}$

异或门: $\qquad F_5 = A_5 \oplus B_5$

同或门: $\qquad F_6 = A_6 \odot B_6$

用 ABEL 语言编写的 6 个逻辑门的源文件如下:

```
MODULE      Logic GATES
TITLE       'USE GAL 16V8 TO MAKE SIX Logic GATES';
DEVICE      TYPE EOI DEVICE 'P16V8R';
INPUT       PINS
            A1,B1,A2,B2      PIN 19,1,2,3;
            A3,B3,A4,B4      PIN 4,5,6,7;
            A5,B5,GND        PIN 8,9,10;
            A6,B6,           PIN 11,12;
OUTPUT      PINS
            F6,F5,F4         PIN 13,14,15;
```

```
                    F3 , F2 , F1              PIN 16 , 17 , 18 ;
        EQUATIONS
                    F1 = A1 & B1 ;
                    F2 = A2 # B2 ;
                    F3 = ! ( A3 & B3 ) ;
                    F4 = ! ( A4 # B4 ) ;
                    F5 = A5  $  B5 ;
                    F6 = ( A6 ! $ B6 ) ;
        TEST VECTORS
            ([A1,B1,A2,B2,A3,B3,A4,B4,A5,B5,A6,B6]→[F1,F2,F3,F4,F5,F6])
            [0,0,0,0,0,0,0,0,0,0,0,0]→[0,0,1,1,0,1];
            [0,1,0,1,0,1,0,1,0,1,0,1]→[0,1,1,0,1,0];
            [1,0,1,0,1,0,1,0,1,0,1,0]→[0,1,1,0,1,0];
            [1,1,1,1,1,1,1,1,1,1,1,1]→[1,1,0,0,0,1];
        END   Logic GATES
```

例 2　用 GAL16V8 实现一个全加器。

设全加器的输入为 A_i（被加数）、B_i（加数）及 C_{i-1}（低位向本位的进位），输出为 S_i（本位之和）、C_i（本位向高位的进位）。则输出逻辑表达式为

$$S_i = A_i \oplus B_i \oplus C_i$$
$$C_i = (A_i \oplus B_i) C_{i-1} + A_i B_i$$

用 ABEL 语言编写的全加器源文件如下：

```
MODULE    FULL    ADDER
TITLE     'USE GAL 16V8 TO MAKE A FULL ADDER';
DEVICE    TYPE EOI DEVICE 'P16V8R';
INPUT     PINS
          Ai , Bi , Ci -1        PIN 2 , 3 , 4 ;
OUTPUT PINS
          Si , Ci                PIN 18 , 19 ;
EQUATIONS
          Si = (Ai $ Bi $ Ci -1);
          Ci = ((Ai $ Bi)&Ci -1#(Ai&Bi));
TEST VECTORS
          ([Ai , Bi , Ci -1]→[ Si , Ci ])
          [0 , 0 , 0 ]→[0 , 0 ];
          [0 , 0 , 1 ]→[1 , 0 ];
          [0 , 1 , 0 ]→[1 , 0 ];
          [0 , 1 , 1 ]→[0 , 1 ];
          [1 , 0 , 0]→[1 , 0 ];
          [1 , 0 , 1 ]→[0 , 1 ];
          [1 , 1 , 0 ]→[0 , 1 ];
          [1 , 1 , 1 ]→[1 , 1 ];
END FULL ADDER
```

例 3　用 GAL 16V8 设计一个 2-5-10 同步计数器。设该计数器有 5 个控制端 MD2、MD5、MD10、R_D 和 S_D，其控制功能如下：

控制端的输入					实现的功能
R_D	S_D	MD2	MD5	MD10	
0	1	—	—	—	计数器输出为全 0
1	0	—	—	—	计数器输出为全 1
1	1	1	0	0	计数器按模 2 计数
1	1	0	1	0	计数器按模 5 计数
1	1	0	0	1	计数器按模 10 计数

用 ABEL 语言编写的 2-5-10 同步计数器的源文件如下：

```
MODULE     COUNTER 2_ 5_ 10
TITLE      '2_ 5_ 10 COUNTER CONTROL By DIFFRENTE CLK'
DEVICE     TYPE EO4 DEVICE 'P16V8R';
INPUT      PINS
CP, M2, M5, M10, RD,SD,OE PIN 1,2,3,4,5,6,11
OUTPUT PINS
    Qa, Qb, Qc, Qd, PIN 19,18,17,16
CONSTANTS
    C,X,Z =.C., .X., .Z.;
CONSTANT MODE
    MODE = [M2, M5, M10];
    MD2 = [1,0,0];
    MD5 = [X,1,0];
    MD10 = [X,X,1];
EQUATIONS
    Qa : = (RD&!SD)#(RD&SD&(MODE = MD2)&!Qa)
           #(RD&SD&(MODE = MD10)&(!Qa&Qb&Qc&Qd#Qa&!Qb&! Qc&! Qd))
    Qb : = (RD&!SD)#(RD&SD&(MODE = MD5)&!Qb&Qc&Qd)#(RD&SD&(MODE = MD10)&
           (!Qb&Qc&Qd#Qb&! Qc#Qb&! Qd))
    Qc : = (RD&!SD)#(RD&SD&((MODE = MD5)#(MODE = MD10))&(!Qa&!Qc&Qd#Qc&! Qd))
    Qd : = (RD&!SD)#(RD&SD&(MODE = MD5)&(!Qd&!Qb)#(RD&SD&(MODE = MD10)&!Qd)
TEST VECTORS
    ([OE, MODE, CP, RD, SD]→[Qa, Qb, Qc, Qd])
    [1, X, X, X, X ]→Z;
    [0, X, C, 1, 0 ]→ [1, 1, 1, 1];
    [0, X, C, 0, 1 ]→ [0, 0, 0, 0];

    [0, MD2, C, 1, 1 ]→ [1, 0, 0, 0];
    [0, MD2, C, 1, 1 ]→ [0, 0, 0, 0];

    [0, MD5, C, 1, 1 ]→ [0, 0, 0, 1];
    [0, MD5, C, 1, 1 ]→ [0, 0, 1, 0];
    [0, MD5, C, 1, 1 ]→ [0, 0, 1, 1];
    [0, MD5, C, 1, 1 ]→ [0, 1, 0, 0];
    [0, MD5, C, 1, 1 ]→ [0, 0, 0, 0];

    [0, MD10, C, 1, 1 ]→ [0, 0, 0, 1];
```

```
[0,MD10,C,1,1]→ [0,0,1,0];
[0,MD10,C,1,1]→ [0,0,1,1];
[0,MD10,C,1,1]→ [0,1,0,0];
[0,MD10,C,1,1]→ [0,1,0,1];
[0,MD10,C,1,1]→ [0,1,1,0];
[0,MD10,C,1,1]→ [0,1,1,1];
[0,MD10,C,1,1]→ [1,0,0,0];
[0,MD10,C,1,1]→ [1,0,0,1];
[0,MD10,C,1,1]→ [0,0,0,0];
END COUNTER 2_5_10
```

　　以上只是简要说明了 GAL 编程的基本原理。实际应用中，首先要学习选定的 GAL 开发软件的编程语言的语法规则，并用它来编写所要实现的数字系统的源文件；然后要学会 GAL 开发软件所提供的操作命令，对源文件进行编译，并用编程器向 GAL 芯片写入编程信息。考虑到大多数读者的实际情况，本教材将不具体介绍 GAL 开发软件的操作方法。但在理解了上述 GAL 编程的基本原理后，读者通过自学不难掌握 GAL 编程的详细操作步骤。

6.5　现场可编程门阵列(FPGA)

　　上面所介绍的可编程逻辑器件的基本组成部分是与阵列、或阵列和输出电路，对这些基本组成电路进行编程就可以实现任何用"与或"表达式表示的逻辑函数，再加上触发器即可实现时序电路。现场可编程门阵列 FPGA(Field Programmable Gate Array)是一种不同于上述结构的新型可编程逻辑器件，它可以在逻辑门级下编程，借助于门与门的连接来实现任何复杂的逻辑电路。FPGA 的最大特点是它可实现现场编程，即在工作时便可对线路板上的电路芯片进行逻辑设计，并可进行反复修改直至达到设计要求；也可以工作一段时间后，再修改逻辑，进行重新定义，完成新的逻辑功能。具有这种在线可编程功能的芯片除 FPGA 系列外，还有基于 GAL 系列的 ISPLSI 等系列的芯片。

　　自 1985 年以来，美国 Xilinx 公司相继推出 XC2000 系列、XC3000 系列和 XC4000 系列等三代 FPGA 产品，它们采用的是逻辑单元阵列 LCA(Logic Cell Arrag)结构。这种结构的 FPGA 主要由三部分组成：可编程逻辑块 CLB(Configurable Logic Block)、可编程输入输出模块 IOB(Input-Output Block)、可编程内部连线 PI(Programmable Interconnect)，及由它组成的编程开关矩阵 PSM(Programmable Switch Matrix)，如图 6.50 所示。

　　可编程逻辑块 CLB 以方阵的形式布置在器件的中央，FPGA 可提供 n × n 个 CLB，如 108 × 108 个 CLB，其可用门数量可达 25 万门以上。CLB 包含有多种逻辑功能部件，使它既能实现组合逻辑电路，又可实现时序逻辑电路。可编程输入输出模块 IOB 分布在芯片的四周，它提供了外部封装引脚与内部信息的接口电路，通过编程该接口电路可将外部引脚分别组态为输入引脚、输出引脚及双向引脚，并且具有控制速率、降低功耗等功能。可编程内部连线 PI 分布在 CLB 周围、CLB 及 IOB 之间，以实现 CLB 之间的逻辑连接及将信息传送到 IOB。上述 CLB、IOB 和 PI 的功能配置以及它们之间的相互连接关系是通过对

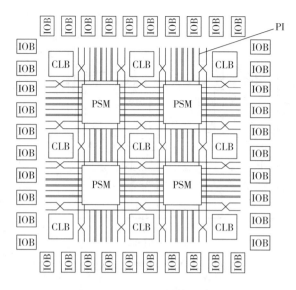

图 6.50　FPGA 的结构示意图

FPGA 的编程实现的，编程数据存放在按点阵分布的存储单元 SRAM(Static RAM)中。由于静电 RAM(SRAM)中的数据在芯片关机或掉电时，数据将丢失。为此，先要将 FPGA 的编程数据烧制在一片单独的 EPROM 中，并在印刷电路板上将该 EPROM 与 FPGA 芯片以并行接口的方式实现硬连接。这样，在加电或复位时，EPROM 中的编程数据(或称构造码)就可以并行方式打入 FPGA 芯片的 SRAM 中，从而完成对 FPGA 芯片的构造。此后 EPROM 即可与 FPGA 芯片脱钩，FPGA 即可开始独立工作。

　　下面以 XC2000 系列的 CLB、IOB 和 PI 为例，简要说明 FPGA 的三个主要组成部分的结构。

　　图 6.51 是 XC2000 系列的 CLB 结构图，它由组合逻辑块、逻辑暂存单元(D 触发器)和 CLB 内部连线控制逻辑组成。该 CLB 有 4 个通用输入端 A、B、C、D，一个专用时钟驱动端 K 及两个输出端 X、Y。XC2018 中由 10×10 个这样的 CLB 构成一个方阵，每个 CLB 被配置成能完成一定逻辑功能的小单元，各单元之间通过内部连线 PI 连接起来，进而实现较复杂的逻辑功能。图中"梯形"符号表示用户可编程的二选一或三选一的数据多路选择器，从而可实现多种组态。

　　图 6.52 是 XC2000 系列的 IOB 结构图，它由输入缓冲器、输出缓冲器、多路选择器及 D 触发器等组成。输入缓冲器的输出可以直接作为芯片内部的输入，也可以经 D 触发器寄存后再作为芯片内部的输入，这是由用户编程决定的。通过编程还可决定输入缓冲器的电平是 TTL 接口电平(1.4V)还是 CMOS 接口电平(2.2V)。输出缓冲器可以通过编程从"允许""禁止"、"三态门控制"等三种工作状态中确定一种。需说明的是，由于 IOB 分布在 FPGA 芯片的四周，所以 IOB 的输入 IN 和输出 OUT 都是对芯片内部而言的。若从 IOB 的角度看，图中的 OUT 是 IOB 的输入，IN 是 IOB 的输出。

　　图 6.53 表示了 XC2000 系列芯片 PI 的通用连线结构。由图可知，在两列 CLB 之间有五条垂直线段，在两行 CLB 之间有四条水平线段，垂直线段和水平线段的交叉处有编程

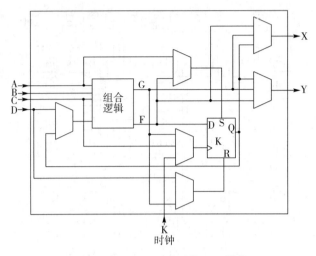

图 6.51　XC2000 系列的 CLB 结构

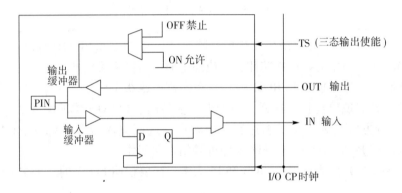

图 6.52　XC2000 系列的 IOB 结构

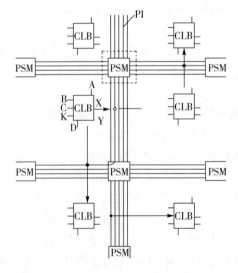

图 6.53　XC2000 系列的通用连线结构

开关矩阵(PSM)，它能按编程要求将垂直线段和水平线段连接起来。图中表示了中间的 CLB 的输出 X 与左数第二条垂直线段相连，并通过编程开关矩阵与另外两个 CLB 相连(见粗黑线所示)。

XC3000 系列和 XC4000 系列的 FPGA 产品要比上述复杂得多，功能也更完善，但其构造的基本思想是相同的。

FPGA 器件的开发是在相应的开发系统中完成的，具体开发过程需根据开发系统所提供的软硬件环境而定。

练习 6

1. 试述与－或门阵列中行线与列线交叉处的三种可能的连接方式。
2. 简述可编程逻辑器件(PLD)的分类及其特点。
3. 可编程逻辑器件(PLD)有哪几类主要的编程单元，简要说明它们的特点。
4. 用 PROM 实现下列代码转换：
(1) 8421 码到余 3 码的转换。
(2) 二进制码到 2421 码的转换。
5. 用一个 PROM 实现下列逻辑函数
(1) $F_1 = \sum(0,3,4,5,8,12,14,15)$
(2) $F_2 = A + B + C$
6. 用 PROM 设计一个两位二进制加法器。
7. 用 PROM 产生图 P6.1 所示的序列信号。

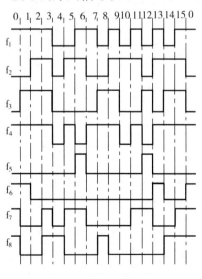

图 P6.1 第 7 题的附图

8. 用 PLA 实现下列逻辑函数：

（1）8421 码到余 3 码的转换

（2）F = A + B + C

9. 用 PLA 设计一个余 3 码同步计数器。

10. 用 PLA 实现 P6.2 所示的四位移位寄存器。

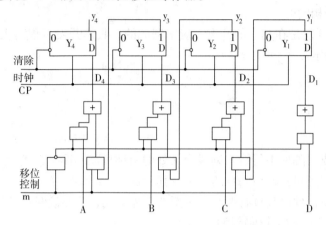

图 P6.2   第 10 题的附图

11. 试写出图 6.39 所示的 PAL 专用输出结构的输出 F 的逻辑表达式。

12. 试给出图 6.42 所示的 PAL 输出结构中 D 触发器置 1 的条件。

13. 说明 $AC_0 = 1$，$AC_1(n) = 0$ 时 GAL 的 OLMC（见图 6.46）组态为什么是图 6.47（e）所示的寄存器输出。

14. 简述 GAL 编程的基本原理。

15. 试述现场可编程门阵列 FPGA 的特点。

第7章 数字逻辑实验指南

本章将介绍《数字逻辑》课程的几个基本实验，包括组合线路分析、组合线路设计、脉冲异步时序线路分析、同步时序线路设计、MSI 和 LSI 数字设计等六个实验。实验内容紧密结合理论教学，使学生通过实验做到理论联系实践，打下计算机硬件实验的基础。本章所列举的实验可以在一般的数字电路实验台上完成，各校可参照下列各个实验的内容及要求自行编写实验指导书。

7.1 组合线路分析实验

1. 实验目的

- 了解数字逻辑实验台的组成及使用方法，学会数字式三用表的使用。
- 熟悉 TTL/SSI 集成电路的型号及外部引脚的定义。
- 验证与非门及异或门的逻辑功能。
- 验证全加器的逻辑功能。

2. 实验前的准备

（1）实验所需的 TTL 集成电路芯片：

- 74LS20 4 输入端双与非门。
- 74LS51 3-3，2-2 输入双与或非门。
- 74LS86 4 异或门。
- 74LS183 双全加器。

上述集成电路芯片的引脚图见图 7.1（a）~（d）。

（2）设计验证与非门及与或非门的逻辑功能的实验电路图及芯片在实验台上的接线图。

（3）按图 7.2 要求，选取合适的集成电路芯片，并画出实现该全加器的芯片连接图。

3. 实验内容

（1）在实验台上插上 74LS20，用数字式三用表测定与非门的输入输出电压关系。

（2）在实验台上插上 74LS51，用数字式三用表测定与或非门的输入输出电压关系。

（3）按全加器的芯片连接图，在实验台上接线，用开关模拟输入，指示灯模拟输出，记录输出与输入关系，验证该全加器的逻辑功能。

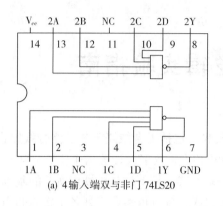

(a) 4输入端双与非门 74LS20

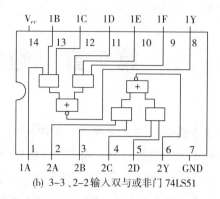

(b) 3-3、2-2输入双与或非门 74LS51

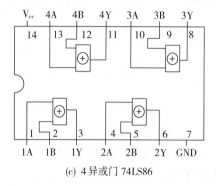

(c) 4异或门 74LS86

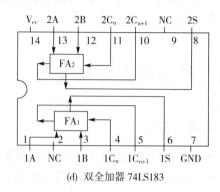

(d) 双全加器 74LS183

图 7.1　实验 1 所需芯片的引脚图

（4）在实验台上插上 74LS183，测定全加器的输入输出电压关系。

4. 实验报告要求

（1）在实验报告上画出各个实验的芯片在实验台上的连接图。

（2）对各个实验的测定数据或记录的现象作出分析，并写出结论

（3）若实验中出现不正常现象，分析故障原因。

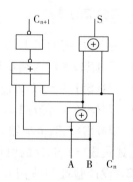

图 7.2　全加器的逻辑图

7.2　组合线路设计实验

1. 实验目的

用给定芯片设计一个按键输入译码器，并在实验台上组装该译码器，通过实验验证所设计的译码器的正确性。

2. 实验前的准备

（1）实验所需的芯片：

- 74LS00 2 输入端 4 与非门
- 74S64 4、3、2、2 输入端与或非门
- 74 LS51 3-3、2-2 输入双与或非门

74LS00 和 74S64 的引脚图见图 7.3，74LS51 的引脚图见图 7.1（b）。

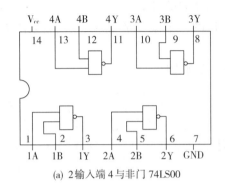 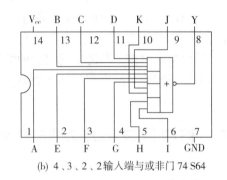

(a) 2 输入端 4 与非门 74LS00　　　　　(b) 4、3、2、2 输入端与或非门 74 S64

图 7.3　74LS00 和 74S64 的引脚图

（2）用与非门和与或非门设计一个十进制数 0～9 的按键输入译码器，输出为 8421 码。写出设计步骤，画出所设计的译码器的逻辑图。

图 7.4 给出了按键输入译码器的供参考的逻辑图。

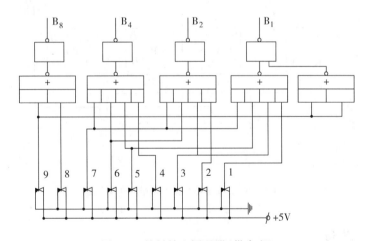

图 7.4　按键输入译码器(供参考)

（3）选定芯片型号，用实验台上的开关模拟十进制数(0～9)的输入，用指示灯模拟 8421 码输出，画出详细的实验用芯片接线图。

3. 实验内容

（1）按译码器的实验用芯片接线图在实验台上连线，测定译码器的逻辑功能。
（2）错误地同时按下两键，记录输入与输出的关系。
（3）由指导教师设置人为故障（如拔掉某一条连线），由学生排除故障。

4. 实验报告要求

（1）写出按键译码器的设计步骤，画出该译码器的逻辑图。
（2）画出实验所用的按键译码器的芯片连接图，记录实验结果，分析该结果的正确性。
（3）分析同时按下两键所观察到的结果，指出其原因。
（4）分析实验中所出现的其他故障。

7.3 脉冲异步时序线路分析实验

1. 实验目的

- 用实验验证 D 和 JK 触发器的外特性。
- 用 JK 触发器及与非门按图 7.5 给定的逻辑图组装一个 2-5-10 进制计数器，并分析其逻辑功能。

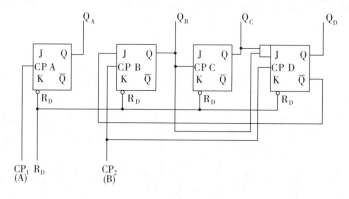

图 7.5 2-5-10 进制计数器的逻辑图

2. 实验前的准备

（1）实验所需的芯片：
- 74LS73 双 J-K 触发器
- 74LS20 4 输入端双与非门
- 74LS90 2-5-10 进制计数器

74LS20 的引脚图见图 7.1（a），74LS73 和 74LS90 的引脚图以及 74LS90 的功能表见

图 7.6。

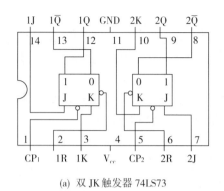

(a) 双 JK 触发器 74LS73

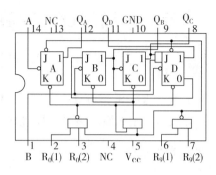

(b) 2-5-10 进制计数器 74LS90

$R_0(1)$	$R_0(2)$	$R_9(1)$	$R_9(2)$	$Q_D \sim Q_A$
1	1	0	×	0 0 0 0
1	1	×	0	0 0 0 0
×	×	1	1	1 0 0 1
×	0	×	0	计数
0	×	0	×	
0	×	×	0	
×	0	0	×	

(c) 74LS90 的功能表

图 7.6　74LS73 和 74LS90 的引脚图

（2）设计在实验台上测试 D 触发器和 JK 触发器外特性的方案，画出实验用芯片连接图。

（3）按图 7.5 给定的 2-5-10 进制计数器的逻辑图，选定芯片型号，画出该计数器的实验用芯片连接图。

3. 实验内容

（1）用开关模拟 D 触发器和 JK 触发器的输入，用指示灯模拟输出，记录输入与输出的关系。

（2）用实验台的脉冲源作为计数器的 CP 输入，用指示灯模拟输出，分别记录 2、5、10 进制计数工作状态下的计数规律。

（3）用 74LS90 重复第（2）步实验。

4. 实验报告要求

（1）画出 2-5-10 进制计数器的实验线路图，记录实验结果。

（2）写出 2-5-10 进制计数器理论分析的详细步骤，验证实验结果的正确性。

（3）分析实验中所出现的故障。

7.4 同步时序线路设计实验

1. 实验目的

用 D 触发器及门电路设计一个模 12 累加计数器。选定芯片型号。画出实验用芯片连接图，并在实验台上组装、调试。验证所设计的同步时序线路的正确性。

2. 实验前的准备

（1）实验所需的芯片：

- 74LS10　　3 输入端 3 与非门
- 74S64　　　4、3、2、2 输入与非门
- 74LS175　　4D 触发器

74S64 的引脚图见图 7.3（b），74LS10 和 74LS175 的引脚图见图 7.7。

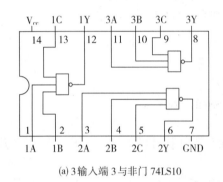

(a) 3 输入端 3 与非门 74LS10

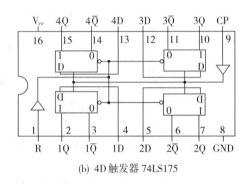

(b) 4D 触发器 74LS175

图 7.7　74LS10 和 74LS175 的引脚图

（2）根据给定的芯片，设计出模 12 同步累加计数器，要求该计数器的计数规律为

$$0000 \rightarrow 0001 \rightarrow 0010 \rightarrow 0011 \rightarrow 0100 \rightarrow 0101$$
$$1011 \leftarrow 1010 \leftarrow 1001 \leftarrow 1000 \leftarrow 0111 \leftarrow 0110$$

（3）画出实验用模 12 计数器的芯片连接图，用实验台上的单脉冲源作计数脉冲，用实验台上的指示灯作计数器的输出。

3. 实验内容

（1）按已准备好的模 12 计数器的芯片连接图，在实验台上进行组装，记录实验结果。
（2）由指导教师设置人为故障，由学生排除该故障。

4. 实验报告要求

（1）写出模 12 计数器的详细设计步骤，给出所设计的模 12 计数器的逻辑图。
（2）画出模 12 计数器的实验线路图，记录实验结果。

（3）说明人为故障排除的方法，分析实验中所出现的不正常现象。

7.5 MSI 数字设计实验

1. 实验目的

用中规模集成电路（MSI）功能块组成一个计数脉冲显示装置，它由 8421 码计数器、8421 码—七段译码器及七段显示器三个功能块组成，如图 7.8 所示。该装置能对输入的脉冲进行计数，并在七段发光二极管显示器上以数字"0"~"9"的形式显示出输入脉冲的个数。

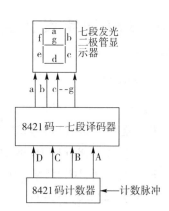

图 7.8 计数脉冲显示装置组成框图

2. 实验前的准备

（1）实验所需的芯片：

- 74LS90 　2-5-10 进制计数器
- 74LS248 　8421 码—七段译码器
- BS311201 　共阴极发光二极管显示器

74LS90 的引脚图见图 7.6（b），74LS248 和 BS311201 的引脚图见图 7.9。

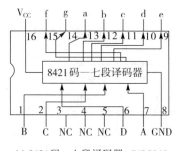
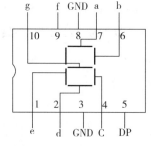

(a) 8421 码—七段译码器 74LS248　　　(b)共阴极发光二极管显示器 BS311201

图 7.9　74LS248 和 BS311201 的引脚图

（2）画出计数脉冲显示装置的实验用芯片连接图。

（3）制定实验方案。

3. 实验内容

（1）按计数脉冲显示装置的芯片连接图，在实验台上组装该装置。

（2）分别用实验台上的单脉冲及连续脉冲作输入，观察显示器的工作情况。

（3）由指导教师设置人为故障，排除该故障。

4. 实验报告要求

（1）画出计数脉冲显示装置的组成框图，说明它的工作原理。

（2）画出实验线路图，记录实验结果。

（3）分析实验中所出现的故障。

7.6 LSI 数字设计实验

1. 实验目的

用 Intel 2114 RAM 芯片实现下列多输出函数：

$F_0 = \sum(1,3,10,14,15,21,35,47)$

$F_1 = \sum(0,4,8,14,20,38,56)$

$F_2 = \sum(2,6,16,25,50,60)$

$F_3 = \sum(22,26,28,40)$

通过该实验，熟悉用存储器实现组合逻辑的方法。

2. 实验前的准备

（1）实验所需芯片：

- Intel 2114 RAM，其引脚图见图 7.10。
- 为使数据$(D_3 \sim D_0)$的写入和读出的转换控制简单，可选用三态门，如图 7.11 所示。

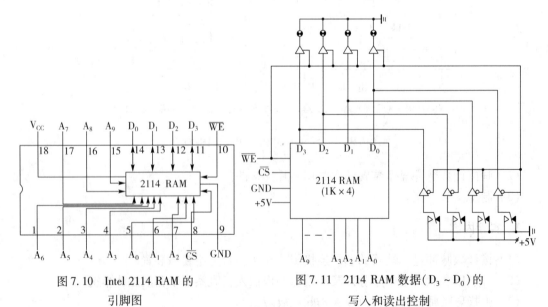

图 7.10　Intel 2114 RAM 的
引脚图

图 7.11　2114 RAM 数据$(D_3 \sim D_0)$的
写入和读出控制

（2）理解 2114 RAM 的读/写操作过程。

2114 RAM 芯片是一个容量为 $1K \times 4$ 位的静态读写存储器，它有 10 条地址线（$A_9 \sim A_0$），4 条数据线（$D_3 \sim D_0$）。该芯片的工作条件是片选信号有效（$\overline{CS} = 0$）。若要从存储器读出，则令 $\overline{WE} = 1$；若要向存储器写入，则令 $\overline{WE} = 0$。2114 RAM 的读/写操作过程如下：

（a）写操作过程：

- 送地址：将写入数据的存储单元地址送到 $A_9 \sim A_0$。
- 送数据：将要写入的数据送到 $D_3 \sim D_0$。
- 发写命令：$\overline{CS} = 0$ 且 $\overline{WE} = 0$。
- 写入数据：将数据（$D_3 \sim D_0$）写入 $A_9 \sim A_0$ 所指定的存储单元中。

（b）读操作过程：

- 送地址：将读出数据的存储单元地址送到 $A_9 \sim A_0$。
- 发读命令：$\overline{CS} = 0$ 且 $\overline{WE} = 1$。
- 读出数据：从 $A_9 \sim A_0$ 所指定的存储单元中读出数据到 $D_3 \sim D_0$。

（3）画出 2114 RAM 实验线路图，用实验台上的开关设置地址码 $A_9 \sim A_0$，用指示灯显示从 $D_3 \sim D_0$ 读出的数据，用开关设置要写入的数据（$D_3 \sim D_0$）。

（4）设计实验方案，包括写入给定函数（$F_3 \sim F_0$）和读出给定函数的具体步骤。

3. 实验内容

（1）在实验台上按实验线路图接线。

（2）按自己设计的实验方案，先将给定函数写入存储器（见表7.1），再从存储器中按地址逐一读出数据，记录写入和读出的数据，验证它们是否一致。

表 7.1 写入 RAM 的数据

存储单元地址						存储单元内容				
A_5	A_4	A_3	A_2	A_1	A_0	F_3	F_2	F_1	F_0	
0	0	0	0	0	0 (00H)	0	0	1	0	(02H)
0	0	0	0	0	1 (01H)	0	0	0	1	(01H)
0	0	0	0	1	0 (02H)	0	1	0	0	(04H)
0	0	0	0	1	1 (03H)	0	0	0	1	(01H)
0	0	0	1	0	0 (04H)	0	0	1	0	(02H)
0	0	0	1	0	1 (05H)	0	0	0	0	(00H)
0	0	0	1	1	0 (06H)	0	1	0	0	(04H)
0	0	0	1	1	1 (07H)	0	0	0	0	(00H)
0	0	1	0	0	0 (08H)	0	0	1	0	(02H)
⋮						⋮				
1	1	1	1	0	0 (3CH)	0	1	0	0	(04H)
1	1	1	1	0	1 (3DH)	0	0	0	0	(00H)
1	1	1	1	1	0 (3EH)	0	0	0	0	(00H)
1	1	1	1	1	1 (3FH)	0	0	0	0	(00H)

4. 实验报告要求

（1）画出用 2114 RAM 实现组合逻辑函数 $F_3 \sim F_0$ 的实验线路图。

（2）说明用 RAM 实现组合逻辑的原理。

（3）分析实验中所出现的问题。

第8章 练习题解

本章将给出本教材第 1~6 章的练习题的部分解答，其目的是便于读者自学。建议读者在学完每章内容后，先不看题解自行完成相关练习题，然后与题解对照，以验证解题结果的正确性，并进一步分析不同结果的原因所在。尽管下列题解已由我校多届学生验证其正确性，但仍不可确保万无一失，特别是解题思路是否最好、解题方法是否最简，还敬请读者指正。

8.1 练习1题解

1. 设 A、B、C 为逻辑变量，试回答

（1）若已知 $A + B = A + C$，则 $B = C$，对吗？

（2）若已知 $AB = AC$，则 $B = C$，对吗？

（3）若已知 $\begin{cases} A + B = A + C \\ AB = AC, \end{cases}$ 则 $B = C$，对吗？

解：该题考察读者对与、或运算的概念是否清楚。

（1）不对，其原因是：当 $A = 1$ 时，不管 B、C 取 0 或 1，$A + B = A + C$ 总成立，故 B 可以不等于 C。

（2）不对，其原因是：当 $A = 0$ 时，不管 B、C 取 0 或 1，$AB = AC$ 总成立，故 B 可以不等于 C。

（3）对，其原因是：要同时满足 $A + B = A + C$，和 $AB = AC$，则有：

当 $A = 1$ 时，B 必须等于 C，才能满足 $AB = AC$，此时 $A + B = A + C$ 自然满足；

当 $A = 0$ 时，B 必须等于 C，才能满足 $A + B = A + C$，此时，$AB = AC$ 自然满足。

2. 试用逻辑代数的基本公式，化简下列逻辑函数：

（1）$(A + \overline{B}C)(\overline{A}B + C)$

（2）$AB(BC + A)$

（3）$A\overline{D}(A + D)$

（4）$AB + B\overline{C} + ABC + AB\overline{C}$

（5）$(A + \overline{B} + C)(A + C + \overline{D})$

解：该题考察读者对逻辑代数的基本公式是否已掌握，能否灵活应用。

（1）$(A + \overline{B}C)(\overline{A}B + C)$

$\qquad = A \cdot \overline{A}B + AC + \overline{B}C \cdot \overline{A}B + \overline{B}C \cdot C$

$\qquad = 0 + AC + 0 + \overline{B}C$

$= AC + \overline{B}C$

（4） $AB + B\overline{C} + ABC + AB\overline{C}$

$= (AB + ABC) + (B\overline{C} + AB\overline{C})$

$= AB(1 + C) + B\overline{C}(1 + A)$

$= AB + B\overline{C}$

3. 已知下列逻辑函数，给出它们的真值表和卡诺图。

（1） $F = \overline{A}\overline{B} + AB$　　（2） $F = AB + A\overline{B}C + \overline{A}BC$

解：该题考察读者是否掌握逻辑函数的三种表示法，以及这三种表示方法的相互转换。下面以第(2)小题为例，说明先将给定的逻辑函数展开为最小项表达式，然后根据最小项表达式的各个组成项(以最小项项号表示)，直接列出真值表中取值为1的各行(其他行则取值为0)。画卡诺图的方法与此类似。

（2） $F = AB + A\overline{B}C + \overline{A}BC$

$= AB(C + \overline{C}) + A\overline{B}C + \overline{A}BC$

$= ABC + AB\overline{C} + A\overline{B}C + \overline{A}BC$

$= \overline{A}BC + A\overline{B}C + AB\overline{C} + ABC$

$= m_3 + m_5 + m_6 + m_7$

$= \sum(3,5,6,7)$

则得真值表如表8.1所示，卡诺图如图8.1所示。

表8.1　$F = \sum(3,5,6,7)$ 的真值表

m_i	A	B	C	F
0	0	0	0	0
1	0	0	1	0
2	0	1	0	0
3	0	1	1	1
4	1	0	0	0
5	1	0	1	1
6	1	1	0	1
7	1	1	1	1

A \ BC	00	01	11	10
0			3	
1		5	7	6

图8.1　$F = \sum(3,5,6,7)$ 的卡诺图

4. 将下列逻辑函数展开为最小项表达式。

（1） $F(A,B,C) = A + \overline{B}C + \overline{A}BC$

（2） $F(A,B,C,D) = AB + BC + CD + DA$

解：将给定函数展开为最小项表达式的方法是：在该函数的各个乘积项中“与”上所缺变量x的$(x + \overline{x})$。对于第(1)小题，则有：

$$F(A,B,C) = A + \overline{B}C + \overline{A}BC$$
$$= A(B + \overline{B})(C + \overline{C}) + \overline{B}C(A + \overline{A}) + \overline{A}BC$$
$$= \overline{A}\overline{B}C + \overline{A}BC + A\overline{B}\overline{C} + A\overline{B}C + AB\overline{C} + ABC$$
$$= \sum(1,3,4,5,6,7)$$

5. 将下列逻辑函数展开为最大项表达式。

（1） $F(A,B,C) = (A + B)(\overline{B} + C)$

（2）$F(A,B,C) = A\bar{B}C + A\bar{C}$

解：将给定函数展开为最大项表达式的基本方法是：先用"或对与的分配"将给定函数展开为"或－与"表达式，然后对每一个或项"或"上所缺变量 x 的 $x\bar{x}$。以第（2）小题为例，则有：

$$
\begin{aligned}
F(A,B,C) &= A\bar{B}C + A\bar{C} \\
&= (A\bar{C} + A)(A\bar{C} + \bar{B}C) \\
&= (A + A)(A + \bar{C})(A\bar{C} + \bar{B})(A\bar{C} + C) \\
&= A \cdot (A + \bar{C})(\bar{B} + A)(\bar{B} + \bar{C})(C + \bar{C})(C + A) \\
&= A(A + \bar{C})(A + \bar{B})(A + C)(\bar{B} + \bar{C}) \\
&= (A + B\bar{B} + C\bar{C})(A + \bar{B} + C\bar{C})(A + C + B\bar{B})(\bar{B} + \bar{C} + A\bar{A}) \\
&= (A + B + C\bar{C})(A + \bar{B} + C\bar{C})(A + \bar{B} + C)(A + \bar{B} + \bar{C}) \\
&\quad (A + C + B)(A + C + \bar{B})(\bar{B} + \bar{C} + A)(\bar{B} + \bar{C} + \bar{A}) \\
&= (A + B + C)(A + B + \bar{C})(A + \bar{B} + C)(A + \bar{B} + \bar{C})(A + \bar{B} + C) \\
&\quad (A + \bar{B} + \bar{C})(A + B + C)(\bar{A} + \bar{B} + \bar{C}) \\
&= (A + B + C)(A + B + \bar{C})(A + \bar{B} + C)(A + \bar{B} + \bar{C})(\bar{A} + \bar{B} + \bar{C}) \\
&= M_0 M_1 M_2 M_3 M_7 \\
&= \prod(0,1,2,3,7)
\end{aligned}
$$

6. 画出下列函数的卡诺图。

$$F(A,B,C) = A\bar{B} + B\bar{C}$$

$$F(A,B,C,D) = AB + BC + CD + DA$$

解：根据卡诺图上变量与其所属区域的关系，可将给定函数直接表示在卡诺图上，但这种方法容易出错。一种规范而不易出错的方法是将给定函数展开为最小项表达式，根据卡诺图上的小方块与最小项一一对应关系，可方便地得到给定函数的卡诺图。以第（2）小题为例，则有：

$$
\begin{aligned}
F(A,B,C,D) &= AB + BC + CD + DA \\
&= AB(C + \bar{C})(D + \bar{D}) + BC(A + \bar{A})(D + \bar{D}) \\
&\quad + CD(A + \bar{A})(B + \bar{B}) = DA(B + \bar{B})(C + \bar{C}) \\
&= \sum(3,6,7,9,11,12,13,14,15)
\end{aligned}
$$

可画出该函数的卡诺图如图 8.2 所示。

7. 用真值表验证下列等式：

（1）$A\bar{B} + \bar{A}B = (\bar{A} + \bar{B})(A + B)$

（2）$A\bar{B} + B\bar{C} + C\bar{A} = \overline{\bar{A}\bar{B}\bar{C}} \cdot \overline{ABC}$

解：将等式两端的逻辑表达式分别定义为两个逻辑函数（F 和 G），然后分别列出 F 和 G 的真值表。若这两个真值表完全相同，则证明 F = G，验证了给定等式的成立。

以第（1）题为例，令

$$F = A\bar{B} + \bar{A}B$$

AB\CD	0 0	0 1	1 1	1 0
0 0			3	
0 1			7	6
1 1	12	13	15	14
1 0		9	11	

图 8.2　$F = \sum(3,6,7,9,11,12,13,14,15)$ 的卡诺图

$$G = (\overline{A} + \overline{B})(A + B)$$

列 F 和 G 的真值表如表 8.2 所示。由表可知 F = G，验证了等式 $A\overline{B} + \overline{A}B = (\overline{A} + \overline{B})(A + B)$ 成立。

表 8.2 F 和 G 的真值表

A	B	$A\overline{B}$	$\overline{A}B$	F	$(\overline{A} + \overline{B})$	$(A + B)$	G
0	0	0	0	0	1	0	0
0	1	0	1	1	1	1	1
1	0	1	0	1	1	1	1
1	1	0	0	0	0	1	0

8. 试用德·摩根定理及香农定理分别求下列函数的反函数。

(1) $Z = A\overline{B} + \overline{A}B$

(2) $Z = \sum(4,5,6,7)$

(3) $Z = \prod(0,2,4,6)$

(4) $Z = A\left[\overline{B} + (C\overline{D} + \overline{E}F)G\right]$

(5) $Z = A\overline{B} + B\overline{C} + C(\overline{A} + D)$

(6) $Z = \overline{\overline{AB} + ABD}(B + CD)$

解：该题将考察读者是否掌握德·摩根定理及香农定理，现以第(2)小题为例，说明如何应用这两个定理来求给定函数的反函数。

应用德·摩根定理求反函数：

$$Z = \sum(4,5,6,7)$$
$$= A\overline{B}\,\overline{C} + A\overline{B}C + AB\overline{C} + ABC$$
$$\overline{Z} = \overline{A\overline{B}\,\overline{C} + A\overline{B}C + AB\overline{C} + ABC}$$
$$= \overline{A\overline{B}\,\overline{C}} \cdot \overline{A\overline{B}C} \cdot \overline{AB\overline{C}} \cdot \overline{ABC}$$
$$= (\overline{A} + B + C)(\overline{A} + B + \overline{C})(\overline{A} + \overline{B} + C)(\overline{A} + \overline{B} + \overline{C})$$
$$= \prod(4,5,6,7)$$

应用香农定理求反函数：

$$\overline{Z} = (\overline{A} + B + C)(\overline{A} + B + \overline{C})(\overline{A} + \overline{B} + C)(\overline{A} + \overline{B} + \overline{C})$$
$$= \prod(4,5,6,7)$$

9. 证明函数

$$F = C(\overline{A\overline{B} + \overline{A}B}) + \overline{C}(A\overline{B} + \overline{A}B)$$

是一自对偶函数。

解：该题要求读者掌握如何求对偶函数以及自对偶函数的定义。现证明如下：

$$F' = \left[C + \overline{(A + \overline{B})(\overline{A} + B)}\right] \cdot \left[\overline{C} + (A + \overline{B})(\overline{A} + B)\right]$$
$$= C\left[(A + \overline{B})(\overline{A} + B)\right] + \overline{C}\left[(A + \overline{B})(\overline{A} + B)\right]$$
$$= C \cdot (\overline{\overline{A}B + AB}) + \overline{C}(\overline{\overline{A}B + AB})$$
$$= C(\overline{A\overline{B} + \overline{A}B}) + \overline{C}(A\overline{B} + \overline{A}B)$$
$$= F \qquad\qquad 证毕$$

10. 试用定理或常用公式证明下列等式：

（1）$AB + \overline{A}C + \overline{B}C = AB + C$

（2）$A\overline{B} + BD + \overline{A}D + DC = AB + D$

（3）$BC + D + \overline{D}(\overline{B} + \overline{C})(DA + B) = B + D$

（4）$(A + B)(A + \overline{B})(\overline{A} + B)(\overline{A} + \overline{B}) = 0$

（5）$ABC + \overline{A}\overline{B}\overline{C} = \overline{A\overline{B} + B\overline{C} + C\overline{A}}$

（6）$A\overline{B} + B\overline{C} + C\overline{A} = \overline{A}B + \overline{B}C + \overline{C}A$

（7）$AB + BC + CA = (A + B)(B + C)(C + A)$

（8）$(AB + \overline{A}\overline{B})(BC + \overline{B}\overline{C})(CD + \overline{C}\overline{D}) = \overline{A\overline{B} + B\overline{C} + C\overline{D} + D\overline{A}}$

解：求解该题要求读者熟练地掌握逻辑代数中的几个定理及常用公式，并能灵活地应用。证明等式一般从较复杂的式子着手，将其展开并化简，直至与等式的另一侧式子相等。必要时也可将等式两侧的式子同时进行变换，甚至都化为最小项表达式，以证明它们是相等的。下面以第（5）、（7）两道小题为例，说明证明等式的方法：

（5）证明 $ABC + \overline{A}\overline{B}\overline{C} = \overline{A\overline{B} + B\overline{C} + C\overline{A}}$

右式 $= \overline{(A\overline{B})} \cdot \overline{(B\overline{C})} \cdot \overline{(C\overline{A})}$

$\qquad = (\overline{A} + B)(\overline{B} + C)(\overline{C} + A)$

$\qquad = (\overline{A}\overline{B} + \overline{A}C + BC)(\overline{C} + A)$

$\qquad = \overline{A}\overline{B}\overline{C} + \overline{A}C\overline{C} + BC\overline{C} + \overline{A}\overline{B}A + \overline{A}CA + ABC$

$\qquad = \overline{A}\overline{B}\overline{C} + ABC$ 　　　　　　证毕

（7）证明 $AB + BC + CA = (A + B)(B + C)(C + A)$

右式 $= (AB + AC + BB + BC)(C + A)$

$\qquad = (B + AC)(C + A)$

$\qquad = BC + AB + AC + AC$

$\qquad = AB + BC + CA$ 　　　　　　证毕

11. 证明下列有关"异或"运算的公式：

（1）$A \oplus \overline{B} = A \odot B = A \oplus B \oplus 1$

（2）$(A \oplus B) \oplus C = A \oplus (B \oplus C)$

（3）$A \oplus B \oplus C = A \odot B \odot C$

（4）$A \cdot (B \oplus C) = A \cdot B \oplus A \cdot C$

（5）$A + (B \oplus C) \neq (A + B) \oplus C$

解：该题考察读者是否掌握异或运算和同或运算的性质，现以第（3）小题为例说明之：

（3）证明 $A \oplus B \oplus C = A \odot B \odot C$

左式 $= (A \oplus \overline{\overline{B}}) \oplus C$

$\qquad = (A \odot \overline{B}) \oplus C$

$\qquad = A \odot (\overline{B} \oplus C)$

$\qquad = A \odot B \odot C$ 　　　　　　证毕

12. 试用卡诺图法化简下列函数为最简积之和式。

（1）$F(A, B, C) = \sum(0, 1, 2, 4, 5, 7)$

（2）$F = (A, B, C, D) = \sum(2, 3, 6, 7, 8, 10, 12, 14)$

(3) $F = (A,B,C,D) = \sum(0,1,2,3,4,6,8,9,10,11,12,14)$

(4) $F = (A,B,C,D,E) = \sum(4,6,12,14,20,22,28,30)$

(5) $F = (A,B,C,D,E,G) = \sum(0,1,10,11,26,27,32,33,48\sim63)$

解：在1.4.3节中曾介绍了用卡诺图化简逻辑函数的规范方法，用这一方法一定能将逻辑函数化为最简，但化简步骤复杂。另一个用卡诺图化简逻辑函数的简便方法是：将逻辑函数表示在卡诺图上后，用尽量少的尽可能大的图将卡诺图上的 2^n 个相邻小方块圈在一起，以将图上的给定函数的全部最小项覆盖住，最后从图上读出化简结果。图8.3～图8.5是采用该方法的第(1)、(2)、(4)三个小题的化简结果。

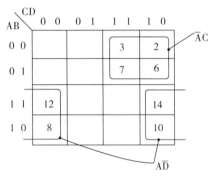

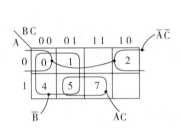

图8.3　$F = \sum(0,1,2,4,5,7)$的卡诺图化简　　图8.4　$F = \sum(2,3,6,7,8,10,12,14)$的卡诺图化简

(1) $F(A,B,C) = \sum(0,1,2,4,5,7)$

由图8.3可得化简结果为

$$F = \overline{B} + AC + \overline{A}\overline{C}$$

(2) $F(A,B,C,D) = \sum(2,3,6,7,8,10,12,14)$

由图8.4可得化简结果为

$$F = \overline{A}C + A\overline{D}$$

(4) $F(A,B,C,D,E) = \sum(4,6,12,14,20,22,28,30)$

由图8.5可得化简结果为

$$F = C\overline{E}$$

13. 试用列表法重做第12题的(1)、(2)小题，并与卡诺图法所得的结果比较。

解：由1.4.4节可知，列表化简法是一种适用于计算机自动化简的算法，它的化简步骤严密，但用手工实现时显得很繁琐。下面给出第12题(1)的列表法化简的步骤及其结果。用列表法化简 $F = \sum(0,1,2,4,5,7)$ 的步骤如下：

第一步，建立素项产生表(见表8.3)，找出给定函数的全部素项。由表8.3可得素项0(2)、5(2)和0(1,4)。

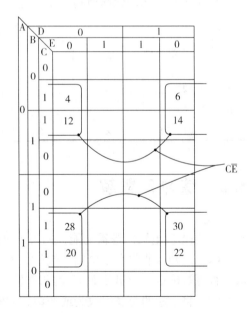

图8.5　$F = \sum(4,6,12,14,20,22,28,30)$的卡诺图化简

表 8.3 素项产生表

最小项			一次乘积项			二次乘积项		
组号	项号	二进制数	组号	项号	二进制数	组号	项号	二进制数
0	0	000		0 (1)	0 0 −	0	0 (1, 4)	−0 − c
	1	001	0	0 (2)	0 − 0 a			
1	2	010		0 (4)	− 0 0			
	4	100	1	1 (4)	− 0 1			
2	5	101		4 (1)	1 0 −			
3	7	111	2	5 (2)	1 − 1 b			

第二步，建立实质素项产生表(见表 8.4)找出给定函数的实质素项。由表 8.4 可知，实质素项为 0(2)、5(2)、0(1，4)，它们已将给定函数的全部最小项覆盖住，故化简结果为

$$F = a + b + c$$
$$= 0(2) + 5(2) + 0(1,4)$$
$$= \overline{A}\overline{C} + AC + B$$

该结果与卡诺图化简所得之结果完全相同。

表 8.4 实质素项产生表

最小项 \ 素项	0	1	2	4	5	7
a 0 (2)	×		⊗			
b 5 (2)					×	⊗
c 0 (1, 4)	×	⊗		⊗	×	

8.2 练习 2 题解

1. 根据门电路的逻辑功能，回答下列问题：

(1) 已知与非门有三个输入端(A，B，C)，问其中一个输入的值确定后，输出(F)的值是否可被确定。指出使 F = 0 的所有输入的取值组合。

(2) 将上题的与非门改为或非门，回答同一问题。

(3) 已知与或非门有两组"与"输入($A_1 \sim A_3$，$B_1 \sim B_3$)，问输入 A_1 和 B_1 的值确定后，输出(F)的值是否可被确定。指出使 F = 0 的所有输入取值组合。

(4) 设异或门的两个输入为 x 和 $\bar{y}$，输出为 F，指出 F = 1 时的 x 和 y 之值。

解：该题考察读者是否掌握门电路的逻辑功能，可以从门电路的输出逻辑表达式着手，得出各题的解答。

(1) 与非门的输出逻辑表达式为

$$F = \overline{ABC}$$

可见，当 A、B、C 中的任一个输入为 0 时，输出 F 可确定为 0；当任一个输入为 1 时，输出 F 的值不能确定。使 F = 0 的输入取值组合为 A = B = C = 1。

（2）或非门的输出逻辑表达式为

$$F = \overline{A + B + C}$$

可见，当 A、B、C 中的任一个输入为 1 时，输出 F 可确定为 0；当任一个输入为 0 时，输出 F 的值不能确定。使 F = 0 的输入取值组合为 001、010、011、100、101、110、111。即只有当 ABC = 000 时，输出 F 才为 1。

（3）与或非门的输出逻辑表达式为

$$F = \overline{A_1 A_2 A_3 + B_1 B_2 B_3}$$

可见，当输入 $A_1 = B_1 = 0$ 时，输出 F 的值可确定为 1；使 F = 0 的输入取值组合是：$A_1 A_2 A_3 = 111$ 或 $B_1 B_2 B_3 = 111$，或上述两组输入都为 111。

（4）异或门的输出逻辑表达式为

$$F = A\overline{B} + \overline{A}B$$

由题意知，A = x，B = $\overline{y}$，则得

$$F = x\overline{\overline{y}} + \overline{x}\overline{\overline{y}}$$
$$= xy + \overline{x}\overline{y}$$

该式是一同或运算，当 x = y 时，即 xy = 11 或 00 时，F = 1。

2. 已知某一门电路的输入与输出电压关系如表 P2.1 所示，为使该电路能作与非门使用，应如何选取适当的逻辑赋值？

解：该题考察读者对正负逻辑概念的理解。当门电路的输出与输入电压关系确定后，它所实现的逻辑功能取决于正、负电压的逻辑赋值。由表 P2.1 可知，若对输入电压赋于正逻辑（高电压表示 1，低电压表示 0），对输出电压赋于负逻辑（高电压表示 0，低电压表示 1），则得表 8.5 所示的真值表。由该表可知，给定门电路将实现与非逻辑功能，可作为"与非门"使用。

表 8.5　第 2 题真值表

A	B	F
0	0	1
0	1	1
1	0	1
1	1	0

3. 写出图 P2.1 中的 F_4、F_5、F_6 和 F_7 的逻辑表达式，并由表达式指出使 F_i 为 1 的输入取值组合。

解：以图 P2.1 中的 F_6 和 F_7 为例，其逻辑表达式为

$$F_6 = A \oplus B \oplus C$$
$$F_7 = F_6 \oplus \overline{D}$$
$$= A \oplus B \oplus C \oplus \overline{D}$$

根据异或运算的逻辑功能，当 A、B、C 的取值为奇数个 1 时，$F_6 = 1$；当 A、B、C、$\overline{D}$ 的取值为奇数个 1 时，$F_7 = 1$，即 A、B、C、D 的取值为偶数个 1 时，$F_7 = 1$。

4. 已知判零电路如图 P2.2 所示，试从 F 的逻辑表达式说明该线路的逻辑功能。

解：由图 P2.2 可得 F 的逻辑表达式如下：

$$F = \overline{\overline{A_0 \overline{A_1} \overline{A_2} \overline{A_3}} + \overline{\overline{A_4} \overline{A_5} \overline{A_6} \overline{A_7}} + \overline{\overline{A_8} \overline{A_9} \overline{A_{10}} \overline{A_{11}}} + \overline{\overline{A_{12}} \overline{A_{13}} \overline{A_{14}} \overline{A_{15}}}}$$

$$= \overline{(\overline{\overline{A_0\overline{A}_1\overline{A}_2\overline{A}_3})} \cdot \overline{(\overline{A}_4\overline{A}_5\overline{A}_6\overline{A}_7)} \cdot \overline{(\overline{A}_8\overline{A}_9\overline{A}_{10}\overline{A}_{11})} \cdot \overline{(\overline{A}_{12}\overline{A}_{13}\overline{A}_{14}\overline{A}_{15})}}$$

$$= \overline{A}_0\overline{A}_1\overline{A}_2\overline{A}_3\overline{A}_4\overline{A}_5\overline{A}_6\overline{A}_7\overline{A}_8\overline{A}_9\overline{A}_{10}\overline{A}_{11}\overline{A}_{12}\overline{A}_{13}\overline{A}_{14}\overline{A}_{15}$$

由该式可知，只有当 16 位数 $(A_0 \sim A_{15})$ 全为 0 时，$F = 1$；否则，$F = 0$。故根据 F 的值（1 或 0）即可判别 16 位二进制数 $(A_0 \sim A_{15})$ 是否为全 0 或非全 0。

5. 列出图 P2.3 所示线路的输出逻辑表达式，判断该表达式能否化简。若能，则将它化为最简，并用最简线路实现之。

解：由图 P2.3 可得 F 的逻辑表达式如下：

$$F = \overline{(\overline{AB}) \cdot (\overline{A} + C)} + B \oplus \overline{C}$$

$$= \overline{(\overline{AB})(\overline{A} + C)} \cdot \overline{B \oplus \overline{C}}$$

$$= (AB + \overline{A} + C)(B \odot C)$$

$$= (\overline{A} + B + C)(B \oplus C)$$

$$= (\overline{A} + B + C)(B\overline{C} + \overline{B}C)$$

$$= \overline{A}B\overline{C} + \overline{A}\overline{B}C + B\overline{C} + \overline{B}C$$

$$= B\overline{C} + \overline{B}C$$

$$= B \oplus C$$

可知，图 P2.3 可用一个异或门实现。

6. 已知图 P2.4 所示线路的输入、输出都是 8421 码，试列出该线路的真值表，并由该表说明它的逻辑功能。

解：由图 P2.4 可列出下列输出逻辑表达式：

$$A_8 = \overline{B_8 + B_4 + B_2}$$

$$A_4 = B_4 \oplus B_2$$

$$A_2 = B_2$$

$$A_1 = \overline{B}_1$$

由上述各式可列出真值表如表 8.6 所示：

表 8.6　图 P2.4 的真值表

B_8	B_4	B_2	B_1	A_8	A_4	A_2	A_1
0	0	0	0	1	0	0	1
0	0	0	1	1	0	0	0
0	0	1	0	0	1	1	1
0	0	1	1	0	1	1	0
0	1	0	0	0	1	0	1
0	1	0	1	0	1	0	0
0	1	1	0	0	0	1	1
0	1	1	1	0	0	1	0
1	0	0	0	0	0	0	1
1	0	0	1	0	0	0	0

由真值表可知，输出 8421 码 $(A_8A_4A_2A_1)$ 是输入 8421 码 $(B_8B_4B_2B_1)$ 的对"1001"（9）取反。

7. 写出图 2.29 所示各全加器的输出 S 和 C 的逻辑表达式，并把它们转换为最小项表达式。

解：以图 2.29(b) 为例，该全加器的输出 $\overline{S}$ 和 $\overline{C}$ 的逻辑表达式如下：

$$\overline{C} = \overline{AB + AC_{i-1} + BC_{i-1}}$$
$$= (\overline{AB})(\overline{AC_{i-1}})(\overline{BC_{i-1}})$$
$$= (\overline{A} + \overline{B})(\overline{A} + \overline{C_{i-1}})(\overline{B} + \overline{C_{i-1}})$$
$$= \overline{A}\,\overline{B} + \overline{A}\,\overline{C_{i-1}} + \overline{B}\,\overline{C_{i-1}}$$

$$\overline{S} = \overline{\overline{C}(A + B + C_{i-1}) + ABC_{i-1}}$$
$$S = \overline{C}(A + B + C_{i-1}) + ABC_{i-1}$$
$$= (\overline{A}\,\overline{B} + \overline{A}\,\overline{C_{i-1}} + \overline{B}\,\overline{C_{i-1}})(A + B + C_{i-1}) + ABC_{i-1}$$
$$= \overline{A}\,\overline{B}C_{i-1} + \overline{A}B\overline{C_{i-1}} + A\overline{B}\,\overline{C_{i-1}} + ABC_{i-1}$$
$$= \sum(1,2,4,7)$$

$$C = AB + AC_{i-1} + BC_{i-1}$$
$$= AB(C_{i-1} + \overline{C_{i-1}}) + AC_{i-1}(B + \overline{B}) + BC_{i-1}(A + \overline{A})$$
$$= \overline{A}BC_{i-1} + A\overline{B}C_{i-1} + AB\overline{C_{i-1}} + ABC_{i-1}$$
$$= \sum(3,5,6,7)$$

8. 设一级与非门的平均时延为 t_y，与或非门为 $1.5t_y$，异或门为 $2t_y$，试计算图 2.29 所示各全加器产生本位和及本位向高位进位需经过多少 t_y 的延迟时间。

解：以图 2.29(b) 为例，该全加器的进位延时 t_c 和本位和延时 t_s 计算如下：

$$t_c = 1.5\,t_y$$
$$t_s = 1.5\,t_y + 1.5\,t_y$$
$$= 3\,t_y$$

9. 已知图 P2.5 为两种十进制代码的转换器，输入是余 3 码，问输出是什么代码。

解：由图 P2.5 可列出下列输出逻辑表达式：

$$E = \overline{\overline{ACD} \cdot \overline{AB}} = ACD + AB = A(CD + B)$$
$$F = \overline{\overline{BCD} \cdot \overline{B\overline{D}} \cdot \overline{\overline{B}C}} = BCD + B\overline{D} + \overline{B}C = BCD + \overline{B}\,\overline{CD}$$
$$G = \overline{\overline{C\overline{D}} \cdot \overline{\overline{C}D}} = C\overline{D} + \overline{C}D$$
$$H = \overline{D}$$

由上述表达式可列出真值表如表 8.7 所示。

表 8.7　图 P2.5 的真值表

A	B	C	D	E	F	G	H
0	0	1	1	0	0	0	0
0	1	0	0	0	0	0	1
0	1	0	1	0	0	1	0
0	1	1	0	0	0	1	1
0	1	1	0	0	1	0	0

A	B	C	D	E	F	G	H
1	0	0	0	0	1	0	1
1	0	0	1	0	1	1	0
1	0	1	0	0	1	1	1
1	0	1	1	1	0	0	0
1	1	0	0	1	0	0	1

由真值表可知，输出是 8421 码，即图 P2.5 实现了余 3 码到 8421 码的转换。

10. 74LS138 译码器的逻辑图如图 P2.6 所示，其中 S_1、$\bar{S}_2$、$\bar{S}_3$ 为控制信号（或称使能输入），$A_2 A_1 A_0$ 为代码输入，$\bar{F}_7 \sim \bar{F}_0$ 为译码输出。试列出该译码器的输出逻辑表达式及真值表。

解：由图 P2.6 可列出下列逻辑表达式：

$$M = S_1 \bar{S}_2 \bar{S}_3$$
$$\bar{F}_7 = \overline{M \cdot A_2 A_1 A_0}$$
$$\bar{F}_6 = \overline{M \cdot A_2 A_1 \bar{A}_0}$$
$$\bar{F}_5 = \overline{M \cdot A_2 \bar{A}_1 A_0}$$
$$\bar{F}_4 = \overline{M \cdot A_2 \bar{A}_1 \bar{A}_0}$$
$$\bar{F}_3 = \overline{M \cdot \bar{A}_2 A_1 A_0}$$
$$\bar{F}_2 = \overline{M \cdot \bar{A}_2 A_1 \bar{A}_0}$$
$$\bar{F}_1 = \overline{M \cdot \bar{A}_2 \bar{A}_1 A_0}$$
$$\bar{F}_0 = \overline{M \cdot \bar{A}_2 \bar{A}_1 \bar{A}_0}$$

当 $S_1 \bar{S}_2 \bar{S}_3 = 100$ 时，$M = 1$，译码器输出 $\bar{F}_7 \sim \bar{F}_0$ 有效；否则，$M = 0$ 时，$\bar{F}_7 \sim \bar{F}_0$ 输出都为 1，译码器输出无效。该译码器的真值表如表 8.8 所示。

表 8.8　图 P2.6(74LS138) 的真值表

M	A_2	A_1	A_0	$\bar{F}_7$	$\bar{F}_6$	$\bar{F}_5$	$\bar{F}_4$	$\bar{F}_3$	$\bar{F}_2$	$\bar{F}_1$	$\bar{F}_0$	译码器输出
0	—	—	—	1	1	1	1	1	1	1	1	无效
1	0	0	0	1	1	1	1	1	1	1	0	有效
	0	0	1	1	1	1	1	1	1	0	1	
	0	1	0	1	1	1	1	1	0	1	1	
	0	1	1	1	1	1	1	0	1	1	1	
	1	0	0	1	1	1	0	1	1	1	1	
	1	0	1	1	1	0	1	1	1	1	1	
	1	1	0	1	0	1	1	1	1	1	1	
	1	1	1	0	1	1	1	1	1	1	1	

11. 试用两个 74LS 138 译码器组成一个 4-16 译码器，即输入为 4 位代码 $(A_3 A_2 A_1 A_0)$，输出为 16 条译码信号 $(\bar{F}_{15} \sim \bar{F}_0)$。

解：用 74LS138 的一个控制端作代码输入，如令高 8 位译码器的 S_1 接 A_3，则低 8 位

译码器的 S_1 接 A_3 两个译码器的其他输入端($A_2 \sim A_0$)及控制端($\overline{S}_2$，$\overline{S}_3$)并联。这样，便可将两个 74 LS 138 译码器组成一个 4-16 译码器，见图 8.6。

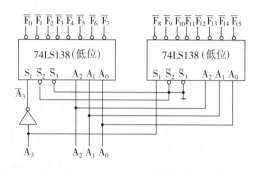

图 8.6　用两个 74LS138 译码器组成一个 4-16 译码器

12. 74LS153 双 4 路数据选择器的逻辑图如图 P2.7 所示，其中 1S(2S) 为控制信号，x_1x_0 为地址输入，$1a_0 \sim 1a_3(2a_0 \sim 2a_3)$ 为数据输入。试列出其中一个选择器的输出逻辑表达式，并给出功能表。

解：以图 P2.7 的左侧 4 路数据选择器为例，其输出逻辑表达式如下：

$$1f = \overline{1S}(1a_0\bar{x}_1\bar{x}_0 + 1a_1\bar{x}_1x_0 + 1a_2x_1\bar{x}_0 + 1a_3x_1x_0)$$

可知，当控制信号 $\overline{1S} = 1$ 时，（即 1S = 0），1f 将等于 $1a_0 \sim 1a_3$ 中的某一个输入，究竟选择哪一个输入作为输出将由地址输入 x_0x_1 决定。它们之间的关系见表 8.9 所示的 4 路数据选择器的功能表。

表 8.9　74LS153 的功能表

1S	x_1	x_0	1f	
1	—	—	0	（输出无效）
0	0	0	$1a_0$	
	0	1	$1a_1$	
	1	0	$1a_2$	
	1	1	$1a_3$	

13. 试用 74LS153 中的两个 4 路数据选择器组成一个 8 路数据选择器。

解：8 路数据选择器应有 8 个数据输入端，3 个地址输入端。在 3 个地址输入（设为 $x_2x_1x_0$）的控制下，可从 8 个数据输入中选择一个作为输出。用 74LS153 中的两个 4 路数据选择器实现上述功能时，可将两个控制信号端(1S 和 2S)用作地址输入 x_2 和 $\bar{x}_2$ 并将两个输出(1f 和 2f)用或门合成一个输出(f)，见图 8.7。

由图可知，该 8 路数据选择器的输出逻辑表达

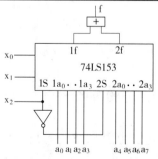

图 8.7　用 74LS153 作 8 路数据选择器

式为

$$f = 1f + 2f$$

$$= \overline{1S}\left(\sum_{i=0}^{3} 1a_i \cdot m_i\right) + \overline{2S}\left(\sum_{i=0}^{3} 2a_i \cdot m_i\right)$$

现 $1S = x_2$，$2S = \bar{x}_2$，故

$$f = \bar{x}_2\left(\sum_{i=0}^{3} 1a_i \cdot m_i\right) + x_2\left(\sum_{i=0}^{3} 2a_i \cdot m_i\right)$$

式中，m_i 是 x_1、x_0 所组成的 4 个最小项。可知，当 $x_2x_1x_0 = 000 \sim 011$ 时，$f = 1f$，选择 $a_0 \sim a_3$（即 $1a_0 \sim 1a_3$）作为输出；当 $x_2x_1x_0 = 100 \sim 111$ 时，$f = 2f$，选择 $a_4 \sim a_7$（即 $2a_0 \sim 2a_3$）作为输出，从而实现了 8 路数据选择器的功能，读者可自行列出它的功能表。

14. 参照图 2.39 和图 2.40，画出 8421 偶校验码的校验位形成器及校验器。

解：8421 偶校验码是由 8421 信息码 $B_8B_4B_2B_1$ 加校验位 P 所组成，P 的取值（0 或 1）使整个校验码 $B_8B_4B_2B_1P$ 中"1"的个数为偶数，为此令：

$$P = B_8 \oplus B_4 \oplus B_2 \oplus B_1$$

当 $B_8B_4B_2B_1$ 中"1"的个数为奇数时，$P = 1$；否则 $P = 0$，从而保证了 $B_8B_4B_2B_1P$ 为偶数验码。按此式可画出 8421 码偶校验位形成器如图 8.8 所示。

设 8421 偶校验码的校验器之和 S 为

$$S = B_8 \oplus B_4 \oplus B_2 \oplus B_1 \oplus P$$

则当 8421 偶数校验 $B_8B_4B_2B_1P$ 中"1"的个数为偶数时，$S = 0$；否则，$S = 1$。因此，当由校验器测得 $S = 0$ 时，表明传送来的 8421 偶数验码正确。否则，若 $S = 1$，表明传送来的 8421 偶数验码有错。按上述 S 逻辑表达式可画出 8421 偶校验码的校验器如图 8.9 所示。

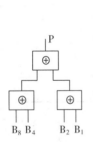

图 8.8　8421 码偶校验位形成器

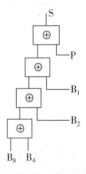

图 8.9　8421 偶校验码的校验器

15. 已知图 P2.8 是一个受 M 控制的 8421 码和格雷码相互转换器，试说明它的逻辑功能。

解：由图 P2.8 可写出下列逻辑表达式：

$$y_3 = x_3$$
$$y_2 = x_3 \oplus x_2$$
$$y_1 = x_1 \oplus (Mx_2 + \bar{M}y_2)$$
$$y_0 = x_0 \oplus (Mx_1 + \bar{M}y_1)$$

令 M = 1，则有

$$y_3 = x_3$$
$$y_2 = x_3 \oplus x_2$$
$$y_1 = x_2 \oplus x_1$$
$$y_0 = x_1 \oplus x_0$$

设 $x_3 x_2 x_1 x_0$ 为 8421 码，则 $y_3 y_2 y_1 y_0$ 为格雷码，实现了 8421 码到格雷码的转换。

令 M = 0，则有

$$y_3 = x_3$$
$$y_2 = x_3 \oplus x_2$$
$$y_1 = x_3 \oplus x_2 \oplus x_1$$
$$y_0 = x_3 \oplus x_2 \oplus x_1 \oplus x_0$$

设 $x_3 x_2 x_1 x_0$ 为格雷码，则 $y_3 y_2 y_1 y_0$ 为 8421 码，实现了格雷码到 8421 码的转换。

根据 M = 1 和 M = 0 时的两组表达式，可列出 8421 码到格雷码及格雷码到 8421 码转换的真值表，如表 8.10 所示。

表 8.10　8421 码与格雷码相互转换真值表

M = 1								M = 0							
x_3	x_2	x_1	x_0	y_3	y_2	y_1	y_0	x_3	x_2	x_1	x_0	y_3	y_2	y_1	y_0
0	0	0	0	0	0	0	0	0	0	0	0	0	0	0	0
0	0	0	1	0	0	0	1	0	0	0	1	0	0	0	1
0	0	1	0	0	0	1	1	0	0	1	1	0	0	1	0
0	0	1	1	0	0	1	0	0	0	1	0	0	0	1	1
0	1	0	0	0	1	1	0	0	1	1	0	0	1	0	0
0	1	0	1	0	1	1	1	0	1	1	1	0	1	0	1
0	1	1	0	0	1	0	1	0	1	0	1	0	1	1	0
0	1	1	1	0	1	0	0	0	1	0	0	0	1	1	1
1	0	0	0	1	1	0	0	1	1	0	0	1	0	0	0
1	0	0	1	1	1	0	1	1	1	0	1	1	0	0	1
1	0	1	0	1	1	1	1	1	1	1	1	1	0	1	0
1	0	1	1	1	1	1	0	1	1	1	0	1	0	1	1
1	1	0	0	1	0	1	0	1	0	1	0	1	1	0	0
1	1	0	1	1	0	1	1	1	0	1	1	1	1	0	1
1	1	1	0	1	0	0	1	1	0	0	1	1	1	1	0
1	1	1	1	1	0	0	0	1	0	0	0	1	1	1	1

16. 已知图 P2.9 是一个受 M_1、M_2 控制的原码、反码和 0、1 转换器，试分析该转换器各在 M_1、M_2 的什么取值下实现上述四种转换。

解：由图 P2.9 可写出下列逻辑表达式：

$$B_4 = \overline{A_4 \overline{\overline{M_1}}} \oplus M_2$$

$$B_3 = \overline{A_3 \ \overline{M_1}} \oplus M_2$$
$$B_2 = \overline{A_2 \ \overline{M_1}} \oplus M_2$$
$$B_1 = \overline{A_1 \ \overline{M_1}} \oplus M_2$$

令 $M_1 = 0$，$M_2 = 0$，则得

$$B_4 = \overline{A_4} \oplus 0 = \overline{A_4}$$
$$B_3 = \overline{A_3}$$
$$B_2 = \overline{A_2}$$
$$B_1 = \overline{A_1}$$

令 $M_1 = 0$，$M_2 = 1$，则得

$$B_4 = \overline{A_4} \oplus 1 = A_4$$
$$B_3 = A_3$$
$$B_2 = A_2$$
$$B_1 = A_1$$

令 $M_1 = 1$，$M_2 = 0$，则得

$$B_4 = \overline{0} \oplus 0 = 1$$
$$B_3 = 1$$
$$B_2 = 1$$
$$B_1 = 1$$

令 $M_1 = 0$，$M_2 = 1$，则得

$$B_4 = \overline{0} \oplus 1 = 0$$
$$B_3 = 0$$
$$B_2 = 0$$
$$B_1 = 0$$

由上分析可知，当 $M_1 M_2$ 为不同取值(00，01，10，11)时，输出($B_4 \sim B_1$)将是输入($A_4 \sim A_1$)的反码、原码或是全1、全0。

17. 试从下列逻辑表达式判断它们所描述的组合线路中是否存在功能冒险与逻辑冒险，并指出是静态"1"型还是"0"型。

(1) $F = \overline{A}(A + B)$

(2) $F = A\overline{B}C + AB$

(3) $\overline{F} = \overline{A}B + A\overline{B}$

解：本题考察读者是否掌握功能冒险、逻辑冒险、静态"1"型及静态"0"型冒险等概念，并将它们区分开来。

(1) $F = \overline{A}(A + B)$

$\qquad = \overline{A}A + \overline{A}B$

令 $B = 0$，则 $F = \overline{A}A$，当 A 由 0 变为 1 时，输出将产生静态"1"型冒险，如图8.10所示。这是一种逻辑冒险，该题不存在功能冒险。

(3) $\overline{F} = \overline{A}B + A\overline{B}$

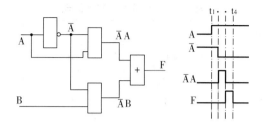

图 8.10 第 17(1)题的逻辑图及静态"1"型冒险

$$= \overline{A}\overline{B} + AB$$

该题不能变换为 $x + \overline{x}$ 或 $x\overline{x}$ 形式,故不存在逻辑冒险。当 AB 由 00 变为 11 时,该题存在功能冒险,因为

- 对于 AB 的全部取值(00,01,10,11),F 值不全为 1。
- 输入 AB 变化前后的输出稳定值相等:$F(0,0) = F(1,1)$。

即存在下列对应关系:

输入 AB	输出 F
00→01→11	1→0→1
00→10→11	1→0→1

可见输出 F 出现静态"0"型冒险。

18. 试用无逻辑冒险的组合线路实现下列函数:

(1) $F = \overline{A}C + BD + A\overline{C}\overline{D}$

(2) $F = (\overline{A} + D)(B + C + \overline{D})(\overline{C} + \overline{D})$

解:清除逻辑冒险的最简单方法是增加冗余项。以第(1)小题为例,当 $A = B = 1$、$C = 0$ 时,则得 $F = D + \overline{D}$。当 D 由 1 变为 0 时,F 将产生静态"0"型冒险。为清除该冒险,可在原式中引入冗余项 $AB\overline{C}$,即

$$F = \overline{A}C + BD + A\overline{C}\overline{D} + AB\overline{C}$$

用该式构成的组合线路不存在逻辑冒险。

8.3 练习 3 题解

1. 试用与非门设计一个判别线路,以判别四位二进制数中 1 的个数是否为奇数。

解:按第 3 章所讲的组合线路设计步骤,该题的求解过程如下:

第 1 步,逻辑问题的描述。

设所要设计的判别线路的框图如图 8.11 所示,图中 ABCD 为 4 位二进制数输入,F 为输出。按题意可列出输出与输入之间的真值关系如表 8.11 所示,由表可得输出 F 的逻辑表达式

$$F = \sum(1,2,4,7,8,11,13,14)$$

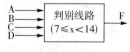

图 8.11 $7 \leqslant x < 14$ 判别线路框图

表 8.11　判别线路的真值表

A	B	C	D	F
0	0	0	0	0
0	0	0	1	1
0	0	1	0	1
0	0	1	1	0
0	1	0	0	1
0	1	0	1	0
0	1	1	0	0
0	1	1	1	1
1	0	0	0	1
1	0	0	1	0
1	0	1	0	0
1	0	1	1	1
1	1	0	0	0
1	1	0	1	1
1	1	1	0	1
1	1	1	1	0

第 2 步，用卡诺图化简。

作 F 的卡诺图，见图 8.12。由图可知，F 已无法化简。

AB \ CD	0 0	0 1	1 1	1 0
0 0		1		2
0 1	4		7	
1 1		13		14
1 0	8		11	

图 8.12　F = ∑(1,2,4,7,8,11,13,14)的卡诺图

第 3 步，逻辑函数的变换。

按题意，要求用与非门实现判别线路，为此作如下变换：

$$\begin{aligned} F &= \sum(1,2,4,7,8,11,13,14) \\ &= \overline{A}\overline{B}\overline{C}D + \overline{A}\overline{B}C\overline{D} + \overline{A}B\overline{C}\overline{D} + \overline{A}BCD + A\overline{B}\overline{C}\overline{D} + A\overline{B}CD + AB\overline{C}D + ABC\overline{D} \\ &= \overline{(\overline{\overline{A}\overline{B}\overline{C}D})(\overline{\overline{A}\overline{B}C\overline{D}})(\overline{\overline{A}B\overline{C}\overline{D}})(\overline{\overline{A}BCD})(\overline{A\overline{B}\overline{C}\overline{D}})(\overline{A\overline{B}CD})(\overline{AB\overline{C}D})(\overline{ABC\overline{D}})} \end{aligned}$$

第 4 步，画逻辑图。

用与非门实现的判别线路如图 8.13 所示。

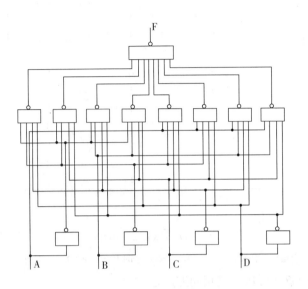

图 8.13　判别线路的逻辑图

3. 已知 A、B、C、D 为四个二进制数码，且

$$x = 8A + 4B + 2C + D$$

试分别写出下列问题的判别条件。

（1）$7 \leqslant x < 14$

（2）$1 \leqslant x < 8$

解：该题要求判别 4 位二进制数 ABCD 所表示的十进制数（x）是否在某一范围内。最简单的方法是列出真值表，在表中数值 x 在要判别范围内的 4 位二进制数所对应的输出（如 F）取值 1，其他则取值 0。表 8.12 是判别 $7 \leqslant x < 14$ 的真值表，由表可列出下列最小项表达式：

$$F = \sum (7, 8, 9, 10, 11, 12, 13)$$

表 8.12　判别 $7 \leqslant x < 14$ 的真值表

x	A	B	C	D	F
0	0	0	0	0	0
1	0	0	0	1	0
2	0	0	1	0	0
3	0	0	1	1	0
4	0	1	0	0	0
5	0	1	0	1	0

x	A	B	C	D	F
6	0	1	1	0	0
7	0	1	1	1	1
8	1	0	0	0	1
9	1	0	0	1	1
10	1	0	1	0	1
11	1	0	1	1	1
12	1	1	0	0	1
13	1	1	0	1	1
14	1	1	1	0	0
15	1	1	1	1	0

对上式进行化简，则得

$$F = A\bar{C} + A\bar{B} + \bar{A}BCD$$

当 F = 1 时，表明满足 7 ≤ x < 14，称 F 为判别 7 ≤ x < 14 的条件。

判别 1 ≤ x < 8 的条件可按上述相同方法建立。

5. 化简下列函数，并用与非门组成的线路实现之。

（1）$F(A,B,C) = \sum(0,2,3,7)$

（2）$F(A,B,C,D) = \sum(0,2,8,10,14,15)$

解：以第（2）小题为例，先用卡诺图化简该函数，如图 8.14 所示，由图可得化简结果为

$$F = \bar{B}\bar{D} + ABC$$

对 F 两次取反得 F 的与非—与非表达式：

$$F = \bar{\bar{F}}$$
$$= \overline{\overline{\bar{B}\bar{D} + ABC}}$$
$$= \overline{(\overline{\bar{B}\bar{D}})(\overline{ABC})}$$

按此式可画出实现 F 的组合线路，如图 8.15 所示。

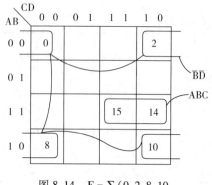

图 8.14　F = $\sum$(0,2,8,10,
14,15)的卡诺图

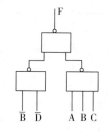

图 8.15　实现 F = $\sum$(0,2,8,10,
14,15)的组合线路

8. 试用卡诺图法化简下列不完全定义函数：

（1）$F(A,B,C,D) = \sum(0,3,5,6,8,13)$，约束方程：$\sum \phi(1,4,10) = 0$

（2）$F(A,B,C,D) = \overline{A}BC + ABC + \overline{A}BCD$，约束方程：$A \oplus B = 0$

（3）$F(A,B,C,D) = AB\overline{C} + A\overline{B}C + \overline{A}BC\overline{D} + AB\overline{C}D$，约束条件：A、B、C、D 不可能出现相同取值。

解：以第（2）小题为例，其约束方程为

$$A \oplus B = 0$$

可推得

$$A\overline{B} + \overline{A}B = 0$$
$$A\overline{B}(C + \overline{C})(D + \overline{D}) + \overline{A}B(C + \overline{C})(D + \overline{D}) = 0$$

即

$$\sum \phi(4,5,6,7,8,9,10,11) = 0$$

对逻辑函数 F 进行变换，则得

$$F = \overline{A}\overline{B}\overline{C}(D + \overline{D}) + ABC(D + \overline{D}) + \overline{A}\overline{B}C\overline{D}$$
$$= \sum(0,1,2,14,15) + \sum \phi(4,5,6,7,8,9,10,11)$$

画卡诺图，见图 8.16 所示。由图可得化简结果为

$$F = \overline{A}\overline{C} + AC + C\overline{D}$$

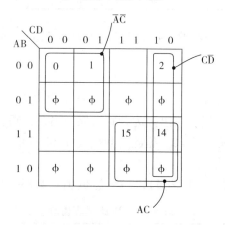

图 8.16　第 8(2) 小题的卡诺图

9. 证明

（1）若 $A\overline{B} + \overline{A}B = C$，则 $A\overline{C} + \overline{A}C = B$，反之也成立。

（2）若 $AB + \overline{A}\overline{B} = 0$，则 $\overline{AX + BY} = A\overline{X} + B\overline{Y}$

（3）若 $AB + BC + CA + \overline{A}\overline{B}\overline{C} = 0$，则

$$\overline{AX + BY + CZ} = A\overline{X} + B\overline{Y} + C\overline{Z}$$

解：

（1）将 $C = A\overline{B} + \overline{A}B$ 代入式 $A\overline{C} + \overline{A}C$，则得

$$A\overline{C} + \overline{A}C = A \overline{(A\overline{B} + \overline{A}B)} + \overline{A}(A\overline{B} + \overline{A}B)$$
$$= A(\overline{A}\overline{B} + AB) + \overline{A}(A\overline{B} + \overline{A}B)$$
$$= AB + \overline{A}B$$
$$= B \qquad\qquad 证毕$$

（2）由 $AB + \overline{A}\overline{B} = 0$ 可得 $A \neq B$，令 $A = \overline{B}$，则得

$$\overline{AX + BY} = \overline{\overline{B}X + BY}$$
$$= \overline{\overline{B}X} \cdot \overline{BY}$$
$$= (B + \overline{X})(\overline{B} + \overline{Y})$$
$$= B\overline{B} + B\overline{Y} + \overline{B}\overline{X} + \overline{X}\overline{Y}$$
$$= \overline{B}\overline{X} + B\overline{Y}$$
$$= A\overline{X} + B\overline{Y} \qquad 证毕$$

（3）由给定条件 $AB + BC + CA + \overline{A}\overline{B}\overline{C} = 0$ 可知，A、B、C 中必有两个取值为 0，另一个取值为 1。将 A、B、C 的上述取值组合代入要求证的式子两端，则得表 8.13，由表可知该题得证。

表 8.13　第 9(3) 小题的证明

A	B	C	$\overline{AX + BY + CZ}$	$A\overline{X} + B\overline{Y} + C\overline{Z}$	结论
0	0	1	$\overline{1 \cdot Z} = \overline{Z}$	$1 \cdot \overline{Z} = \overline{Z}$	左式 = 右式
0	1	0	$\overline{1 \cdot Y} = \overline{Y}$	$1 \cdot \overline{Y} = \overline{Y}$	左式 = 右式
1	0	0	$\overline{1 \cdot X} = \overline{X}$	$1 \cdot \overline{X} = \overline{X}$	左式 = 右式

10. 试用与非门设计一个线路，以判别余 3 码所表示的十进制数是否小于 2 或大于等于 7。

解：

第 1 步，逻辑问题的描述。

设 ABCD 为输入的余 3 码，输出 F 为判别结果。当余 3 码所表示的十进制数小于 2 或大于等于 7 时，F = 1；否则，F = 0。据此可列出表 8.14 所示的真值表，由表可得下列含有任意项的输出逻辑表达式：

$$F = \sum(3,4,10,11,12) + \sum \phi(0,1,2,13,14,15)$$

表 8.14　第 10 题真值表

	A	B	C	D	F
	0	0	0	0	φ
	0	0	0	1	φ
	0	0	1	0	φ
	0	0	1	1	1
余	0	1	0	0	1
	0	1	0	1	0
3	0	1	1	0	0
	0	1	1	1	0
码	1	0	0	0	0
	1	0	0	1	0

A	B	C	D	F
1	0	1	0	1
1	0	1	1	1
1	1	0	0	1
1	1	0	1	φ
1	1	1	0	φ
1	1	1	1	φ

第 2 步，逻辑函数的化简。

作卡诺图，见图 8.17。由图可得化简结果为
$$F = B\overline{C}\overline{D} + \overline{B}C$$

第 3 步，逻辑函数的变换，并画逻辑图。

对 F 两次取反，则得 F 的与非-与非表达式如下：
$$F = \overline{\overline{B\overline{C}\overline{D} + \overline{B}C}}$$
$$= \overline{\overline{B\overline{C}\overline{D}} \cdot \overline{\overline{B}C}}$$

按此式可画出逻辑图如图 8.18 所示。

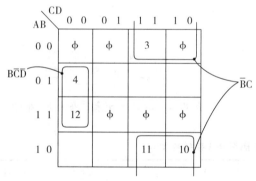

图 8.17　$F = \sum(3,4,10,11,12) + \sum\phi(0,1,$
$2,13,14,15)$ 的卡诺图化简

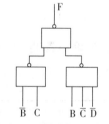

图 8.18　判别 $x < 2$ 或 $x \geq 7$ 的
组合线路

14. 若用图 3.28 所示的全加器组成一个 16 位加法器，已知每个与非门的平均传输时延 $\overline{t}_y = 10\text{ns}$，每个与或非门的平均传输时延为 $1.5\overline{t}_y$，试算出该加法器为完全串行及完全并行进位时的最长加法时间。

解：由图 3.31 可推得，当 16 位加法器为完全串行进位时，最长加法时间 T_1 为
$$T_1 = 2.5\overline{t}_y + 2.5\overline{t}_y \times 16$$
$$= 2.5 \times 10 \times 17 = 425\text{ns}$$

由图 3.35 可推得，当 16 位加法器为完全并行进位时，最长加法时间 T_2 为
$$T_2 = 2.5\overline{t}_y + 5\overline{t}_y$$
$$= 7.5 \times 10 = 75\text{ns}$$

16. 试用异或门设计一个 8421 海明码的校验位 $P_3P_2P_1$ 的形成线路。

解：8421 海明码的校验位 $P_3 P_2 P_1$ 的形成公式如下：

$$P_3 = 1 \cdot B_4 \oplus 1 \cdot B_3 \oplus 1 \cdot B_2 \oplus 0 \cdot B_1 = B_4 \oplus B_3 \oplus B_2$$

$$P_2 = 1 \cdot B_4 \oplus 1 \cdot B_3 \oplus 0 \cdot B_2 \oplus 1 \cdot B_1 = B_4 \oplus B_3 \oplus B_1$$

$$P_1 = 1 \cdot B_4 \oplus 0 \cdot B_3 \oplus 1 \cdot B_2 \oplus 1 \cdot B_1 = B_4 \oplus B_2 \oplus B_1$$

按该组公式可画出 P_3、P_2、P_1 的形成线路如图 8.19 所示。

20. 试用与非门设计一个线路，以将 8421 码转换为余 3 码。

解：

第 1 步，逻辑问题的描述。

设 8421 码至余 3 码转换器的框图如图 8.20 所示。图中输入 ABCD 为 8421 码，输出 EFGH 为余 3 码，它们之间的转换关系如表 8.15 所示。由表可得下列输出逻辑表达式：

$$E = \sum(5,6,7,8,9) + \sum\phi(10,11,12,13,14,15)$$

$$F = \sum(1,2,3,4,9) + \sum\phi(10,11,12,13,14,15)$$

$$G = \sum(0,3,4,7,8) + \sum\phi(10,11,12,13,14,15)$$

$$H = \sum(0,2,4,6,8) + \sum\phi(10,11,12,13,14,15)$$

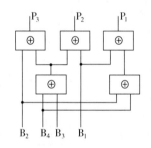
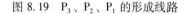

图 8.19　P_3、P_2、P_1 的形成线路

图 8.20　8421 码至余 3 码转换器框图

表 8.15　8421 码至余 3 码转换关系

A	B	C	D	E	F	G	H
0	0	0	0	0	0	1	1
0	0	0	1	0	1	0	0
0	0	1	0	0	1	0	1
0	0	1	1	0	1	1	0
0	1	0	0	0	1	1	1
0	1	0	1	1	0	0	0
0	1	1	0	1	0	0	1
0	1	1	1	1	0	1	0
1	0	0	0	1	0	1	1
1	0	0	1	1	1	0	0
1	0	1	0	φ	φ	φ	φ

A	B	C	D	E	F	G	H
1	0	1	1	φ	φ	φ	φ
1	1	0	0	φ	φ	φ	φ
1	1	0	1	φ	φ	φ	φ
1	1	1	0	φ	φ	φ	φ
1	1	1	1	φ	φ	φ	φ

第 2 步，逻辑函数的化简。

作卡诺图，见图 8.21。由图可得下列化简结果：

$$E = A + BC + BD$$

$$F = B\overline{C}\overline{D} + \overline{B}D + \overline{B}C$$

$$G = \overline{C}\overline{D} + C\overline{D}$$

$$H = \overline{D}$$

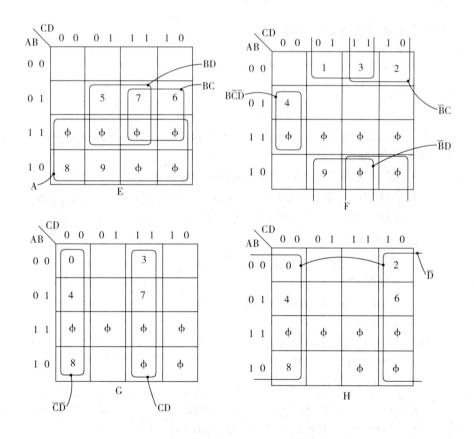

图 8.21　逻辑函数 E、F、G、H 的卡诺图化简

第 3 步，逻辑函数的变换，并画逻辑图。

对上述输出逻辑函数 E、F、G、H 两次取反，则得

$$E = A + BC + BD = \overline{\overline{A} \cdot \overline{BC} \cdot \overline{BD}}$$

$$F = \overline{\overline{B\overline{C}\overline{D} + \overline{BD} + \overline{BC}}} = \overline{\overline{B\overline{C}\overline{D}} \cdot \overline{\overline{BD}} \cdot \overline{\overline{BC}}}$$

$$G = \overline{C}D + C\overline{D} = \overline{\overline{\overline{C}D} \cdot \overline{C\overline{D}}}$$

$$H = \overline{\overline{\overline{D}}} = \overline{D}$$

按此组表达式可画出 8421 码至余 3 码转换器的逻辑图如图 8.22 所示。

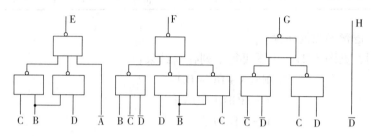

图 8.22　8421 码至余 3 码转换器的逻辑图

22. 用四路选择器实现下列函数：

（1）$F = \sum(0,2,4,5)$

（2）$F = \sum(1,3,5,7)$

（3）$F = \sum(0,2,5,7,8,10,13,15)$

解：本题的（1）、（2）两小题可直接用 4 路选择器实现，比较简单，读者可自行完成。第（3）小题是一个 4 变量函数，可用 8 路选择器直接实现，但题目限定只能用 4 路选择器实现，为此要采用多级树形结构。

对　$F = \sum(0,2,5,7,8,10,13,15)$ 进行如下变换：

$$F = \overline{A}\,\overline{B}\,\overline{C}\,\overline{D} + \overline{A}\,\overline{B}C\overline{D} + \overline{A}B\overline{C}D + \overline{A}BCD + A\overline{B}\,\overline{C}\,\overline{D} + A\overline{B}C\overline{D} + AB\overline{C}D + ABCD$$

$$= \overline{A}\,\overline{B}(\overline{C}\,\overline{D} + C\overline{D}) + \overline{A}B(\overline{C}D + CD) + A\overline{B}(\overline{C}\,\overline{D} + C\overline{D}) + AB(\overline{C}D + CD)$$

令　$a_0 = \overline{C}\,\overline{D} + C\overline{D}$

$$= \overline{C}\,\overline{D} \cdot 1 + \overline{C}D \cdot 0 + C\overline{D} \cdot 1 + CD \cdot 0$$

$$a_1 = \overline{C}D + CD$$

$$= \overline{C}\,\overline{D} \cdot 0 + \overline{C}D \cdot 1 + C\overline{D} \cdot 0 + CD \cdot 1$$

$$a_2 = \overline{C}\,\overline{D} + C\overline{D}$$

$$= \overline{C}\,\overline{D} \cdot 1 + \overline{C}D \cdot 0 + C\overline{D} \cdot 1 + CD \cdot 0$$

$$a_3 = \overline{C}D + CD$$

$$= \overline{C}\,\overline{D} \cdot 0 + \overline{C}D \cdot 1 + C\overline{D} \cdot 0 + CD \cdot 1$$

则　$F = \overline{A}\,\overline{B} \cdot a_0 + \overline{A}B \cdot a_1 + A\overline{B} \cdot a_2 + AB \cdot a_3$

又令　$a_0 = \overline{C}\,\overline{D} \cdot a_{00} + \overline{C}D \cdot a_{01} + C\overline{D} \cdot a_{02} + CD \cdot a_{03}$

$$a_1 = \overline{C}\,\overline{D} \cdot a_{10} + \overline{C}D \cdot a_{11} + C\overline{D} \cdot a_{12} + CD \cdot a_{13}$$

$$a_2 = \overline{C}\,\overline{D} \cdot a_{20} + \overline{C}D \cdot a_{21} + C\overline{D} \cdot a_{22} + CD \cdot a_{23}$$

$$a_3 = \overline{C}\,\overline{D} \cdot a_{30} + \overline{C}D \cdot a_{31} + C\overline{D} \cdot a_{32} + CD \cdot a_{33}$$

则有　$a_{00}=1$,　　$a_{01}=0$,　　$a_{02}=1$,　　$a_{03}=0$；

　　　　$a_{10}=0$,　　$a_{11}=1$,　　$a_{12}=0$,　　$a_{13}=1$；

　　　　$a_{20}=1$,　　$a_{21}=0$,　　$a_{22}=1$,　　$a_{23}=0$；

　　　　$a_{30}=0$,　　$a_{31}=1$,　　$a_{32}=0$,　　$a_{33}=1$；

根据上述各式可画出用5个4路选择器实现F的逻辑图，见图8.23。

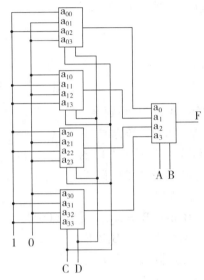

图8.23　用两级4路选择器实现 $F=\sum(0,2,5,7,8,10,13,15)$

23. 用8路选择器实现下列函数：

（1）$F=\sum(0,2,5,7,8,10,13,15)$

（2）$F=\sum(0,3,4,5,9,10,12,13)$

（3）$F=\sum(0,1,3,8,9,11,12,13,14,20,21,22,23,26,31)$

（4）$F=A\overline{C}+\overline{D}E+D\overline{E}+CE$

解：以第（4）小题为例，该函数是一个4变量函数。选择变量A、C、D作为8路选择器的地址输入，数据输入（$a_0\sim a_7$）可通过几何法确定。为此作出函数 $F=A\overline{C}+\overline{D}E+D\overline{E}+CE$ 及8路选择器的卡诺图如图8.24所示。

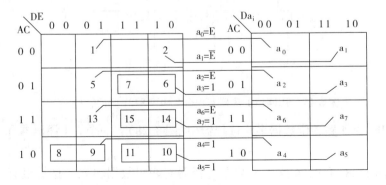

图8.24　用几何法确定数据输入（$a_0\sim a_7$）

由图可得

$$a_0 = E \quad a_1 = \bar{E} \quad a_2 = E \quad a_3 = 1$$
$$a_4 = 1 \quad a_5 = 1 \quad a_6 = E \quad a_7 = 1$$

根据地址输入(A,C,D)及数据输入($a_0 \sim a_7$),可画出实现 F 的 8 路选择器的逻辑图,见图 8.25。

26. 试用一个四位二进制加法器,实现下列十进制代码的转换:

(1) 8421 码转换为余 3 码。

(2) 余 3 码转换为 8421 码。

(3) 余 6 码转换为余 3 码。

解:用四位二进制加法器实现 8421 码到余 3 码的相互转换的基本原理是:8421 码加"3"(0011)等于余 3 码,而余 3 码减"3"(或加"3"的补码"1101")就等于 8421 码。设 8421 码为 $A_3A_2A_1A_0$,余 3 码为 $B_3B_2B_1B_0$,则有

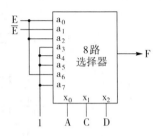

图 8.25 实现 $F = A\bar{C} + \bar{D}E + D\bar{E} + CE$ 的 8 路选择器

$$B_3B_2B_1B_0 = A_3A_2A_1A_0 + 0011$$
$$A_3A_2A_1A_0 = B_3B_2B_1B_0 + 1101$$

该两式均可方便地用四位二进制加法器实现,见图 8.26 和图 8.27。第(3)小题解法与第(2)小题解法相似,读者不难自行完成。

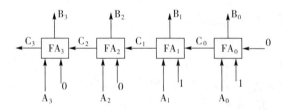

图 8.26 用四位加法器实现 8421 码到余 3 码的转换（一）

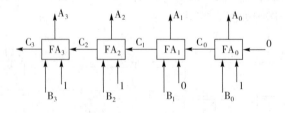

图 8.27 用四位加法器实现余 3 码到 8421 码的转换（二）

27. 试用一个 4 路 2 位数据多路选择器(见图 8.28)、一个 2-4 译码器和一个非门组成一个全加器。

解:由图 8.28 可知,4 路 2 位数据选择器有四组数据输入,且每组有两位,见图中 x_{01} x_{02}、x_{11} x_{12}、x_{21} x_{22}、x_{31} x_{32},它们受控于 $y_0 \sim y_3$ 4 个控制信号。当片选信号 $e = 1$(有效)

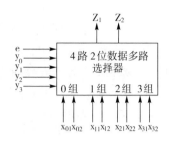

图 8.28　4 路 2 位数据多路选择器

时，若 $y_0 = 1$，则两个输出 z_1 和 z_2 分别等于第 0 组输入 x_{01} 和 x_{02}；若 $y_1 = 1$，则 z_1 和 z_2 分别等于第 1 组输入 x_{11} 和 x_{12}；依此类推，见表 8.16。

表 8.16　4 路 2 位数据多路选择器功能表

e	y_0	y_1	y_2	y_3	z_1	z_2
0	—	—	—	—	0	0
	1	0	0	0	x_{01}	x_{02}
1	0	1	0	0	x_{11}	x_{12}
	0	0	1	0	x_{21}	x_{22}
	0	0	0	1	x_{31}	x_{32}

由式 (3.38) 和 (3.39) 可知，全加器的输出逻辑表达式为

本位和

$$S_i = \sum(1, 2, 4, 7)$$
$$= \overline{A}\,\overline{B}C_{i-1} + \overline{A}B\overline{C}_{i-1} + A\overline{B}\overline{C}_{i-1} + ABC_{i-1}$$

本位向高位进位

$$C_i = \sum(3, 5, 6, 7)$$
$$= \overline{A}BC_{i-1} + A\overline{B}C_{i-1} + AB\overline{C}_{i-1} + ABC_{i-1}$$

对上两式作如下变换

$$S_i = (\overline{A}\,\overline{B})C_{i-1} + (\overline{A}B)\overline{C}_{i-1} + (A\overline{B})\overline{C}_{i-1} + (AB)C_{i-1}$$
$$C_i = (\overline{A}\,\overline{B}) \cdot 0 + (\overline{A}B)C_{i-1} + (A\overline{B})C_{i-1} + (AB) \cdot 1$$

若选定控制信号为

$$y_0 = \overline{A}\,\overline{B} \qquad y_1 = \overline{A}B$$
$$y_2 = A\overline{B} \qquad y_3 = AB$$

又令数据输入分别为

$$x_{01} = C_{i-1} \qquad x_{02} = 0$$
$$x_{11} = \overline{C}_{i-1} \qquad x_{12} = C_{i-1}$$
$$x_{21} = \overline{C}_{i-1} \qquad x_{22} = C_{i-1}$$
$$x_{31} = C_{i-1} \qquad x_{32} = 1$$

则图 8.28 的输出分别等于

$$Z_1 = S_i \qquad Z_2 = C_i$$

由式(3.38)和(3.39)可知，A、B 为全加器的本位被加数和加数，C_{i-1} 是低位向本位的进位，它们是全加器的三个输入端。显然，$\overline{A}\overline{B}$、$\overline{A}B$、$A\overline{B}$ 和 AB 是 A、B 的 4 个最小项，可用 2-4 译码器实现；$\overline{C}_{i-1}$ 可由 C_{i-1} 反相得到，故需一个非门。综上分析，可画出用 4 路 2 位数据选择器、2-4 译码器和非门组成的全加器如图 8.29 所示。

28. 试只用一种全加器(数量自定)逻辑部件构成一个组合线路，使其输出的数值刚好等于 8 输入中"1"的个数。

解：该题初看起来难以入手，但仔细一想无非是如何利用全加器的逻辑功能。由前可知，全加器的输出 C_iS_i 之值应是三个输入 A、B、C_{i-1} 的"1"的个数之和。例如，当 A = 1、B = 1、C_{i-1} = 1 时，指出 C_iS_i = 11，即"3"，表明输入有 3 个"1"，其他输入与输出关系可按此类推(见全加器的真值表，表 3.7 所示)。本题有 8 个输入端，可先用两个全加器的 6 个输入端分别产生两组"1"的个数之数值，然后用下一级全加器将这两个数值相加，依此类推，可画出组合线路如图 8.30 所示。图中 $x_7 \sim x_0$ 是题目要求的 8 个输入，y_3、y_2、y_1、y_0 是 4 个输出，其二进制数的值就等于 $x_7 \sim x_0$ 中"1"的个数。图中给出了 $x_7 \sim x_0$ = 01101110 时，输出 $y_3y_2y_1y_0$ = 0101(即十进制值 5)，表明输入 $x_7 \sim x_0$ 中有 5 个"1"。

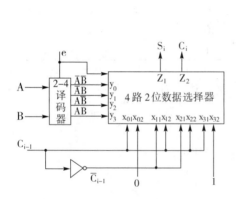

图 8.29　用功能块组成的全加器

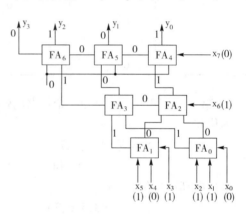

图 8.30　第 28 题的组合线路

8.4　练习 4 题解

1. 试述时序线路的主要特点及分析时序线路的关键。

解：时序线路的主要特点是该线路中包含有存储元件(触发器)，故具有"记忆"能力，它能借助于线路状态来记忆线路的历史输入情况。因此，时序线路的现时刻输出不仅与现时刻的输入有关，而且与历史输入有关，时序线路的特性需用输出函数及次态函数来描述。

分析时序线路的关键是确定线路状态的变化规律。

4. 试用或非门组成一个双门触发器，并列出它的特征函数表和特征表达式(包括约束方程），建立状态图及激励表。

解：用或非门组成的双门触发器如图 8.31 所示。由图可得该触发器的特征函数表如表 8.17 所示。

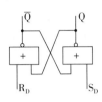

图 8.31　用或非门
组成的触发器

表 8.17　或非门组成的触发器的特征函数表

输入		输出 Q^{n+1}
R_D	S_D	
0	0	Q
0	1	0
1	0	1
1	1	不确定

由表可得该触发器的特征表达式如下：

$$Q^{n+1} = \bar{R}_D \bar{S}_D Q + R_D \bar{S}_D$$
$$R_D S_D = 0 \quad （约束方程）$$

化简后得

$$Q^{n+1} = R_D + \bar{S}_D Q$$
$$R_D S_D = 0$$

根据特征函数表可画出该触发器的状态图，如图 8.32 所示。

该触发器的激励表见表 8.18。

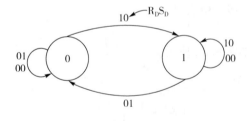

图 8.32　触发器的状态图

表 8.18　触发器的激励表

Q	Q^{n+1}	R_D	S_D
0	0	0	φ
0	1	1	0
1	0	0	1
1	1	φ	0

6. 试写出图 P4.1 所示各触发器的次态表达式，指出 CP 脉冲到来时，触发器置"1"的条件。

解：（1）图 P4.1(a)的触发器次态表达式为

$$Q^{n+1} = S + \bar{R}Q$$
$$= S + \bar{\bar{S}}Q$$
$$= S$$
$$= A\,\overline{\bar{B} + B\bar{C} + C\bar{A}}$$
$$= \overline{A}\overline{B}\overline{C} + ABC$$

可见，当 CP 脉冲到来时，触发器置"1"的条件是：ABC = 000 或 111，即 A = B = C。

（2）图 P4.1(b)的触发器次态表达式为

$$Q^{n+1} = D$$
$$= \overline{(\overline{A \cdot \overline{AB}})(\overline{B \cdot \overline{AB}})}$$
$$= A\overline{B} + \overline{A}B$$

可见，当 CP 脉冲到来时，触发器置"1"的条件是：AB = 10 或 01，即 A≠B。

（3）图 P4.1(C)的触发器次态表达式为

$$Q^{n+1} = \overline{J}\,\overline{Q} + \overline{K}Q$$
$$= \overline{J}\,\overline{Q} + \overline{\overline{J}}\,\overline{Q}$$
$$= J$$
$$= A \oplus B \oplus C \oplus D$$

可见，当 CP 脉冲到来时，触发器置"1"的条件是：A、B、C、D 中"1"的个数为奇数。

8. 试用 T 触发器和门电路组成一个 D 触发器及一个 JK 触发器。

解：（1）组成 D 触发器

D 触发器的特征表达式为

$$Q_D^{n+1} = D$$

T 触发器的特征表达式为

$$Q_T^{n+1} = T\overline{Q} + \overline{T}Q$$

令 $Q_D^{n+1} = Q_T^{n+1}$，则得

$$D = T\overline{Q} + \overline{T}Q$$

由该式可得 T 与 D、Q 的真值关系，见表 8.19。由表可得

$$T = D\overline{Q} + \overline{D}Q$$

画出用 T 触发器和门电路组成的 D 触发器如图 8.33 所示。

表 8.19　T 与 D、Q 的真值表

D	Q	T
0	0	0
1	0	1
1	1	0
0	1	1

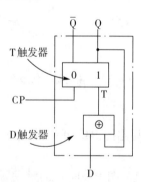

图 8.33　用 T 触发器和门电路
组成的 D 触发器

（2）组成 JK 触发器

JK 触发器的特征表达式为

$$Q_{JK}^{n+1} = J\overline{Q} + \overline{K}Q$$

T 触发器的特征表达式为

$$Q_T^{n+1} = T\overline{Q} + \overline{T}Q$$

为确定 $T = f(J, K, Q)$，令 $Q_{JK}^{n+1} = Q_T^{n+1}$ 并列出表 8.20 所示的真值表。

表 8.20　确定 $T = f(J, K, Q)$ 的真值表

J	K	Q	Q^{n+1}	T
0	0	0	0	0
0	0	1	1	0
0	1	0	0	0
0	1	1	0	1
1	0	0	1	1
1	0	1	1	0
1	1	0	1	1
1	1	1	0	1

由表可得

$$T = \sum(3,4,6,7)$$

化简后　　　　　　　　$T = J\overline{Q} + KQ$

按上式可画出用 T 触发器及门电路所组成的 JK 触发器如图 8.34 所示。

9. 试分析图 P4.2 所示同步时序线路，要求：

（1）列出控制函数和输出函数表达式。

（2）建立次态表达式及状态转移表。

（3）建立状态表及状态图。

（4）画出电位输入 x 为 101101 序列时，线路状态 y 及输出 z 的波形图。

（5）说明这是一个什么型的线路及所完成的逻辑功能。

解：

（1）由图 P4.2 可列出该同步时序线路的控制函数和输出函数表达式如下：

$$D = x \oplus y$$
$$Z = \overline{xy}$$

（2）由 D 触发器的特征表达式及控制函数可列出次态表达式如下：

$$y^{n+1} = D$$
$$= x \oplus y$$

根据该次态表达式 y^{n+1} 及输出函数表达式 Z 可列出状态转移表，见表 8.21。

（3）由状态转移表可得状态表及状态图，见表 8.22 及图 8.35。

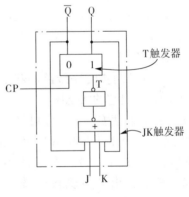

图 8.34　用 T 触发器及门电路组成的 JK 触发器

	表 8.21	状态转移表	
x	**y**	**y^{n+1}**	**Z**
0	0	0	1
0	1	1	1
1	0	1	1
1	1	0	0

表 8.22　状态表

y＼x	**0**	**1**
0	0，1	1，1
1	1，1	0，0

y^{n+1}，Z

（4）当输入电位 x 为 101101 序列时，线路状态 y 及输出 Z 的波形图见图 8.36。

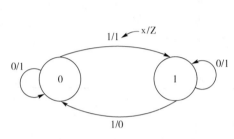

图 8.35　第 9 题状态图

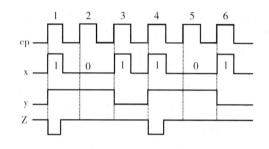

图 8.36　第 9 题波形图

（5）该时序线路的输出 Z 不仅与线路状态 y 有关，而且与输入 x 有关，故它是一个米里（Mealy）型同步时序线路。该线路的逻辑功能是：当 x 输入为奇数个"1"时，输出 Z ＝0；否则，Z ＝1。

10. 已知某同步时序线路的状态表如表 P4.1 所示，画出它的状态图。

解：由状态表（表 P4.1）可知，某同步时序线路是一个米里（Mealy）型线路，共有四个状态（a，b，c，d）。根据表 P4.1 给出的次态 y^{n+1}、输出 Z 与现态 y、输入 x 的关系可画出状态图，如图 8.37 所示。

13. 试分析图 P4.5 所示同步时序线路，要求画出状态图并说明其逻辑功能。

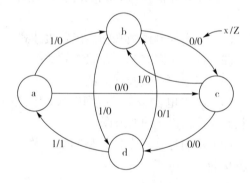

图 8.37　由表 P4.1 画出的状态图

解：由图 P4.5 可列出各触发器的控制函数表达式如下：

$$D_3 = \bar{y}_3 y_2 y_1$$
$$D_2 = y_2 \oplus y_1$$
$$D_1 = \bar{y}_3 \bar{y}_1$$

代入各 D 触发器的特征表达式，则得各触发器的次态表达式如下：

$$y_3^{n+1} = D_3 = \bar{y}_3 y_2 y_1$$
$$y_2^{n+1} = D_2 = y_2 \oplus y_1$$

$$y_1^{n+1} = D_1 = \bar{y}_3 \bar{y}_1$$

由上式可列出状态表如表8.23所示。由该表可画出图8.38所示的状态图。

表 8.23　第 13 题状态表

y_3	y_2	y_1	y_3^{n+1}	y_2^{n+1}	y_1^{n+1}
0	0	0	0	0	1
0	0	1	0	1	0
0	1	0	0	1	1
0	1	1	1	0	0
1	0	0	0	0	0
1	0	1	0	1	0
1	1	0	0	1	0
1	1	1	0	0	0

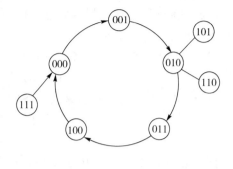

图 8.38　第 13 题状态图

从状态图可知，该同步时序线路是一个具有自校能力的模5计数器。

14. 已知图 P4.6 是一个三位扭环计数器，试找出它的计数规律，并说明它是否具有自校能力。

解：由图 P4.6 可列出各触发器的控制函数表达式如下：

$$J_3 = y_2 \qquad K_3 = \bar{y}_2$$
$$J_2 = y_1 \qquad K_2 = \bar{y}_1$$
$$J_1 = \bar{y}_3 \qquad K_1 = y_3$$

代入各 JK 触发器的特征表达式，则得次态表达式如下：

$$y_3^{n+1} = J_3\bar{y}_3 + \bar{K}_3 y_3 = y_2\bar{y}_3 + y_2 y_3 = y_2$$
$$y_2^{n+1} = J_2\bar{y}_2 + \bar{K}_2 y_2 = y_1\bar{y}_2 + y_1 y_2 = y_1$$
$$y_1^{n+1} = J_1\bar{y}_1 + \bar{K}_1 y_1 = \bar{y}_3\bar{y}_1 + \bar{y}_3 y_1 = \bar{y}_3$$

据上式可列出状态表，如表8.24所示。由该表可画出状态图，如图8.39所示。

表 8.24　第 14 题状态表

y_3	y_2	y_1	y_3^{n+1}	y_2^{n+1}	y_1^{n+1}
0	0	0	0	0	1
0	0	1	0	1	1
0	1	0	1	0	1
0	1	1	1	1	1
1	0	0	0	0	0
1	0	1	0	1	0
1	1	0	1	0	0
1	1	1	1	1	0

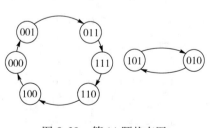

图 8.39　第 14 题状态图

从状态图可知，三位扭环计数器的计数规则是 $000 \rightarrow 001 \rightarrow 011 \rightarrow 111 \rightarrow 110 \rightarrow 100 \rightarrow 000$ $\rightarrow \cdots$，它不具有自校能力。

18. 已知图 P4.10 是异步十进制计数器，试先找出各个触发器的状态变化规律，再确定该计数器的计数规律。设触发器的传输时延 $t_F = 50\text{ns}$，与非门的传输时延 $t_y = 20\text{ns}$，试计算该计数器的最高允许计数频率。

解：由图 P4.10 可知，各触发器的控制函数表达式为

$$J_i = K_i = 1 \qquad (i = 1,2,3,4)$$

故当 $CP_i(i = 1,2,3,4)$ 到来时，各触发器的次态表达式为

$$y_i^{n+1} = J_i \bar{y}_i + \bar{K}_i y_i$$
$$= \bar{y}_i$$

即每来一个 CP_i，在 CP_i 的下跳沿时刻第 i 个触发器将翻转一次（由 1 变 0 或由 0 变 1）。各触发器的 CP_i 可由下式确定：

$$CP_1 = m \qquad (每来一个 m 脉冲，其下跳沿即为 CP_1 有效)$$
$$CP_2 = y_1 \bar{y}_1^{n+1} \qquad (y_1 触发器由 1 变 0 时，CP_2 有效)$$
$$CP_3 = y_2 \bar{y}_2^{n+1} \qquad (y_2 触发器由 1 变 0 时，CP_3 有效)$$
$$CP_4 = y_3 \bar{y}_3^{n+1} \qquad (y_3 触发器由 1 变 0 时，CP_4 有效)$$

由图 P4.10 还可知，$y_2 y_3$ 触发器的直接置"1"端连接到与非门的输出，故当该与非门输出一个负脉冲时 $y_2 y_3$ 触发器将被强制置"1"。与非门的输出逻辑表达式为

$$S_{D2} = S_{D3} = \overline{m y_1 y_4}$$

可知，当 $y_1 = y_4 = 1$ 时，正脉冲 m 将通过该与非门并形成负脉冲输出，使 S_{D2} 和 S_{D3} 出现短暂的负电位，使 y_2、y_3 触发器置"1"。

据上分析，可列出图 P4.10 所示异步十进制计数器的状态表，如表 8.25 所示。由该表可画出状态图，如图 8.40 所示。

（表中 $CP_i = 1$ 表示有效，$CP_i = 0$ 表示无效）

表 8.25　异步十进制计数器的状态表

CP_1	CP_2	CP_3	CP_4	y_4	y_3	y_2	y_1	过渡状态				y_4^{n+1}	y_3^{n+1}	y_2^{n+1}	y_1^{n+1}
								y_4	y_3	y_2	y_1				
1	0	0	0	0	0	0	0	0	0	0	0	0	0	0	1
1	1	0	0	0	0	0	1	0	0	0	1	0	0	1	0
1	0	0	0	0	0	1	0	0	0	1	0	0	0	1	1
1	1	1	0	0	0	1	1	0	0	1	1	0	1	0	0
1	0	0	0	0	1	0	0	0	1	0	0	0	1	0	1
1	1	0	0	0	1	0	1	0	1	0	1	0	1	1	0
1	0	0	0	0	1	1	0	0	1	1	0	0	1	1	1
1	1	1	1	0	1	1	1	0	1	1	1	1	0	0	0
1	0	0	0	1	0	0	0	1	0	0	0	1	0	0	1
1	1	1	1	1	0	0	1	1	1	1	1	0	0	0	0

CP_1	CP_2	CP_3	CP_4	y_4	y_3	y_2	y_1	过渡状态				y_4^{n+1}	y_3^{n+1}	y_2^{n+1}	y_1^{n+1}
								y_4	y_3	y_2	y_1				
1	0	0	0	1	0	1	0	1	0	1	0	1	0	1	1
1	1	1	1	1	0	1	1	1	1	1	1	0	0	0	0
1	0	0	0	1	1	0	0	1	1	0	0	1	1	0	1
1	1	1	1	1	1	0	1	1	1	1	1	0	0	0	0
1	0	0	0	1	1	1	0	1	1	1	0	1	1	1	1
1	1	1	1	1	1	1	1	1	1	1	1	0	0	0	0

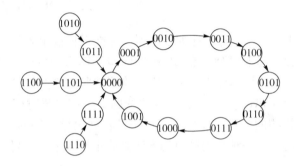

图 8.40　异步十进制计数器状态图

由状态表可知，当计数器计为 $y_4y_3y_2y_1 = 1001$ 时，$y_4 = y_1 = 1$。此时，与非门打开，第十个 m 脉冲将通过与非门，并使 $S_{D2} = S_{D3} = 0$，使 $y_3 = y_2 = 1$。由于触发器的传输时沿 $t_F = 50\text{ns}$，与非门的传输时沿 $t_y = 20\text{ns}$，$t_y < t_F$，故第十个 m 脉冲出现时，四个触发器的状态变化过程如下：$1001 \rightarrow 1111 \rightarrow 0000$，出现了短暂的中间过渡状态 1111，导致第十个 m 脉冲使计数器由 $1001 \rightarrow 0000$，形成逢十进一的计数规律。

20. 已知图 P4.12 是一个串行奇校验校验器。开始时，由 R_D 信号使 Y 触发器置"0"。此后，由 x 端串行地输入要校验的 n 位二进制数。当输入完毕后，便可根据 Y 触发器的状态确定该 n 位二进制数中"1"的个数是否为奇数。试举例说明其工作原理，并画出波形图。

解：由图 P4.12 可知，Y 触发器的控制函数为

$$J = x \oplus y \qquad K = \overline{x \oplus y}$$

代入 JK 触发器的特征表达式，则得 Y 触发器的次态表达式如下：

$$
\begin{aligned}
y^{n+1} &= J\bar{y} + \bar{K}y \\
&= (x \oplus y)\bar{y} + (x \oplus y)y \\
&= x \oplus y
\end{aligned}
$$

由该式可列出 Y 触发器的状态表如表 8.26 所示。由表可知，当输入 x 与现态 y 相同时，次态 y^{n+1} 为 0；否则，y^{n+1} 为 1。按此结论可画出 Y 触发器初态为 0 的前提下，输入 x 为 0110111 序列时，Y 触发器的状态变化规律，见图 8.41 所示。图中以每个 CP 脉冲的下

跳沿为界，其左侧 y 的值为现态，则其右侧 y 的值就是该 CP 脉冲所建立的次态。可见，当串行输入的 x 为奇数个 1 时，Y 触发器置于"1"状态；否则，为"0"状态。故当 x 输入完毕后，便可根据 Y 触发器的状态确定从 x 输入的 n 位二进制数中"1"的个数是否为奇数。

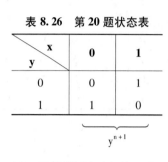

表 8.26　第 20 题状态表

y \ x	0	1
0	0	1
1	1	0

y^{n+1}

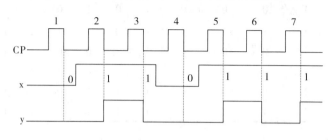

图 8.41　输入 x 为 0110111 序列时的波形图

22. 已知图 P4.14 是一个二进制序列检测器，它能根据输出 Z 的值判别输入 x 是否为所需的二进制序列。该二进制序列是在 CP 脉冲同步下输入触发器 $Y_4 Y_3 Y_2 Y_1$ 的。设其初态为 1001，并假定 Z = 0 为识别标志，试确定该检测器所能检测的二进制序列。

解：该线路是一个摩尔(Moore)型同步时序线路，可按同步时序线路分析的一般方法来确定该检测器所能检测的二进制序列。其思路是：列出该线路的状态表，找出使 Z = 0 的 x 输入序列。下面将介绍一种较为简单的方法来确定输入 x 的序列。

列出输出函数表达式：

$$Z = y_4 \oplus y_2 \oplus y_1$$

可知，当 Y_4、Y_2 和 Y_1 为"1"的个数是偶数时输出 Z = 0。图 P4.14 中的四个 D 触发器($Y_4 \sim Y_1$)构成一个移位寄存器，各触发器的次态表达式如下：

$$y_1^{n+1} = D_1 = x$$
$$y_2^{n+1} = D_2 = y_1$$
$$y_3^{n+1} = D_3 = y_2$$
$$y_4^{n+1} = D_4 = y_3$$

以 $y_4 y_3 y_2 y_1 = 1001$ 为初态，逐次左移，找出使 Z = 0 的 x 值，见表 8.27。

表 8.27　确定 x 序列的过程

$Z = y_4 \oplus y_2 \oplus y_1$	y_4	y_3	y_2	y_1	x
0	1	0	0	1	
0	0	0	1	1	1
0	0	1	1	1	1
0	1	1	1	0	0
0	1	1	0	1	1
0	1	0	1	0	0
0	0	1	0	0	0
0	1	0	0	1	1

由表可知，当移位寄存器的初态为 1001，输入 x 的序列为 1101001 时，移位寄存器每

左移一位，输出 Z 总等于"0"。

8.5 练习 5 题解

1. 试用与非门和 JK 触发器设计一个同步模 5 计数器，其计数规律为

$$000 \rightarrow 001 \rightarrow 010 \rightarrow 011$$
$$\llcorner\!\!\!\!\!\text{————} 100 \text{————}\!\!\!\!\!\lrcorner$$

解：设模 5 计数器的框图如图 8.42 所示，计数脉冲从 CP 端输入，无 x 输入和 Z 输出，是一个特殊的摩尔(Moore)型同步时序线路。

由给定的计数规律可列出状态转移表，并由该表列出控制函数真值表，见表 8.28。

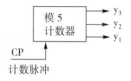

图 8.42　模 5 计数器框图

表 8.28　状态转移表及控制函数真值表

y_3	y_2	y_1	y_3^{n+1}	y_2^{n+1}	y_1^{n+1}	J_3	K_3	J_2	K_2	J_1	K_1
0	0	0	0	0	1	0	ϕ	0	ϕ	1	ϕ
0	0	1	0	1	0	0	ϕ	1	ϕ	ϕ	1
0	1	0	0	1	1	0	ϕ	ϕ	0	1	ϕ
0	1	1	1	0	0	1	ϕ	ϕ	1	ϕ	1
1	0	0	0	0	0	ϕ	1	0	ϕ	0	ϕ
1	0	1	ϕ	ϕ	ϕ	ϕ	ϕ	ϕ	ϕ	ϕ	ϕ
1	1	0	ϕ	ϕ	ϕ	ϕ	ϕ	ϕ	ϕ	ϕ	ϕ
1	1	1	ϕ	ϕ	ϕ	ϕ	ϕ	ϕ	ϕ	ϕ	ϕ

在表 8.28 中，由于 $y_3 y_2 y_1$ 不会出现 101 ~ 111 三个状态，故其对应的次态 $y_3^{n+1} y_2^{n+1} y_1^{n+1}$ 为任意项 ϕ，相应的控制函数(J_i，K_i)也为任意项 ϕ。表中各触发器的其他控制函数(J_i，K_i)值由 JK 触发器的激励表确定。

由表可列出各触发器的 J_i、K_i 的逻辑表达式如下：

$$J_3 = \sum(3) + \sum\phi(4,5,6,7)$$
$$K_3 = \sum(4) + \sum\phi(0,1,2,3,5,6,7)$$
$$J_2 = \sum(1) + \sum\phi(2,3,5,6,7)$$
$$K_2 = \sum(3) + \sum\phi(0,1,4,5,6,7)$$
$$J_1 = \sum(0, 2) + \sum\phi(1,3,5,6,7)$$
$$K_1 = \sum(1, 3) + \sum\phi(0,2,4,5,6,7)$$

用卡诺图对上述各式进行化简，如图 8.43 所示，由图可得化简结果为

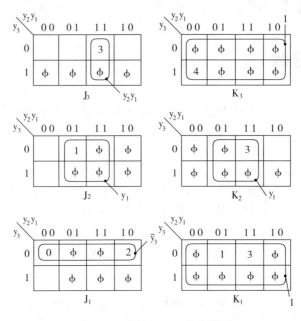

图 8.43 化简 J_i、K_i 的卡诺图

$$J_3 = y_2 y_1 \qquad K_3 = 1$$
$$J_2 = y_1 \qquad K_2 = y_1$$
$$J_1 = \bar{y}_3 \qquad K_1 = 1$$

由上述各式可画出用与非门和 JK 触发器组成的同步模 5 计数器的逻辑图如图 8.44 所示。

2. 试给出"101"序列检测器的原始状态表。

解：设"101"序列检测器的框图如图 8.45 所示，图中 x 为要检测的二进制序列输入端，Z 为检测结果输出端，CP 为同步脉冲输入端。按题意，当输入 x 为"101"序列时，Z = 1；否则，Z = 0。

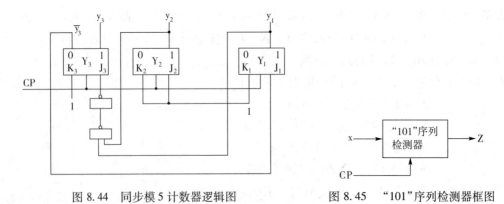

图 8.44 同步模 5 计数器逻辑图　　　图 8.45 "101"序列检测器框图

设线路的初始状态为 a。当 x = 0 时，线路进入次态 b；当 x = 1 时，线路进入次态 C；

由于此时 x 输入不是"101"序列，故输出 Z=0。接着以 b、c 为现态，作同样的分析，线路将分别进入次态 d、e 和 f、g。依此类推，可得"101"序列检测器的原始状态图如图 8.46 所示。

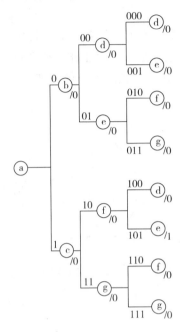

图 8.46 "101"序列检测器的原始状态图

由图 8.46 可列出"101"检测器的原始状态表，如表 8.29 所示。

表 8.29 "101"检测器的原始状态表

S \ x	0	1
a	b, 0	c, 0
b	d, 0	e, 0
c	f, 0	g, 0
d	d, 0	e, 0
e	f, 0	g, 0
f	d, 0	e, 1
g	f, 0	g, 0

$$S^{n+1}, Z$$

4. 今要设计一个具有下列特点的计数器，试建立该计数器的原始状态表：

（1）该计数器有两个控制输入端 x_1 和 x_2，x_1 用来控制计数器的模数，x_2 用来控制计数器的增减。

（2）若 $x_1=0$，则按模 3 计数；若 $x_1=1$，则按模 4 计数。

（3）若 $x_2 = 0$，则按增 1 计数；若 $x_2 = 1$，则按减 1 计数。

解：按题意可画出计数器的组成框图，如图 8.47 所示。图中 $x_1 x_2$ 为控制输入端，计数脉冲从 CP 端输入。无 Z 输出，或者说该计数器的输出就是各触发器的状态，故是一个摩尔（Moore）型计数器。

该计数器在 x_1 的控制下按模 3 或模 4 计数，故可设定它有 3 个或 4 个状态。该计数器在 x_2 控制下按增 1 或减 1 计数，是一个可工作在模 3 可逆计数或模 4 可逆计数的多功能计数器。根据以上分析，可画出计数器的状态图，如图 8.48 所示。

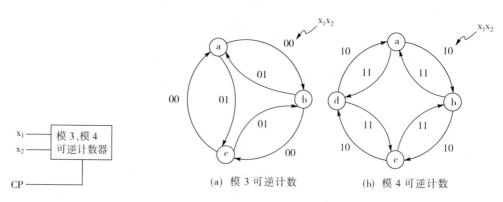

图 8.47　计数器的组成框图

（a）模 3 可逆计数　　　　（b）模 4 可逆计数

图 8.48　计数器的状态图

由图 8.48 可列出计数器的原始状态表，如表 8.30 所示。

表 8.30　计数器的原始状态表

S ＼ $x_1 x_2$	00	01	10	11
a	b	c	b	d
b	c	a	c	a
c	a	b	d	b
d	φ	φ	a	c

6. 试用隐含表法化简表 P5.5 ~ P5.8 所示的状态表。

解：以表 P5.6 为例，用隐含表法化简原始状态表的过程如下：

建立隐含表，如图 8.49 所示。在表中标记了各状态对的比较结果。由图可知，{b,c} 和 {a,e} 可以合并。

令 $q_1 = \{a,e\}$，$q_2 = \{b,c\}$，$q_3 = \{d\}$，代入表 P5.6 则得最简状态表，如表 8.31 所示。

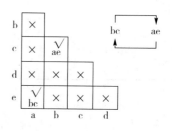

图 8.49　由表 P5.6 作出的隐含表

表 8.31 第 6 题最简状态表

S \ $x_1 x_2$	00	01	11	10
q_1	q_2, 0	q_2, 0	q_2, 1	q_1, 0
q_2	q_1, 0	q_2, 0	q_2, 1	q_3, 1
q_3	q_2, 1	q_3, 0	q_1, 1	q_2, 0

$$S^{n+1}, \ Z$$

7. 试用隐含表法化简表 P5.9 ~ P5.12 所示的不完全定义状态表。

解：以表 P5.11 为例，用隐含表法化简不完全定义状态表的过程如下：

建立隐含表，见图 8.50。在隐含表中标记了各状态对的比较结果。由图可得下列相容状态对：

$$\{a, e\}, \ \{b, d\}, \ \{c, d\}, \ \{e, f\}$$

图 8.50 由表 P5.11 作出的隐含表

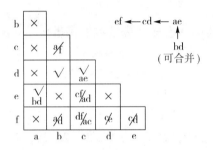

图 8.50   由表 P5.11 作出的隐含表

建立闭合覆盖表，如表 8.32 所示。由表可得最小闭覆盖集为

$$\{ae, \ bd, \ cd, \ ef\}$$

表 8.32 闭和覆盖表

相容类	覆盖性						闭合性	
	a	b	c	d	e	f	x = 0	x = 1
ae	✓				✓		c	bd
bd		✓		✓			a	e
cd			✓	✓			f	ae
ef					✓	✓	cd	cd

令 $q_1 = \{a,e\}$，$q_2 = \{b,d\}$，$q_3 = \{c,d\}$，$q_4 = \{e,f\}$，代入表 P5.11，得最简状态表如表 8.33 所示。

表 8.33　第 7 题最简状态表

S \ x	0	1
q_1	q_3 , 0	q_2 , 0
q_2	q_1 , 1	q_4 , 1
q_3	q_4 , 1	q_1 , 1
q_4	q_3 , 0	q_3 , 1

$$\underbrace{\qquad\qquad\qquad\qquad\qquad}_{S^{n+1},\ Z}$$

10. 试用 JK 触发器及门电路设计一个满足表 P5.15 所要求的同步可控计数器。

解：设同步可控计数器的组成框图如图 8.51 所示。图中，$x_1 x_2$ 为两个控制信号输入端，计数脉冲从 CP 端输入。该计数器无 Z 输出，可将触发器的状态作为输出。该计数器的最大计数范围为模 8，故可由 3 个 JK 触发器组成，记为 y_3、y_2、y_1。

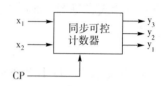

图 8.51　同步可控计数器的组成框图

按题意可列出该计数器的状态转移表及控制函数真值表，见表 8.34。由该表可得：

$$J_3 = \sum(27) + \sum\phi(4\sim7,10\sim15,20\sim23,28\sim31)$$
$$K_3 = \sum(31) + \sum\phi(0\sim3,8\sim27)$$
$$J_2 = \sum(17,25,29) + \sum\phi(2,3,6,7,10\sim15,18\sim23,26,27,30,31)$$
$$K_2 = \sum(19,27,31) + \sum\phi(0,1,4,5,8\sim17,20\sim25,28,29)$$
$$J_1 = \sum(8,16,18,24,26,28,30) + \sum\phi(1,3,5,7,9\sim15,17,19\sim23,25,27,29,31)$$
$$K_1 = \sum(9,17,19,25,27,29,31) + \sum\phi(0,2,4,6,8,10\sim16,18,20\sim23,24,26,28,30)$$

表 8.34　同步可控计数器的状态转移表

$x_1 x_2$	y_3	y_2	y_1	y_3^{n+1}	y_2^{n+1}	y_1^{n+1}	J_3	K_3	J_2	K_2	J_1	K_1
	0	0	0	0	0	0	0	ϕ	0	ϕ	0	ϕ
	0	0	1	0	0	1	0	ϕ	0	ϕ	ϕ	0
	0	1	0	0	1	0	0	ϕ	ϕ	0	0	ϕ
00	0	1	1	0	1	1	0	ϕ	ϕ	0	ϕ	0
	1	0	0	1	0	0	ϕ	0	0	ϕ	0	ϕ
	1	0	1	1	0	1	ϕ	0	0	ϕ	ϕ	0
	1	1	0	1	1	0	ϕ	0	ϕ	0	0	ϕ
	1	1	1	1	1	1	ϕ	0	ϕ	0	ϕ	0
	0	0	0	0	0	1	0	ϕ	0	ϕ	1	ϕ
01	0	0	1	0	0	0	0	ϕ	0	ϕ	ϕ	1
	0	1	0	ϕ	ϕ	ϕ	ϕ	ϕ	ϕ	ϕ	ϕ	ϕ

x₁ x₂	y_3	y_2	y_1	y_3^{n+1}	y_2^{n+1}	y_1^{n+1}	J_3	K_3	J_2	K_2	J_1	K_1
	0	1	1	φ	φ	φ	φ	φ	φ	φ	φ	φ
	1	0	0	φ	φ	φ	φ	φ	φ	φ	φ	φ
01	1	0	1	φ	φ	φ	φ	φ	φ	φ	φ	φ
	1	1	0	φ	φ	φ	φ	φ	φ	φ	φ	φ
	1	1	1	φ	φ	φ	φ	φ	φ	φ	φ	φ
	0	0	0	0	0	1	0	φ	0	φ	1	φ
	0	0	1	0	1	0	0	φ	1	φ	φ	1
	0	1	0	0	1	1	0	φ	φ	0	1	φ
10	0	1	1	0	0	0	0	φ	φ	1	φ	1
	1	0	0	φ	φ	φ	φ	φ	φ	φ	φ	φ
	1	0	1	φ	φ	φ	φ	φ	φ	φ	φ	φ
	1	1	0	φ	φ	φ	φ	φ	φ	φ	φ	φ
	1	1	1	φ	φ	φ	φ	φ	φ	φ	φ	φ
	0	0	0	0	0	1	0	φ	0	φ	1	φ
	0	0	1	0	1	0	0	φ	1	φ	φ	1
	0	1	0	0	1	1	0	φ	φ	0	1	φ
11	0	1	1	1	0	0	1	φ	φ	1	φ	1
	1	0	0	1	0	1	φ	0	0	φ	1	φ
	1	0	1	1	1	0	φ	0	1	φ	φ	1
	1	1	0	1	1	1	φ	0	φ	0	1	φ
	1	1	1	0	0	0	φ	1	φ	1	φ	1

用卡诺图化简上述各式可得

$$J_3 = x_2 y_2 y_1$$
$$K_3 = x_1 y_2 y_1$$
$$J_2 = x_1 y_1$$
$$K_2 = x_1 y_1$$
$$J_1 = x_1 + x_2$$
$$K_1 = x_1 + x_2$$

按上式可画出同步可控计数器的逻辑图，如图 8.52 所示。

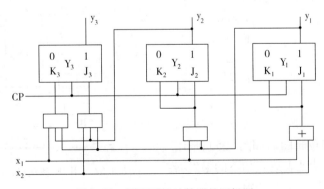

图 8.52　同步可控计数器的逻辑图

11. 已知图 P5.1 所示的同步时序线路中，组合线路的输出表达式为

$$D_2 = \bar{x}y_2 + x\bar{y_1}y_2$$
$$D_1 = \bar{x}y_2 + \bar{y_1}y_2 + xy_1\bar{y_2}$$
$$Z = y_2$$

试将图中的 D 触发器改为 JK 触发器，要求线路为最简且功能不变。

解：根据 D 触发器的特征表达式，可列出两个 D 触发器的次态表达式：

$$y_2^{n+1} = D_2 = \bar{x}y_2 + x\bar{y_1}y_2$$
$$y_1^{n+1} = D_1 = \bar{x}y_2 + \bar{y_1}y_2 + xy_1\bar{y_2}$$

根据 JK 触发器的激励表，列出 JK 触发器的控制函数真值表，如表 8.35 所示。

表 8.35　同步时序线路的状态转移表及控制函数真值表

x	y_2	y_1	y_2^{n+1}	y_1^{n+1}	J_2	K_2	J_1	K_1	Z
0	0	0	0	0	0	φ	0	φ	0
	0	1	0	0	0	φ	φ	1	0
	1	0	1	1	φ	0	1	φ	1
	1	1	1	1	φ	0	φ	0	1
1	0	0	0	0	0	φ	0	φ	0
	0	1	0	1	0	φ	φ	0	0
	1	0	1	1	φ	0	1	φ	1
	1	1	0	0	φ	1	φ	1	1

由表 8.35 可得

$$J_2 = \sum \phi(2,3,6,7)$$
$$K_2 = \sum(7) + \sum \phi(0,1,4,5)$$
$$J_1 = \sum(2,6) + \sum \phi(1,3,5,7)$$
$$K_1 = \sum(1,7) + \sum \phi(0,2,4,6)$$
$$Z = \sum(2,3,6,7)$$

用卡诺图化简上述各式则得

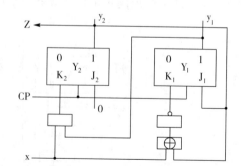

$$J_2 = 0$$
$$K_2 = xy_1$$
$$J_1 = y_2$$
$$K_1 = \bar{x}\bar{y_2} + xy_2$$
$$= \overline{x \oplus y_2}$$
$$Z = y_2$$

按上式可画出逻辑图，如图 8.53 所示。

图 8.53　用 JK 触发器组成的同步时序线路

12. 设有一个特征表达式如下的触发器：

$$Q^{n+1} = x_1 \oplus x_2 \oplus Q$$

其中 x_1 和 x_2 为输入，符号见图 P5.2 。试完成：

（1）用 JK 触发器和门电路构成该触发器。

（2）用 D 触发器和门电路构成该触发器。

（3）用所得之触发器组成一个模 4 同步计数器。

解：（1）根据给定触发器的特征表达式可列出其状态转移表，并根据 JK 触发器的激励表可列出控制函数真值表，见表 8.36。

表 8.36　状态转移表及控制函数真值表

x_1	x_2	Q	Q^{n+1}	J	K
0	0	0	0	0	ϕ
0	0	1	1	ϕ	0
0	1	0	1	1	ϕ
0	1	1	0	ϕ	1
1	0	0	1	1	ϕ
1	0	1	0	ϕ	1
1	1	0	0	0	ϕ
1	1	1	1	ϕ	0

由表 8.36 可列出 J、K 逻辑表达式如下：

$$J = \sum(2,4) + \sum \phi(1,3,5,7)$$
$$K = \sum(3,5) + \sum \phi(0,2,4,6)$$

用卡诺图化简上式，则得

$$J = \bar{x}_1 x_2 + x_1 \bar{x}_2 = x_1 \oplus x_2$$
$$K = \bar{x}_1 x_2 + x_1 \bar{x}_2 = x_1 \oplus x_2$$

按该两式可画出用 JK 触发器及异或门组成的图 P5.2 所示的触发器，见图 8.54。

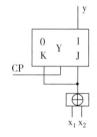

图 8.54　用 JK 触发器组成的图 P5.2 触发器

（3）由表 8.36 可得图 P5.2 触发器的激励表，如表 8.37 所示，由表可知，当该触发器由现态 Q 变为次态 Q^{n+1} 时，每一种状态转换，x_1 和 x_2 都有两种取值。在用该触发器组成模 4 同步计数器时，x_1 和 x_2 的取值应使它们的逻辑表达式为最简。

表 8.37　图 P5.2 触发器的激励表

Q	Q^{n+1}	x_1	x_2
0	0	0	0
		1	1
0	1	0	1
		1	0
1	0	0	1
		1	0
1	1	0	0
		1	1

模 4 同步计数器应由两个触发器组成，其状态转移表及控制函数真值表如表 8.38 所示。表中 x_{21} 和 x_{22} 是 y_2 触发器的控制函数，x_{11} 和 x_{12} 是 y_1 触发器的控制函数。

表 8.38　模 4 同步计数器的状态转移表及控制函数真值表

y_2	y_1	y_2^{n+1}	y_1^{n+1}	x_{21}	x_{22}	x_{11}	x_{12}
0	0	0	1	1	1	1	0
0	1	1	0	1	0	1	0
1	0	1	1	1	1	1	0
1	1	0	0	1	0	1	0

由表 8.38 可得

$$x_{21} = 1 \qquad x_{22} = \sum(0,2) = \bar{y}_1$$
$$x_{11} = 1 \qquad x_{12} = 0$$

按上式可画出用图 P5.2 触发器组成的模 4 同步计数器的逻辑图，如图 8.55 所示。

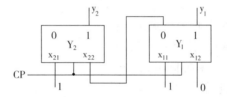

图 8.55　用图 P5.2 触发器组成的模 4
同步计数器逻辑图

8.6　练习 6 题解

1. 试述与—或门阵列中行线与列线交叉处的三种可能的连接方式。

解：与—或门阵列中行线与列线交叉处有下列三种可能的连接方式：（1）固定连接，用圆点"·"表示，称该交叉点是固定编程单元。（2）可选连接，用叉号"×"表示，称该交叉点是可编程单元。（3）不连接，行列线交叉处无任何标记，称该交叉点是断开单元。

2. 简述可编程逻辑器件（PLD）的分类及其特点。

解：根据可编程逻辑器件中的与阵列和或阵列是否可编程，将 PLD 分为下列三种基本类型：

（1）与阵列固定、或阵列可编程，如可编程只读存储器 PROM 及可擦除可编程只读存储器 EPROM。这类 PLD 的特点是与门阵列用来产生输入变量的全部最小项，而不管这些最小项在实现给定函数时是否被采用。因而使芯片的利用率下降，影响集成度的提高，但编程简单。

（2）与阵列和或阵列均可编程，如可编程逻辑阵列 PLA。这类 PLD 的特点是可按逻辑表达式的最简式来编制与阵列和或阵列，因而提高了芯片的利用率，但编程前要对给定的逻辑函数进行化简，编程较复杂。

（3）与阵列可编程、或阵列固定，如可编程阵列逻辑 PAL 及通用阵列逻辑 GAL。这类 PLD 的特点是或阵列固定的，用化简后的逻辑表达式中的与项对与阵列进行编程，既可提高芯片利用率，又使编程规范。

除上述三类 PLD 外，目前常用的 PLD 还有现场可编程门阵列 FPGA 和高密度可编程逻辑器件 HDPLD 等。

3. 可编程逻辑器件(PLD)有哪几类主要的编程单元，简要说明它们的特点。

解：可编程逻辑器件主要有下列三类编程单元：

（1）熔丝和反熔丝结构编程单元，这种结构的编程单元只能编程一次。熔丝式编程单元在编程时产生的脉冲电流的作用下使熔丝烧断，形成断路。反熔丝式编程单元与此相反，它在编程脉冲电流作用下使连接点电阻变小，形成断路。

（2）可擦除可编程结构编程单元，这种结构的编程单元可进行多次编程。其原理是这种单元(如浮栅 MOS 管)可通过编程时产生的负电压使连接点"接通"(形成导电沟道)；也可通过紫外线照射(或通以电流)使连接点"断开"(消除导电沟道)。

（3）静态随机存储器(SRAM)结构编程单元，这种结构的编程单元可根据需要使其置 1 或置 0，单在掉电后将丢失所存储的信息，是一种易失性的编程单元。与此相反，前两类编程单元是非易失性编程单元，它们在掉电后不会丢失所存储的信息。

4. 用 PROM 实现下列代码转换：

（1）8421 码到余 3 码的转换。

（2）二进制码到 2421 码的转换。

解：该题要求用可编程逻辑器件 PROM 实现组合逻辑设计，其方法与传统组合逻辑设计方法相似，只是在得到最小项表达式后无需进行化简，并用 PROM 阵列图给出设计结果。现以第(1)小题为例，说明用 PROM 实现代码转换的设计步骤。

列出 8421 码到余 3 码转换的真值表，如表 8.39 所示。表中 ABCD 为输入的 8421 码，EFGH 为输出的余 3 码，表中未列出 8421 码的 6 个任意项(1010 ~ 1111)，因它们在本题中无作用。

表 8.39　8421 码到余 3 码转换的真值表

A	B	C	D	E	F	G	H
0	0	0	0	0	0	1	1
0	0	0	1	0	1	0	0
0	0	1	0	0	1	0	1
0	0	1	1	0	1	1	0
0	1	0	0	0	1	1	1
0	1	0	1	1	0	0	0
0	1	1	0	1	0	0	1
0	1	1	1	1	0	1	0
1	0	0	0	1	0	1	1
1	0	0	1	1	1	0	0

由表 8.39 可写出下列最小项表达式：

$$E = \sum(5,6,7,8,9)$$
$$F = \sum(1,2,3,4,9)$$
$$G = \sum(0,3,4,7,8)$$
$$H = \sum(0,2,4,6,8)$$

根据上述各式，可画出 8421 码到余 3 码转换的 PROM 阵列图，见图 8.56。

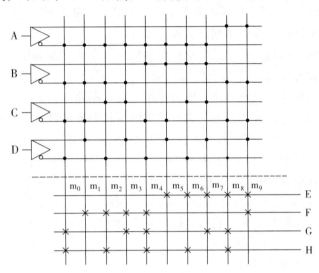

图 8.56　8421 码到余 3 码转换的 PROM 阵列图

5. 用一个 PROM 实现下列逻辑函数

（1）$F_1 = \sum(0,3,4,5,8,12,14,15)$

（2）$F_2 = A + B + C$

解：用 PROM 实现逻辑函数时，必须将给定的逻辑函数展开为最小项表达式。为此，先求 F_2 的最小项表达式：

$$
\begin{aligned}
F_2 &= A + B + C \\
&= A(B + \bar{B})(C + \bar{C}) + B(A + \bar{A})(C + \bar{C}) + C(A + \bar{A})(B + \bar{B}) \\
&= \bar{A}\bar{B}C + \bar{A}B\bar{C} + \bar{A}BC + A\bar{B}\bar{C} + A\bar{B}C + AB\bar{C} + ABC \\
&= \sum(1,2,3,4,5,6,7)
\end{aligned}
$$

根据 F_1 和 F_2 的最小项表达式可画出实现这两个逻辑函数的 PROM 阵列图，见图 8.57。

6. 用 PROM 设计一个两位二进制加法器。

解：实现两位二进制数相加的加法器框图如图 8.58 所示，图中 A_2A_1 和 B_2B_1 是两个两位二进制数，C_0 是低位来的进位，S_2 和 S_1 是两个本位和，C_2 是向高位的进位。

根据两位二进制数的加法规则可列表 8.40 所示的真值表，由表可列出下列逻辑表达式：

$$S_2 = \sum(2,3,5,6,8,9,12,15,17,18,20,21,24,27,30,31)$$

$$S_1 = \sum (1,3,4,6,9,11,12,14,16,18,21,23,24,26,29,31)$$
$$C_2 = \sum (7,10,11,13,14,15,19,22,23,25,26,27,28,29,30,31)$$

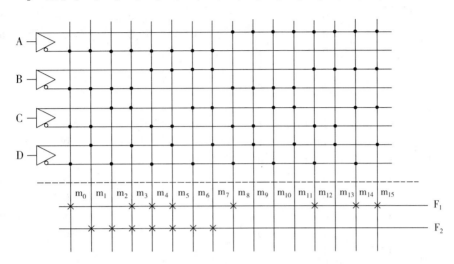

图 8.57 实现 F_1 和 F_2 的 PROM 阵列图

图 8.58 两位二进制数加法器的组成框图

表 8.40 两位二进制数加法器的真值表

C_0	A_2	A_1	B_2	B_1	C_2	S_2	S_1
	0	0	0	0	0	0	0
	0	0	0	1	0	0	1
	0	0	1	0	0	1	0
	0	0	1	1	0	1	1
	0	1	0	0	0	0	1
	0	1	0	1	0	1	0
	0	1	1	0	0	1	1
	0	1	1	1	1	0	0
0	1	0	0	0	0	1	0
	1	0	0	1	0	1	1
	1	0	1	0	1	0	0
	1	0	1	1	1	0	1
	1	1	0	0	0	1	1
	1	1	0	1	1	0	0
	1	1	1	0	1	0	1
	1	1	1	1	1	1	0

C_0	A_2	A_1	B_2	B_1	C_2	S_2	S_1
	0	0	0	0	0	0	1
	0	0	0	1	0	1	0
	0	0	1	0	0	1	1
	0	0	1	1	1	0	0
	0	1	0	0	0	1	0
	0	1	0	1	0	1	1
	0	1	1	0	1	0	0
	0	1	1	1	1	0	1
1	1	0	0	0	0	1	1
	1	0	0	1	1	0	0
	1	0	1	0	1	0	1
	1	0	1	1	1	1	0
	1	1	0	0	1	0	0
	1	1	0	1	1	0	1
	1	1	1	0	1	1	0
	1	1	1	1	1	1	1

按上述各式可画出两位二进制加法器的 PROM 阵列图，如图 8.59 所示。

7. 用 PROM 产生图 P6.1 所示的序列信号

解：按图 P6.1 给定的序列信号的变化特征，将它分为 16 个节拍，如图 P6.1 中的 0 ~15 所示，这 16 个拍节构一个重复周期。若将每个节拍内 8 个序列信号（$f_1 \sim f_8$）的高、低电位分别用"1"和"0"表示，便得一个周期内 16 个节拍下的 16 个 8 位数据。将这 16 个 8 位数据按地址顺序写入 PROM 的 16 个存储单元中，并用 4 位地址码来寻址这 16 个存储单元，便可产生图 P6.1 所示的序列信号。设 4 位地址码为 ABCD，它将组成 16 个最小项，$f_1 \sim f_8$ 将由这 16 个最小项（$m_0 \sim m_{15}$）组成，如下式所示：

$$f_1 = \sum (0,1,2,3,6,7,9,11,13,15)$$
$$f_2 = \sum (2,3,5,6,9,10,11,13,14,15)$$
$$f_3 = \sum (1,2,3,8,9,12,14,15)$$
$$f_4 = \sum (0,1,2,3,5,7,8,9,11,13,14,15)$$
$$f_5 = \sum (6,12)$$
$$f_6 = \sum (0,1,13)$$
$$f_7 = \sum (0,3,5,6,11,12,15)$$
$$f_8 = \sum (0,3,4,8,14,15)$$

按上述各式可画出序列信号发生器的 PROM 阵列图，见图 8.60。

8. 用 PLA 实现下列逻辑函数：

（1）8421 码到余 3 码的转换

（2）$F = A + B + C$

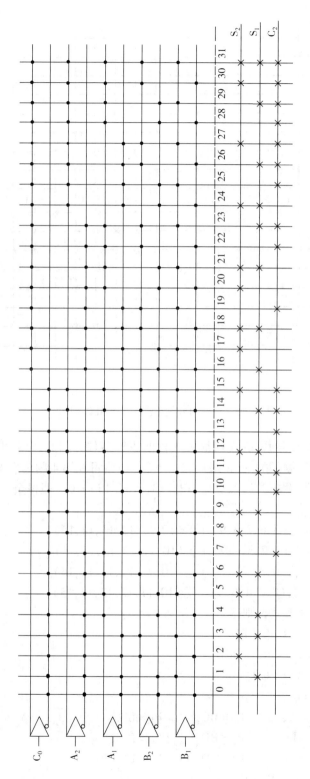

图 8.59　两位二进制数加法器的PROM阵列图

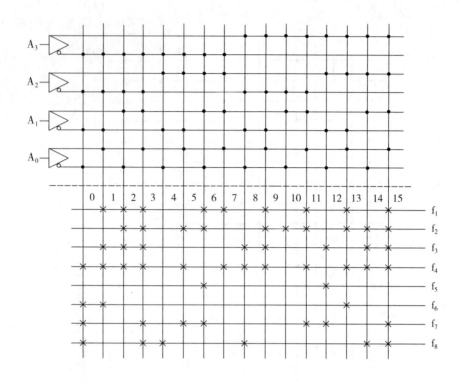

图 8.60　序列信号发生器的 PROM 阵列图

解：PLA 是一种与阵列和或阵列都可编程的逻辑器件，因此，用 PLA 实现的是逻辑函数的最简式。对于本题(2)F 已是最简式，本题(1)则可在第 4 题第(1)小题所得之最小项表达式基础上加上任意相 $\sum(10，11，12，13，14，15)=0$，即得余 3 码的输出逻辑表达式：

$$E = \sum(5,6,7,8,9) + \sum(10,11,12,13,14,15)$$
$$F = \sum(1,2,3,4,9) + \sum(10,11,12,13,14,15)$$
$$G = \sum(0,3,4,7,8) + \sum(10,11,12,13,14,15)$$
$$H = \sum(0,2,4,6,8) + \sum(10,11,12,13,14,15)$$

用卡诺图化简上述各式，则得

$$E = A + BC + BD$$
$$F = \bar{B}C + \bar{B}D + B\bar{C}\bar{D}$$
$$G = \bar{C}\bar{D} + CD$$
$$E = \bar{D}$$

令　　　　　$P_0 = A,\qquad P_1 = BC,\qquad P_2 = BD$

$\qquad\qquad\quad P_3 = \bar{B}C,\qquad P_4 = \bar{B}D,\qquad P_5 = B\bar{C}\bar{D}$

$\qquad\qquad\quad P_6 = \bar{C}\bar{D},\qquad P_7 = CD,\qquad P_8 = \bar{D}$

则得　　　　$E = P_0 + P_1 + P_2$

$\qquad\qquad\quad F = P_3 + P_4 + P_5$

$$G = P_6 + P_7$$
$$H = P_8$$

按上式可画出 8421 码到余 3 码转换的 PLA 阵列图，见图 8.61。函数 F = A + B + C 的 PLA 阵列图如图 8.62 所示。

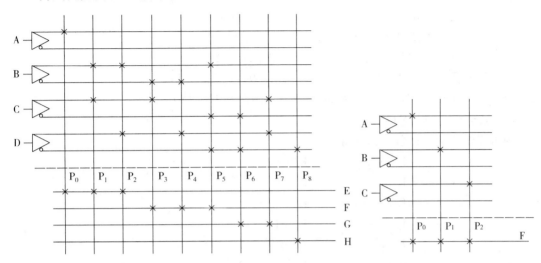

图 8.61　8421 码到余 3 码转换的 PLA 阵列图　　　　图 8.62　F = A + B + C 的 PLA 阵列图

9. 用 PLA 设计一个余 3 码同步计数器。

解：设给定的 PLA 内包含有 4 个以上的 JK 触发器，则根据 JK 触发器的激励表可列出余 3 码同步计数器的状态转移表及控制函数真值表，如表 8.41 所示。

表 8.41　余 3 码同步计数器控制函数真值表

y_4	y_3	y_2	y_1	y_4^{n+1}	y_3^{n+1}	y_2^{n+1}	y_1^{n+1}	J_4	K_4	J_3	K_3	J_2	K_2	J_1	K_1	Z
0	0	0	0	φ	φ	φ	φ	φ	φ	φ	φ	φ	φ	φ	φ	φ
0	0	0	1	φ	φ	φ	φ	φ	φ	φ	φ	φ	φ	φ	φ	φ
0	0	1	0	φ	φ	φ	φ	φ	φ	φ	φ	φ	φ	φ	φ	φ
0	0	1	1	0	1	0	0	0	φ	1	φ	φ	1	φ	1	0
0	1	0	0	0	1	0	1	0	φ	φ	0	0	φ	1	φ	0
0	1	0	1	0	1	1	0	0	φ	φ	0	1	φ	φ	1	0
0	1	1	0	0	1	1	1	0	φ	φ	0	φ	0	1	φ	0
0	1	1	1	1	0	0	0	1	φ	φ	1	φ	1	φ	1	0
1	0	0	0	1	0	0	1	φ	0	0	φ	0	φ	1	φ	0
1	0	0	1	1	0	1	0	φ	0	0	φ	1	φ	φ	1	0
1	0	1	0	1	0	1	1	φ	0	0	φ	φ	0	1	φ	0
1	0	1	1	1	1	0	0	φ	0	1	φ	φ	1	φ	1	0
1	1	0	0	0	0	1	1	φ	1	φ	1	1	φ	φ	φ	1
1	1	0	1	φ	φ	φ	φ	φ	φ	φ	φ	φ	φ	φ	φ	φ
1	1	1	0	φ	φ	φ	φ	φ	φ	φ	φ	φ	φ	φ	φ	φ
1	1	1	1	φ	φ	φ	φ	φ	φ	φ	φ	φ	φ	φ	φ	φ

由表可列出下列逻辑表达式：

$$J_4 = \sum(7) + \sum\phi(0\sim2, 8\sim15)$$
$$K_4 = \sum(12) + \sum\phi(0\sim7, 13\sim15)$$
$$J_3 = \sum(3,11) + \sum\phi(0\sim2, 4\sim7, 13\sim15)$$
$$K_3 = \sum(7,12) + \sum\phi(0\sim3, 8\sim11, 13\sim15)$$
$$J_2 = \sum(5,9,12) + \sum\phi(0\sim3, 6,7,10,11, 13\sim15)$$
$$K_2 = \sum(3,7,11) + \sum\phi(0\sim2,4,5,8,9, 12\sim15)$$
$$J_1 = \sum(4,6,8,10,12) + \sum\phi(0\sim3,5,7,9,11, 13\sim15)$$
$$K_1 = \sum(3,5,7,9,11) + \sum\phi(0\sim2,4,6,8,10, 12\sim15)$$
$$Z = \sum(12) + \sum(0\sim2, 13\sim1)$$

用卡诺图化简上述各式，则得

$$
\begin{array}{ll}
J_4 = y_3 y_2 y_1 & K_4 = y_3 \\
J_3 = y_2 y_1 & K_3 = y_4 + y_2 y_1 \\
J_2 = y_1 + y_4 y_3 & K_2 = y_1 \\
J_1 = 1 & K_1 = 1 \\
Z = y_4 y_3 &
\end{array}
$$

令

$$
\begin{array}{lll}
P_0 = y_3 y_2 y_1 & P_1 = y_3 & P_2 = y_2 y_1 \\
P_3 = y_4 & P_4 = y_1 & P_5 = y_4 y_3
\end{array}
$$

则得

$$
\begin{array}{ll}
J_4 = P_0 & K_4 = P_1 \\
J_3 = P_2 & K_3 = P_3 + P_2 \\
J_2 = P_4 + P_5 & K_2 = P_4 \\
J_1 = 1 & K_1 = 1 \\
Z = P_5 &
\end{array}
$$

按上述各式可画出余 3 码同步计数器的 PLA 阵列图，如图 8.63 所示。

10. 用 PLA 实现 P6.2 所示的四位移位寄存器。

解：由图可知，4 个 D 触发器的控制函数分别为

$$D_4 = \overline{m}A + my_3$$
$$D_3 = \overline{m}B + my_2$$
$$D_2 = \overline{m}C + my_1$$
$$D_1 = \overline{m}D$$

根据 D 触发器的特征表达式，在时钟脉冲 CP 的作用下，各触发器的次态表达式分别
为

$$y_4^{n+1} = D_4 = \overline{m}A + my_3$$
$$y_3^{n+1} = D_3 = \overline{m}B + my_2$$
$$y_2^{n+1} = D_2 = \overline{m}C + my_1$$
$$y_1^{n+1} = D_1 = \overline{M}D$$

显然，当移位控制信号 $m = 0$ 时，各触发器将在 CP 脉冲作用下建立下列次态：

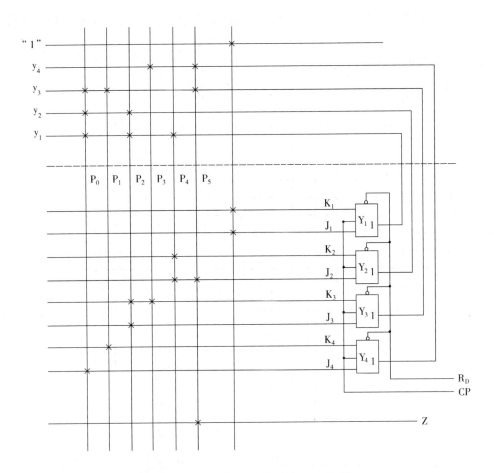

图 8.63 余 3 码同步计数器的 PLA 阵列图

$$y_4^{n+1} = A$$

$$y_3^{n+1} = B$$

$$y_2^{n+1} = C$$

$$y_1^{n+1} = D$$

即并行输入外部代码 ABCD。当移位控制信号 $m = 1$ 时，各触发器将在 CP 脉冲作用下建立下列次态：

$$y_4^{n+1} = y_3$$

$$y_3^{n+1} = y_2$$

$$y_2^{n+1} = y_1$$

$$y_1^{n+1} = y_0$$

即将寄存器中的代码左移一位，且最低位置 0。根据上述 $D_4 \sim D_1$ 表达式，可画出实现 P6.2 所示的四位移位寄存器的 PLA 阵列图，如图 8.64。

11. 试写出图 6.39 所示的 PAL 专用输出结构的输出 F 的逻辑表达式。

解：设 4 个乘积项为 $P_0 \sim P_3$，它们是由各输入项构成的，则输出 F 的逻辑表达式为

$$F = \overline{P_0 + P_1 + P_2 + P_3}$$

输出 F 为低电位有效。

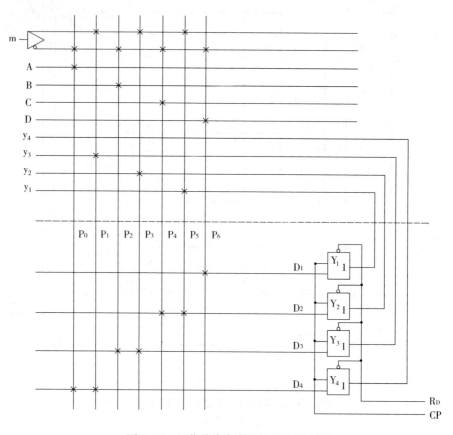

图 8.64　四位移位寄存器的 PLA 阵列图

12. 试给出图 6.42 所示的 PAL 输出结构中 D 触发器置 1 的条件。

解：设图 6.42 中的 4 个乘积项自上至下分别为 P_0、P_1 和 P_2、P_3，由图可得，D 触发器的控制函数表达式为

$$D = (P_0 + P_1) \oplus (P_2 + P_3)$$

根据 D 触发器的特征表达式，可得其次态表达式为

$$y^{n+1} = D$$
$$= (P_0 + P_1) \oplus (P_2 + P_3)$$

可见，使 D 触发器置 1（即 $y^{n+1} = 1$）的条件是 CP 脉冲到来时，$(P_0 + P_1) \oplus (P_2 + P_3) = 1$，即 $(P_0 + P_1)$ 与 $(P_2 + P_3)$ 应是相异。

13. 说明 $AC_0 = 1$，$AC_1(n) = 0$ 时 GAL 的 OLMC（见图 6.46）组态为什么是图 6.47(e) 所示的寄存器输出。

解：由图 6.46 可知，当 $AC_0 = 1$，$AC_1(n) = 0$ 时，三态多路选择器（TSMUX）选择

"10"输入端作为输出，即将 OE 作为输出反相三态门的控制信号。由输出多路选择器（OMUX）可知，当 $AC_0 = 1$，$AC_1(n) = 0$ 时将选择"1"输入端作为输出，即将图中 D 触发器的 Q 输出端作为输出反相三态门的输入。由反馈多路选择器（FMUX）可知，当 $AC_0 = 1$，$AC_1(n) = 0$ 时将选择"10"输入端作为输出，即将 D 触发器的 Q 输出端作为反馈输入信号。由乘积项多路选择器（PTMUX）可知，当 $AC_0 = 1$，$AC_1(n) = 0$ 时，将选择"1"输入端作为输出，即或门的最上面一个输入来自与阵列，或门共有 9 个乘积项输入。据以上分析可知，当 $AC_0 = 1$，$AC_1(n) = 0$ 时，图 6.46 所示的 GAL 的 OLMC 组态是图 6.47(e)所示的寄存器输出。

14. 简述 GAL 编程的基本原理。

解：对 GAL 的编程是借助于 GAL 的开发软件、硬件（编程器）和计算机，向 GAL 的行地址图写入编程信息实现的。要写入的编程信息包括与阵列图、结构控制字、用户标签阵列、加密位和整体擦除位等。常用的编程软件有 FM、PALASM2、ABEL 等，用这些软件对 GAL 进行编程一般包括下列三步：建立用户源文件；对该用户源文件进行编译；向 GAL 芯片写入编程数据。

15. 试述现场可编程门阵列 FPGA 的特点。

解：现场可编程门阵列 FPGA 是一种新型的可编程逻辑器件，它可在逻辑门级下编程，借助于门与门的连接来实现任何复杂的逻辑电路。它可实现现场编程，即在工作时便可对线路板上的电路芯片进行逻辑设计，并可进行反复修改直至达到设计要求为止。也可以在工作一段时间后，再修改逻辑，进行重新定义，完成新的逻辑功能。

主要参考资料

1. 王玉龙. 数字逻辑. 北京：高等教育出版社，1987
2. 王永军，从玉珍. 数字逻辑与数字系统. 北京：电子工业出版社，1997
3. 侯建军等. 数字逻辑与系统. 北京：中国铁道出版社，1999
4. ［美］G K 科斯普洛斯著. 王玉龙，蔡勇 译. 数字工程. 人民邮电出版社，1981
5. ［美］李建勋著. 王玉龙，孙怀民 译. 近代开关理论及数字设计. 科学出版社，1985
6. M Morris Mano. Computer System Architecture. Prentice-Hall，1998
7. William Sfallings. Computer Organigation and Architecture（Designing for Performance）. Prentice-Hall，1997
8. JF Wakerly. Digital Design Principles and Practices. NJ：Prentice-Hall，1990
9. Thijssen. Digital Technology：from problem to circuit. NJ：Prentice-Hall，1989
10. Donald，L Dietmeyer. Logical Design of digital System. Allyn and Bacon Inc，1988

普通高等院校计算机专业（本科）实用教程系列

主教材

信息技术基础实用教程（樊孝忠　等编著）

数字逻辑实用教程（王玉龙　编著）

计算机组成原理实用教程（第二版）（幸云辉　等编著）

C++ 语言基础教程（徐孝凯　编著）

数据结构实用教程（C/C++ 描述）（徐孝凯　编著）

面向对象程序设计实用教程（张海藩　等编著）

操作系统实用教程（第二版）（任爱华　等编著）

数据库实用教程（第二版）（丁宝康　等编著）

计算机网络实用教程（第二版）（刘云　等编著）

微机接口技术实用教程（艾德才　等编著）

JAVA 2 实用教程（第二版）（耿祥义　等编著）

离散数学结构（王家廞　编著）

微型计算机技术实用教程（Pentium 版）（艾德才　等编著）

编译原理实用教程（温敬和　等编著）

JAVA 2 实用教程（修订版）（耿祥义　等编著）

Java 语言最新实用案例教程（杨树林　等编著）

辅助教材

数据结构课程实验（徐孝凯　编著）

数据结构实用教程习题参考解答（修订）（徐孝凯　编著）

数据库实用教程（第二版）习题解答（丁宝康　等编著）

面向对象程序设计实用教程习题解答与应用实例（配光盘）（牟永敏　等编著）

操作系统实验指导（任爱华　等编著）

离散数学结构习题与解答（王家廞　编）

JAVA 2 实用教程（第二版）实验指导与习题解答（耿祥义　等编著）

Java 课程设计（耿祥义　等编著）

选修教材

JSP 实用教程（耿祥义　等编著）

教 学 资 源 支 持

敬爱的教师:

感谢您一直以来对清华版计算机教材的支持和爱护。为了配合本课程的教学需要,本教材配有配套的电子教案(素材),有需求的教师请到清华大学出版社主页(http://www.tup.com.cn)上查询和下载,也可以拨打电话或发送电子邮件咨询。

如果您在使用本教材的过程中遇到了什么问题,或者有相关教材出版计划,也请您发邮件告诉我们,以便我们更好地为您服务。

我们的联系方式:

地　　址: 北京海淀区双清路学研大厦 A 座 707

邮　　编: 100084

电　　话: 010-62770175-4604

课件下载: http://www.tup.com.cn

电子邮件: weijj@tup.tsinghua.edu.cn

教师交流 QQ 群: 136490705

教师服务微信: itbook8

教师服务 QQ: 883604

(申请加入时,请写明您的学校名称和姓名)

用微信扫一扫右边的二维码,即可关注计算机教材公众号。

扫一扫
课件下载、样书申请
教材推荐、技术交流